普通高等教育"十四五"规划教材

冶金工业出版社

矿山安全工程

陶明 蔡鑫 赵华涛 周健 编

U0314859

北 京
冶金工业出版社
2024

内 容 提 要

　　本书系统介绍了矿山安全理论方法及矿山安全技术基础，详细阐述了传统地下矿山八大系统和露天边坡、矿山尾矿库、矿山爆破、相关安全问题与规范，矿山事故与应急救援、矿山职业卫生内容的相关安全管理体系及注意事项。本书专注矿山生产实践中常见的安全隐患，对于有效的防范措施和安全技术操作标准有较强的指导作用。

　　本书可作为大中专院校采矿专业教材，也可供矿山开采领域的从业人员参考。

图书在版编目（CIP）数据

　　矿山安全工程 / 陶明等编 . -- 北京 ：冶金工业出版社，2024.8. -- （普通高等教育"十四五"规划教材）. -- ISBN 978-7-5024-9967-9

　　Ⅰ．TD7

　　中国国家版本馆 CIP 数据核字第 202439XK35 号

矿山安全工程

出版发行	冶金工业出版社	**电　话**	（010）64027926
地　址	北京市东城区嵩祝院北巷 39 号	**邮　编**	100009
网　址	www.mip1953.com	**电子信箱**	service@ mip1953.com

责任编辑　刘璐璐　美术编辑　彭子赫　版式设计　郑小利
责任校对　郑　娟　责任印制　禹　蕊
三河市双峰印刷装订有限公司印刷
2024 年 8 月第 1 版，2024 年 8 月第 1 次印刷
787mm×1092mm　1/16；18.75 印张；453 千字；286 页
定价 59.00 元

投稿电话　（010）64027932　投稿信箱　tougao@cnmip.com.cn
营销中心电话　（010）64044283
冶金工业出版社天猫旗舰店　yjgycbs.tmall.com
（本书如有印装质量问题，本社营销中心负责退换）

前　　言

　　本书是根据普通高等教育"十四五"国家级规划教材出版要求，贯彻系列重大主题教育和纲要，专为矿山安全领域编写的专业教材。近年来，随着国内外对矿山安全问题的日益关注，尤其在几次重大矿难事故发生后，安全生产的重要性越发凸显。伴随着矿山生产技术的迅速发展，我国的矿山安全状况也发生了显著变化。为适应新时代矿山安全的需求，反映矿山安全技术的最新进展，编者在总结多年教学经验的基础上编写了本书，旨在帮助学生全面掌握矿山安全的基础知识与实用方法。

　　在教学过程中，编者经常面临一个问题：学生应掌握多少采矿知识，才能有效开展矿山安全实践？普遍的共识是，必须掌握矿山八大系统的基本运行情况。因此，本书从矿山安全理论与方法入手，逐步深入到具体的技术基础与系统安全管理，结合矿山事故的经验总结与分析，系统介绍了矿山生产中的危险源辨识、评价与控制技术，以及防止各类矿山事故发生的安全技术。本书还将传统矿山的八大系统作为独立章节，分别阐述各系统的安全问题与相关技术措施。书中涵盖露天和地下开采的安全规范、矿山安全生产的法律法规，以及供电、排水、通风和充填等矿山系统的安全要求。此外，书中还探讨了矿山爆破安全、事故应急救援及矿山职业卫生等重要专题。结合矿山生产实践中常见的安全隐患和相关法律法规，系统总结了有效的防范措施和安全操作技术标准，全面论述矿山八大系统与主要灾害防治的基础理论和技术方法。本书内容力求精炼，既适合作为高等院校安全工程及采矿工程专业的教材，也可供矿山企业的技术人员和管理人员阅读参考。

　　在本书的编写过程中，获得了许多专家学者的支持与帮助，特别感谢中南大学李夕兵教授、吴超教授、李孜军教授、杜坤研究员等专家的指导。此外，中南大学研究生邱贤朋、赵启政、罗豪、刘金杰、陈中琪、罗朝、向恭梁、隋易坤等也为本书的出版作出了重要贡献，在此一并表示感谢。同时，本书的编写参考了诸多相关领域的著作及期刊文献，在此对这些作者表示衷心的感谢。

　　由于作者水平有限，书中不足之处，敬请读者朋友批评指正。

编　者

于岳麓山下

2024 年 1 月

目　　录

1 矿山安全理论与方法

本章提要

现代矿山生产是一个非常复杂的系统，包含多个子系统，而各个子系统面临的安全问题不尽相同。矿山生产有可能产生威胁从业人员生命安全与财产损失的多种事故，在与各种矿山事故的长期斗争中，人们不断积累经验，创造了许多安全理论与方法，如海因里希因果连锁论。1931 年，美国人海因里希（Herbert William Heinrich）在《工业事故预防：科学方法》一书中，阐述了工业安全理论，该书的主要内容之一就是论述了事故发生的因果连锁论，后被称为海因里希因果连锁论。海因里希把工业伤害事故的发生发展过程描述为具有一定因果关系事件的连锁，即人员伤亡的发生是事故的结果，事故的发生原因是人的不安全行为或物的不安全状态，它是由人的缺点造成的，人的缺点是由不良环境诱发或是由先天遗传因素造成的。后来，博德（Frank Bird）、亚当斯（Edward Adams）等人对因果连锁论进行了修改和完善。因此，本章将主要介绍安全事故相关理论与系统分析方法。

1.1 事故的定义及其分类

事故是指人们在进行有目的的活动过程中，突然发生的违反人们意愿且可能使有目的的活动发生暂时性或永久性终止，造成人员伤亡或（和）财产损失的意外事件。简单来说，凡是引起人身伤害、导致生产中断或国家财产损失的所有事件统称为事故。

事故的结果可能有 4 种情况：（1）人受到伤害，物也遭到损失；（2）人受到伤害，而物没有损失；（3）人没有受到伤害，物遭到损失；（4）人没有受到伤害，物也没有遭到损失，只有时间和间接的经济损失。上述 4 种情况中，前两者称为伤亡事故，后两者则称为一般事故（或无伤害事故）。

矿山事故是指在矿山相关的环境中发生的突发的意外事件，对人的生命、财产或自然环境造成了或可能造成严重的后果。这类事件可能是持续性的或突发性的，并且具有较强的灾害性。事故可能是自然的或人为的，其影响范围也可能是局部的或全局的。

根据《企业职工伤亡事故分类》（GB/T 6441—1986），事故类别包括物体打击（指落物、滚石、锤击、碎裂、崩块、击伤等伤害，不包括因爆炸而引起的物体打击）、车辆伤害（包括挤、压、撞、倾覆等）、机械伤害（包括机械工具等的绞、碾、碰、割、戳等）、起重伤害（指起动设备或其操作过程中所引起的伤害）、触电（包括雷击伤害）、淹溺、灼烫、火灾、高处坠落（包括从架子上、屋顶坠落及平地上坠入地坑等）、坍塌（包括建筑物、堆置物、土石方等的倒塌）、冒顶片帮、透水、放炮、火药爆炸（指生产、运输、储藏过程中发生的爆炸）、瓦斯爆炸（包括煤粉爆炸）、锅炉爆炸、容器爆炸、其他爆炸（包括化学物爆炸、炉膛、钢水包爆炸等）、中毒（煤气、油气、沥青、化学、一氧化碳中毒等）和窒息、其他伤害（扭伤、跌伤、冻伤、野兽咬伤等）。此外，矿山事故还可按照事故发生原因、事故伤害程度、事故严重程度和事故责任性质进行分类。

1.1.1　按事故发生原因分类

按事故发生原因分类如下：

（1）自然界因素，包括地震、山崩、海啸、台风等因素所引起的事故。

（2）非自然界因素，包括人的不安全行为、物的不安全状态、环境的恶劣、管理的缺陷及对异常状态的处置不当等因素所引起的事故。

1.1.2　按事故伤害程度分类

按事故伤害程度分类如下：

（1）轻伤，是指损失工作日（被伤害者失能的工作时间）低于105日的失能伤害。

（2）重伤，是指相当于分类标准规定损失工作日等于和超过105日的失能伤害。

（3）死亡，损失工作日等于6000日。

1.1.3　按事故严重程度分类

按事故严重程度分类如下：

（1）轻伤事故，指造成职工肢体伤残，或某些器官功能性或器质性轻度损伤，伤害后果不太严重的事故。

（2）重伤事故，指负伤者中有人重伤、轻伤而无人死亡的事故。

（3）死亡事故，指发生人员死亡的事故。

其中，在《生产安全事故报告和调查处理条例》中，根据一次事故中人员伤亡人数及经济损失情况，把安全生产事故分为4类：

（1）特别重大事故是指造成30人及以上死亡，或者100人及以上重伤（包括急性工业中毒，下同），或者1亿元以上直接经济损失的事故。

（2）重大事故是指造成10人及以上30人以下死亡，或者50人及以上100人以下重伤，或者5000万元以上1亿元以下直接经济损失的事故。

（3）较大事故是指造成3人及以上10人以下死亡，或者10人及以上50人以下重伤，或者1000万元以上5000万元以下直接经济损失的事故。

（4）一般事故是指造成3人以下死亡，或者10人以下重伤，或者1000万元以下直接经济损失的事故。

1.1.4　按事故责任性质分类

按事故责任性质分类如下：

（1）责任事故，指由于有关人员的过失所造成的伤害事故。

（2）破坏事故，指为了达到某种目的而蓄意制造出来的事故。

（3）自然事故，指由于自然界的因素或属于未知领域的因素所引起的事故。它是当前人力尚不可抗拒的伤害事故。

1.2 事故因果连锁论

海因里希因果连锁论又称海因里希模型或多米诺骨牌理论。在该理论中，海因里希借助于多米诺骨牌形象地描述了事故的因果连锁关系，即事故的发生是一连串事件按一定顺序互为因果依次发生的结果，如一块骨牌倒下，则将发生连锁反应，使后面的骨牌依次倒下，如图 1-1 所示。

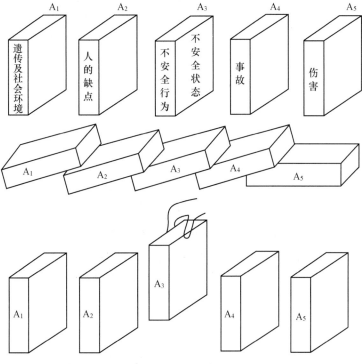

图 1-1 海因里希模型

海因里希模型中的 5 块骨牌（即事故产生的 5 个因素）依次是：

（1）遗传及社会环境（M，图 1-1 中的 A_1）。遗传因素可能使人具有鲁莽、固执、粗心等不良性格；社会环境可能妨碍教育，助长不良性格的发展。这是事故因果链上最基本的因素。

（2）人的缺点（P，图 1-1 中的 A_2）。人的缺点是由遗传和社会环境因素造成的，是使人产生不安全行为或使物产生不安全状态的主要原因。这些缺点既包括各类不良性格，也包括缺乏安全生产知识和技能等后天的不足。

（3）不安全行为和不安全状态（H，图 1-1 中的 A_3）。这里不安全行为的对象为人，不安全状态的对象为物。这是造成事故的直接原因。

（4）事故（D，图 1-1 中的 A_4）。事故是指由物体、物质或放射线等对人体发生作用，使人员受到伤害或可能受到伤害的、出乎意料的、失去控制的事件。

（5）伤害（A，图 1-1 中的 A_5）。伤害是指直接由于事故而产生的人身伤害。

　　该理论的积极意义在于，如果移去因果连锁中的任意一块骨牌，则连锁被破坏，事故过程即被终止，达到控制事故的目的。海因里希还强调指出，企业安全工作的中心就是要移去中间的骨牌，即防止人的不安全行为和物的不安全状态，从而中断事故的进程，避免伤害的发生。当然，通过改善社会环境，使人具有更为良好的安全意识，加强培训，使人具有较好的安全技能，或加强应急抢救措施，也能在不同程度上移去事故连锁中的某一骨牌或增加该骨牌的稳定性，使事故得到预防和控制。

　　不过，海因里希因果连锁论也存在明显的不足，即它对事故致因连锁关系的描述过于简单化、绝对化，也过多地考虑了人的因素。后来，博德（F. Bird）、亚当斯（E. Adams）等人也在此基础上进行了进一步的修改和完善，使因果连锁的思想得以进一步发扬光大，取得了较好的成果。

　　博德在海因里希事故因果连锁论的基础上，提出了现代事故因果连锁理论。博德的现代事故因果连锁理论认为：事故的直接原因是不安全行为和不安全状态；间接原因包括个人因素及与工作有关的因素。根本原因是管理的缺陷，即管理上存在的问题或缺陷是导致间接原因存在的因素，间接原因的存在又导致直接原因存在，最终导致事故发生。博德的现代事故因果连锁理论同样包含5个因素，分别为管理缺陷、工作原因（分为个人原因和工作条件）、直接原因（分为不安全行为和不安全状态）、事故和损失（即伤害）。图1-2为现代事故因果连锁理论模型。

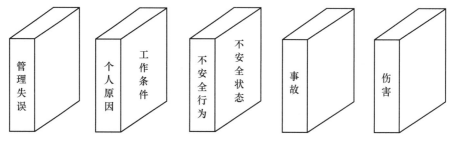

图1-2　现代事故因果连锁理论模型

　　亚当斯提出了与博德现代事故因果连锁理论类似的因果连锁模型。在该理论中，事故和损失因素与博德理论相似。该理论把人的不安全行为和物的不安全状态称为现场失误，其目的在于提醒人们注意不安全行为和不安全状态的性质。亚当斯理论的核心在于对现场失误的背后原因进行了深入的研究。操作者的不安全行为及生产作业中的不安全状态等现场失误，是由于企业领导和安全技术人员的管理失误造成的。管理人员在管理工作中的差错或疏忽，企业领导人的决策失误，对企业经营管理及安全工作具有决定性的影响。管理失误又由企业管理体系中的问题导致，这些问题包括如何有组织地进行管理工作、确定怎样的管理目标、如何计划、如何实施等。管理体系反映了作为决策中心的领导人的信念、目标及规范，它决定各级管理人员安排工作的轻重缓急、工作基准及指导方针等重大问题。

　　上面介绍的几种事故因果连锁理论是把考察的范围局限在企业内部。日本人北川彻三认为，工业伤害事故发生的原因是很复杂的，企业是社会的一部分，一个国家、一个地区的政治、经济、文化、科技发展水平等诸多社会因素，对企业内部伤害事故的发生和预防有着重要的影响。因此，北川彻三将社会与历史原因和学校教育原因也纳入了事故发生原因中。

在我国，有学者对多米诺骨牌事故模型进行了修正。修正后的伤亡事故的 5 个因素为：社会环境和管理欠缺、人为过失、不安全动作、意外事件和人身伤亡。

根据事故因果连锁论，人的不安全行为及物的不安全状态是事故发生的直接原因。因此，应该消除或控制人的不安全行为及物的不安全状态来防止事故发生。一般地，引起人的不安全行为的原因可归结为 4 个方面：（1）态度不端正，由于对安全生产缺乏正确的认识而故意采取不安全行为，或由于某种心理、精神方面的原因而忽视安全；（2）缺乏安全生产知识，缺少经验或操作不熟练等；（3）生理或健康状况不良，如视力、听力低下，反应迟钝，疾病，醉酒或其他生理机能障碍；（4）不良的工作环境，工作场所照明、温度、湿度或通风不良，强烈的噪声、振动，作业空间狭小，物料堆放杂乱，设备、工具缺陷及没有安全防护装置等。

针对这些问题，可以通过教育提高职工的安全意识，增强职工搞好安全生产的自觉性；在安排工作任务时，要考虑职工的生理、心理状况对职业的适应性；为职工创造整洁、安全、卫生的工作环境。通过改进生产工艺，采用先进的机械设备、装置，设置有效的安全防护装置等，可以消除或控制生产中的不安全因素，使得即使人员产生了不安全行为也不至于酿成事故。通过科学的安全管理，加强对职工的安全教育及训练，建立健全并严格执行必需的规章制度，规范职工的行为都是非常必要的。

上述措施即"3E"对策，可作为指导安全工作的一般原则。"3E"即：

（1）Engineering（工程技术）。利用工程技术手段实现生产工艺、机械设备等生产条件的安全。

（2）Education（教育）。通过各种形式的安全教育使职工树立"安全第一"的思想，掌握安全生产所必需的知识和技能。

（3）Enforcement（强制）。借助规章制度、法规约束人们的行为。

1.3 能量意外释放论

能量是物体做功的本领，人类社会的发展就是不断地开发和利用能量的过程。但能量也是对人体造成伤害的根源，没有能量就没有事故，没有能量就没有伤害。所以，吉布森（Gibson）、哈登（Haddon）等人根据这一理念，提出了能量转移论。其基本观点是：不期望或异常的能量转移是伤亡事故的致因，即人受伤害的原因只能是某种能量向人体的转移，而事故则是一种能量的不正常或不期望的释放。

能量按其形式分可分为动能、势能、热能、电能、化学能、原子能、辐射能（包括离子辐射和非离子辐射）、声能和生物能等。人受到伤害都可归结为上述一种或若干种能量的不正常或不期望的转移。在能量转移论中，把能量引起的伤害分为两大类。

第一类伤害是由于施加了过多局部性的或全身性的损伤阈值的能量而产生的。人体各部分对每一种能量都有一个损伤阈值。当施加于人体的能量超过该阈值时，就会对人体造成损伤。大多数伤害均属于此类。例如，在工业生产中，一般以 36 V 电压为安全电压。也就是说，在正常情况下，当人与电源接触时，36 V 电压是人体所能承受的电压阈值，只要人接触的电压在这个阈值之内，就不会造成任何伤害或伤害极其轻微；而 220V 电压则大大超过了人体能承受的电压阈值，与其接触，轻则灼伤或造成某些功能暂时性损伤，重则造成终身伤残甚至死亡。

第二类伤害是由于影响局部或全身性的能量交换引起的。例如，因机械因素或化学因素引起的窒息（如溺水、一氧化碳中毒等）。

能量转移论的另一个重要概念是在一定条件下，某种形式的能量能否造成伤害及事故，主要取决于人所接触的能量的大小、接触时间的长短、接触的频率、力量的集中程度、受伤害部位及屏障设置的早晚等。

用能量转移的观点分析事故致因的基本方法是：首先确认某个系统（见图 1-3）内的所有能量源，然后确定可能遭受该能量的人员及伤害的可能严重程度，进而确定控制该类能量不正常或不期望转移的方法。

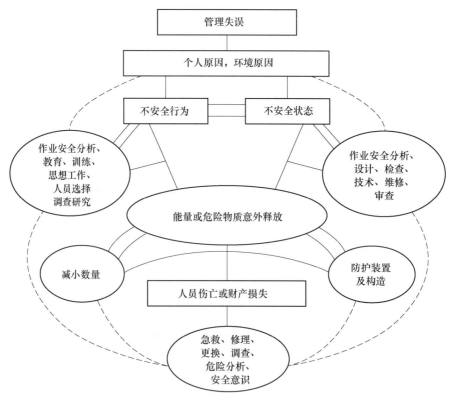

图 1-3　能量转移系统

调查矿山伤亡事故原因发现，大多数矿山伤亡事故都是因为过量的能量或干扰人体与外界正常能量交换的危险物质的意外释放引起的，并且几乎毫无例外地，这种过量能量或危险物质的意外释放都是由于人的不安全行为或物的不安全状态造成的，即人的不安全行为或物的不安全状态使得能量或危险物质失去了控制，是能量或危险物质释放的导火线。

从能量意外释放论出发，预防伤害事故就是防止能量或危险物质的意外释放，防止人体与过量的能量或危险物质接触。我们把约束、限制能量所采取的措施称为屏蔽。

矿山生产中常用的防止能量意外释放的屏蔽措施有如下几种：

（1）用安全能源代替危险能源。在有些情况下，某种能源危险性较高，可以用较安全的能源取代，同时应该注意，绝对安全的事物是没有的，压缩空气用作动力也有一定的危险性。

（2）限制能量。在生产工艺中尽量采用低能量的工艺和设备，防止能量蓄积。能量的大量蓄积会导致能量的突然释放，因此要及时释放能量，防止能量蓄积。

（3）缓慢地释放能量。可降低单位时间内释放的能量，减轻能量对人体的作用。

（4）设置屏蔽设施。屏蔽设施是一些防止人员与能量接触的物理实体。它们可以被设置在能源上，例如安装在机械传动部分外面的防护罩；也可以被设置在人员与能源之间，例如安全围栏、井口安全门等。人员佩戴的个体防护用品可看作是设置在人员身上的屏蔽设施。

（5）信息形式的屏蔽。各种警告措施可阻止人的不安全行为，防止人员接触能量。

在生产过程中也有两种或两种以上的能量相互作用引起事故的情况。根据可能发生意外释放的能量的大小，可设置单一屏蔽或多重屏蔽，并且应该尽早设置屏蔽，做到防患于未然。

1.4 系统观点的人失误主因论

系统观点的人失误主因论都有一个基本观点，即人失误会导致事故，而人失误的发生是由于人对外界刺激（信息）的反应失误造成的。系统模型是说明人–机关系中的心理逻辑过程的，特别要辨识事故将要发生时的状态特性，最重要的是与感觉、记忆、理解、决策有关的心理逻辑过程。

瑟利模型是1969年由美国人瑟利（J. Surry）提出的，是典型的根据人的认知过程分析事故致因的理论。

该模型把事故的发生过程分为危险构成和危险释放两个阶段，这两个阶段各自包括类似的人的信息处理过程，即感觉、认识和行为响应。在危险出现阶段，如果人的信息处理的每个环节都正确，危险就能被消除或得到控制；反之，危险就会转化成伤害或损害。瑟利模型如图1-4所示。

由图1-4可以看出，两个阶段具有类似的信息处理过程，即3个部分，而6个问题则分别是对这3个部分的进一步阐述，它们分别是：

（1）对危险的构成（或释放）有警告吗？这里"警告"的意思是指工作环境中对安全状态与危险之间差异的警示。任何危险的出现或释放都伴随着某种变化，只是有些变化易于察觉，有些则不然。而只有使人感觉到这种变化或差异，才有避免或控制事故的可能。

（2）感觉到了这个警告吗？这包括两个方面：一是人的感觉能力问题，包括操作者本身的感觉能力，如视力、听力，或是否过度集中注意力于工作或其他方面；二是工作环境对人的感觉能量的影响问题。

（3）认识到了这个警告吗？这主要是指操作者在感觉到警告信息之后，是否正确理解了该警告所包含的意义，进而较为准确地判断出危险发生的可能性及其可能造成的后果。

（4）知道如何避免危险吗？这主要是指操作者是否具备为避免危险或控制危险作出正确的行为响应所需要的知识和技能。

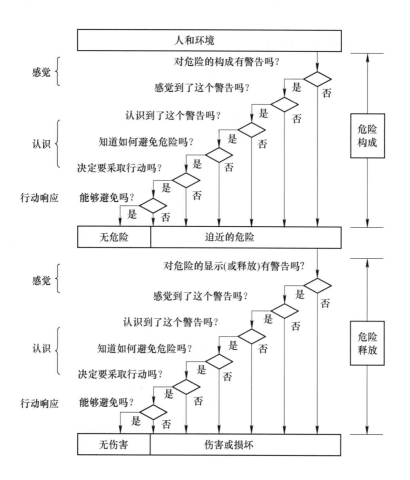

图 1-4 瑟利模型

（5）决定要采取行动吗？无论是危险的出现还是危险的释放，其是否会对人或系统造成伤害或破坏是不确定的。而且在这种情况下，采取行动固然可以消除危险，却往往要付出相当大的代价。特别是对冶金、化工等企业中连续运转的系统更是如此。究竟是否立即采取行动，应主要考虑两个方面的问题：一是该危险即刻造成损失的可能性；二是现有的措施和条件控制该危险的可能性，包括操作者本人避免和控制危险的技能。当然，这种决策也与经济效益、工作效率紧密相关。

（6）能够避免吗？在操作者决定采取行动的情况下，能否避免危险则取决于人采取行动的迅速、正确、敏捷与否和是否有足够的时间等其他条件使人能作出行为响应。

上述 6 个问题中，前两个问题都与人对信息的感觉有关，第 3~5 个问题与人的认识有关，最后一个问题与人的行为响应有关。这 6 个问题涵盖了人处理信息的全过程，并且反映了在此过程中有很多因为失误而导致事故的机会。

瑟利模型不仅分析了危险出现、释放直至导致事故的原因，而且还为事故预防提供了一个良好的思路。要想预防和控制事故，首先应采取技术手段使危险状态充分地显现出来，使操作者能够有很好的机会感觉到危险的出现或释放，这样才有预防或控制事故的条件和可能；其次应通过培训和教育手段，提高人感觉危险信号的敏感性，包括抗干扰能力等，同时也应采用相应的技术手段帮助操作者正确地感觉危险状态信息，如采用能避开干扰的警告方式或加大警告信号的强度等；再次，应通过教育和培训的手段使操作者在感觉到警告之后，能准确地理解其含义，并指导其采取何种措施避免危险发生或控制其后果，同时，在此基础上，结合各方面的因素作出正确的决策；最后，应通过系统及其辅助设施的设计使人在作出正确决策之后，有足够的时间和条件作出行为响应，并通过培训的手段使人能够迅速、敏捷、正确地作出行为响应。这样，事故就会在相当大的程度上得到控制，取得良好的预防效果。

1.5　系统安全分析

系统安全分析是从安全角度对系统进行的分析，它通过揭示系统中可能导致系统故障或事故的各种因素及其相互关联来辨识系统中的危险源，以便采取措施消除或控制它们。系统安全分析是系统安全评价的基础，定性的系统安全分析是定量的系统安全评价的基础。迄今为止，人们已经研究开发了数十种系统安全分析方法，适用于不同的系统安全分析过程。其中，安全检查表法、预先危险性分析、故障类型和影响分析、事件树分析及鱼刺图分析等方法较为常用。还有许多分析方法本书不再详细列举。

1.5.1　安全检查表法

在安全系统工程学科中，安全检查表是最基础、最简单的一种系统安全分析方法。它不仅是为了事先了解与掌握可能引起系统事故发生的所有原因而实施的安全检查和诊断的一种工具，也是发现潜在危险因素的一种有效手段和用于分析事故的一种方法。

1.5.1.1　安全检查表的定义

安全检查表（safety check list，SCL）是根据有关安全规范标准制度及其他系统分析方法分析的结果，系统地对一个生产系统或设备进行科学的分析，找出各种不安全因素，依据检查项目把找出的不安全因素以问题清单的形式制成表，以便实施检查和安全管理。安全检查表是安全检查的工具，也是依据。实际上就是一份实施安全检查和诊断的项目明细表，是安全检查结果的备忘录。

1.5.1.2　安全检查表的形式

安全检查表的形式很多，可根据不同的检查目的进行设计，也可按照统一要求的标准格式制作。安全检查表的基本格式见表 1-1。

表 1-1　安全检查表的基本格式

检查时间	检查单位	检查部位	检查结果	安全要求	整改期限	整改负责人
序号	安全检查内容				结论与说明	

安全检查表常采用提问式和对照式两种形式。

提问式安全检查表是指检查项目内容采用提问方式进行，并用"是（√）"或"否（×）"回答，"是"表示符合要求，"否"表示还存在问题，有待进一步改进。提问式安全检查表一般格式见表1-2。

表1-2　提问式安全检查表一般格式

序号	检查项目	检查内容	是/否（√/×）	备注
检查人		时间		直接负责人

对照式安全检查表是指检查项目内容后面附上合格标准，检查时对照合格标准作答，对照式安全检查表的一般样式见表1-3。

表1-3　对照式安全检查表一般格式

类别	序号	检查项目/内容	合格标准	检查结果，合格/不合格（√/×）	备注

在进行安全检查时，利用安全检查表能做到目标明确、要求具体、查之有据；对发现的问题可进行简明确切的记录，并提出解决的方案，同时落实到责任人，以便及时整改。

1.5.1.3　安全检查表的种类

根据安全检查表的用途和内容，可将其分为以下几种类型：

（1）设计审查安全检查表。新建、改建和扩建的厂矿企业，在革新、挖潜的工程项目中，都必须与相应的安全卫生设施同时设计、同时施工、同时投产，即利用"三同时"原则全面、系统地审查工程的设计、施工和投入生产等各项的安全状况。安全检查表中除了已列入的检查项目外，还要列入设计应遵循的原则、标准和必要数据。用于设计的安全检查表主要应包括厂址选择、平面布置、工艺过程、装置的布置、建筑物与构筑物、安全装置与设备、操作的安全性、危险物品的贮存及消防设施等方面。

（2）厂级安全检查表。主要用于全厂安全检查，也可用于安全技术防火等部门进行日常检查。其主要内容包括主要安全装置与设施、危险物品的贮存与使用、消防通道与设施、操作管理及遵章守纪等方面的情况。

（3）车间安全检查表。用于车间进行定期检查和预防性检查，重点放在人身、设备、运输、加工等不安全行为和不安全状态方面。其内容包括工艺安全、设备布置、安全通道、通风照明、安全标志、尘毒和有害气体的浓度、消防措施及操作管理等。

（4）工段及岗位安全检查表。用于工段和岗位进行自检、互检和安全教育的检查，重点放在因违规操作而引起的多发性事故上。其内容应根据岗位的操作工艺和设备的抗灾性能而定。要求检查内容具体、易行。

（5）专业性安全检查表。此类表格是由专业机构或职能部门编制和使用的，主要用来进行定期或季节性安全检查，如对电气设备、起重设备、压力容器、特殊装置与设施等进行专业性检查。

1.5.1.4 安全检查表的编制

安全检查表应由专业干部、有关部门领导、工程技术人员和工人共同编写，并通过实践检验不断修改，使之逐步完善。

安全检查表可按生产系统、车间、工段和岗位编写，也可按专题编写。对重要设备和容易出现事故的工艺流程，应编制该项工艺的专门的安全检查表。安全检查表的编制过程，也是对系统进行安全分析的过程。通过对系统的全面分析，结合有关资料，找出系统中存在的隐患、事故发生的可能途径和影响后果等，然后根据有关法规、规章制度、标准和安全技术要求，完成检查表的制定。

A 安全检查表编制的依据

安全检查表编制的依据如下：

（1）有关法律法规、标准、规程、规范及规定。

（2）本单位的经验。

（3）国内外事故案例。

（4）系统安全分析的结果。

B 安全检查表编制的步骤

安全检查表编制的步骤如下：

（1）确定系统。确定系统指确定出要检查的对象，检查对象可大可小，它可以是某一工序、某个工作地点、某个具体设备等。

（2）找出危险点。这一部分是制作安全检查表的关键，因检查表内的项目内容都是针对危险因素提出的，所以找出系统的危险点至关重要。

（3）确定项目与内容，编制成表。根据找出的危险点，对照有关制度标准法规、安全要求等分类确定项目，并写出内容，按检查表的格式制成表格形式。

（4）检查应用。放到现场实施应用、检查时，要根据要点中提出的内容，逐个进行核对，并进行相应回答。

（5）整改。如果在检查中发现现场操作与检查内容不符，则说明这一点上已存在事故隐患，应马上予以整改，按检查表的内容实施。

（6）反馈。由于在安全检查表的制作中，可能存在某些考虑不周的地方，因此在检查应用过程中，若发现问题，应马上向上汇报，反馈上去，进行补充完善。

需要注意的是，用安全检查表实施检查时，应落实安全检查人员。为保证检查定期有效实施，应将检查表列入相关安全检查管理制度或制定安全检查表的实施办法。使用安全检查表检查，必须注意信息的反馈及整改。使用安全检查表检查，必须按编制的内容逐项、逐点检查，做到有问必答、有点必检，按规定的符号填写清楚。

1.5.1.5　安全检查表的特点

安全检查表是进行系统安全性分析的基础，也是安全检查中行之有效的基本方法，具有以下明显的特点：

（1）通过预先对检查对象进行详细的调查研究和全面分析，制定出来的安全检查表较系统、完整，能包括控制事故发生的各种因素，可避免检查过程中的走过场和盲目性，从而提高安全检查工作的效果和质量。

（2）安全检查表是根据有关法规安全规程和标准制定的。因此检查目的明确、内容具体，易于实现安全要求。

（3）对所拟定的检查项目进行逐项检查的过程，也是对系统危险因素辨识评价和制定措施的过程，既能准确查出隐患，又能得出确切的结论，保证了有关法规的全面落实。

（4）检查表与有关责任人紧密相连，所以易于推行安全生产责任制，检查后能够做到事故清、责任明、整改措施落实快。

（5）安全检查表是通过问答的形式进行检查的过程，所以使用起来简单易行，易于安全管理人员和广大职工掌握和接受，可经常自我检查。

总之，安全检查表不仅可用于系统安全设计的审查，也可用于生产工艺过程中的危险因素辨识、评价和控制，以及用于行业标准化作业和安全教育等方面，是一项进行科学化管理、简单易行的基本方法。

1.5.2　预先危险性分析

预先危险性分析（preliminary hazard analysis，PHA）一般是指在一个系统或子系统（包括设计、施工和生产）运转活动之前，对系统存在的危险源、出现条件及可能造成的结果进行宏观概略分析的方法。"活动之前"意味着还没有掌握该系统的详细资料。"宏观概略"意味着不详细、不具体，较为笼统，是一种定性分析方法。

通过预先危险性分析，力求达到以下4个目的：（1）大体识别系统存在的主要危险；（2）分析产生危险的主要原因；（3）分析估计危险失控发生事故可能导致的后果；（4）判定已识别的危险性等级，提出消除或控制危险源的措施。

预先危险性分析的特点是把分析做在行动之前，避免了因考虑不周而造成的损失。预先危险性分析的重点应放在系统的主要危险源上，并提出控制这些危险源的措施。通过预先危险性分析，可有效避免不必要的设计变更，较经济地确保系统的安全性。预先危险性分析的结果，可作为系统综合评价的依据，还可作为系统安全要求、操作规程和设计说明书中的内容。同时，预先危险性分析可为以后要进行的其他危险分析打下基础。预先危险性分析的步骤：（1）熟悉或了解系统；（2）分析可能发生的事故或潜在危险；（3）对确定的危险源分类，制成预先危险性分析表格；（4）确定触发条件或诱发因素；（5）进行危险性分级；（6）提出预防性对策措施。

以生活中常用的电子压力锅为例（见图1-5），当电子压力锅锅体内的压力超过一定值时，安全阀会自动释放压力。当锅体温度加热升高至250℃时，自动调温器会断开加热线圈，停止加热。压力计分为红色区域和绿色区域，当压力指针指向红色区域时表示"危险"。

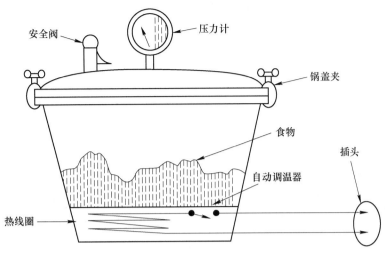

图1-5 电子压力锅示意图

该系统分析中，危险可能影响的对象是人员（主要是电子压力锅操作者）、电子压力锅系统和周围环境。该系统可能出现的危险包括触电、火灾、烫伤、爆炸等。结合预先危险性分析的步骤对其进行预先危险性分析，结果见表1-4。

表1-4 电子压力锅预先危险性分析

危险	原因	后果	发生概率	预防措施
触电	当操作者接触电线时，由于绝缘层老化，会对操作者形成接地回路	轻微触电至电死。程度不同取决于流经人体的整个回路的电阻，影响整个回路电阻大小的因素很多，如操作者所穿鞋子的绝缘性、操作者手指是否是湿的等	很少发生	绝缘层采用不易老化的材料；采用三相插头；仅将电子压力锅的插头插在装有接地故障电流断路器的插座上
火灾	电线绝缘层老化，当电流接触另一物体时有火花产生，且离电线很近的地方有易燃物质	压力锅系统和周围环境严重破坏	几乎不可能发生	绝缘层采用不易老化的材料；采用三相插头；仅将电子压力锅的插头插在装有接地故障电流断路器的插座上；保持易燃物远离电子压力锅系统
烫伤	人员触摸到热的压力锅锅体表面或者锅内食物，安全阀释放出的蒸汽也会对人造成烫伤	烫伤的程度取决于人的皮肤与热的表面或食物接触的时间长短	容易发生	必须接触压力锅时，需使用隔热手套；把热的压力锅放在小孩触及不到的地方；在安全阀上放一个盖子，使释放出的蒸汽易于散发，避免蒸汽集中烫伤皮肤
爆炸	自动调温器和压力阀失效且没有人注意到压力计的指针已指向红色区域	严重伤害或死亡、电子压力锅系统破坏、周围环境破坏	很少发生	采用高质量的压力阀和自动调温器；采用冗余设计：设计两个安全阀

1.5.3　故障类型和影响分析

故障类型和影响分析（failure models and effects analysis，FMEA）是系统安全分析的重要方法之一，起源于可靠性技术。它采用系统分割的概念，根据实际需要分析的水平，把系统分割成子系统或进一步分割成元件，然后逐个分析元件可能发生的故障和故障呈现的状态（即故障类型或故障模式），进一步分析故障类型对子系统以至整个系统产生的影响，最后采取解决措施。该方法是一种定性分析方法，其分析目的是辨识系统的故障类型和每种故障类型对系统造成的影响。

在对系统进行初步分析（如故障类型及影响分析）之后，对于其中特别严重，甚至会造成人员死亡或重大财物损失的故障类型，可单独拿出来再进行致命度分析（criticality analysis，CA）。CA 和 FMEA 结合使用时，便把故障类型和影响分析从定性分析发展到定量分析，形成故障类型、影响和致命度分析（FMECA）。

故障是指元件、子系统或系统在规定期限内和运行条件下，达不到设计规定功能的情况，有一些故障会影响系统，不能完成任务或造成事故损失，但不是所有故障都会造成严重后果。

故障类型（又称故障模式）是故障出现的状态，也是故障的表现形式。元件发生故障时，其呈现的类型可能不只有一种。例如，一个阀门发生故障，至少可能有内部泄漏、外部泄漏、打不开和关不紧 4 种类型，它们都会对系统产生不同程度的影响。运行过程中的故障类型一般可从 4 个因素考虑：（1）过早地启动；（2）规定的时间内不能启动；（3）规定的时间内不能停止；（4）运行能力降低、超量或受阻。

故障类型和影响分析是对系统的各组成部分、元素进行的分析。系统的组成部分或元素在运行过程中会发生故障，且往往可能发生不同类型的故障。例如，电气开关可能发生接触不良或接点粘连等类型故障。不同类型的故障对系统的影响是不同的。这种分析方法首先找出系统中各组成部分或元素可能发生的故障及其类型，查明各种类型故障对邻近部分或元素的影响及最终对系统的影响，然后提出避免或减少这些影响的措施。

FMEA 的分析步骤包括：（1）明确系统本身的情况和目的；（2）确定分析程度和水平；（3）绘制系统功能框图和可靠性框图；（4）列出故障类型并分析其影响；（5）分析故障原因及故障检测方法；（6）确定故障等级，并制成 FMEA 表格。

例如，矿山压缩空气站的储气罐由储气罐体及其附属安全装置（安全阀）组成。储气罐各元素的故障类型和影响分析情况见表 1-5。

表 1-5　储气罐各元素的故障类型和影响分析

元素	故障类型	故障的影响	故障原因	故障的识别	校正措施
储气罐体	轻微漏气	能耗增加	接口不严	漏气噪声，空气压缩机频繁打压	加强维修、保养
	严重漏气	压力迅速下降	焊缝有裂隙	压力表读数下降，巡回检查	停机修理
	破裂	压力迅速下降，损伤周围设备人员	材料缺陷、受冲击等	压力表读数下降，巡回检查	停机修理

续表 1-5

元素	故障类型	故障的影响	故障原因	故障的识别	校正措施
安全阀	漏气	能耗增加	弹簧疲劳	漏气噪声，空气压缩机频繁打压	加强维修、保养
	误开启	压力迅速下降	弹簧折断	压力表读数下降，巡回检查	停机修理
	不开启	超压时失去功能，储气罐内超压	锈蚀、污物、调节错误	无，只有在检验安全阀时才能发现	

一般来说，构成系统的元素数目非常多，每个元素往往又有多种故障类型，因此这种分析变得非常繁杂。

1.5.4　事件树分析

1.5.4.1　事件树的定义

事件树分析（event tree analysis，ETA）是安全系统工程的重要分析方法之一，它是从某一起始事件开始，按事件的发展顺序考虑各个环节事件成功或失败的发展变化过程，预测各种可能结果的归纳分析方法。事件树分析的理论基础是系统工程的决策论。决策论中的一种决策方法是用决策树分析进行决策的，而事件树分析则是从决策树引申而来的分析方法。

事件树分析最初用于可靠性分析，它是用元件的可靠性表示系统可靠性的系统分析方法之一。系统中的每一个元件，都存在具有或不具有某种规定功能的两种可能。元件正常，表明其具有某种规定功能；元件失效，则表明其不具有某种规定功能。把元件正常状态称为成功，其状态值为 1；把失效状态称为失败，其状态值为 0。根据系统的构成状况，按顺序分析各元件成功、失败的两种可能性，一般将成功均作为上分支，失败均作为下分支，不断延续分析，直到最后一个元件，最终形成一个水平放置的树形图。

1.5.4.2　事件树分析的基本程序

A　确定起始事件

起始事件是指在一定条件下能造成事故后果的最初的原因事件。一般指系统故障、设备失效、工艺异常、人员误操作等。起始事件通常选择系统中可能出现的，能导致事故的偏差或差错（如燃气泄漏），并保证选择的起始事件与考虑的全部事件相比，处在时间顺序的最前端。例如，在"燃气泄漏""火灾发生""爆炸发生"3 个事件中，应以"燃气泄漏"为起始事件；若还考虑"施工挖断输送管线"这一事件，则应以后者为起始事件。

B　找出环节事件

环节事件是指出现在起始事件后一系列造成事故后果的其他原因事件。所需考虑的环节事件通常为安全防护装置的成功或失败，此外还应考虑其他可能对起始事件的发展进程产生影响的事件。例如，当以某系统发生"燃气泄漏"作为起始事件进行事件树分析时，除要考虑燃气泄漏检测、报警装置是否正常工作，还应考虑泄漏点附近是否有火源，而这个火源可能并不是系统固有的或系统设计包含的。

在安排环节事件时，要注意使之与事件发展的时序逻辑保持一致。例如，从"燃气泄漏"这一起始事件出发，跟随其后的环节事件应是"燃气泄漏检测装置是否正常工作"，而不应是"火灾报警装置是否正常"；跟随"火灾发生"这一环节事件之后的应是"火灾报警装置是否正常工作"，而不应是"人员是否安全疏散"。

当两个环节事件的时序可能交换，且交换后对后果有影响时，应分别进行事件树分析。例如，燃气泄漏后，既可能先发生火灾，然后爆炸；也可能先发生爆炸，然后引起火灾。这两种情况的后果是不同的，最好采用两棵事件树来描述。

C   编制事件树

将起始事件写在左边，各个环节事件按顺序写在右面，考虑环节事件成功或失败两种状态。编制事件树时，为易于分析，通常结合事件树图以工作表形式表示其分析过程。事件树分析工作表通常包括起始事件、环节事件、结果、状态组合等，位置放在事件树图的上方。

D   阐明事故结果

描述由起始事件引发的各种事故结果的顺序情况，各种可能结果在事件树分析中称为结果事件。

E   定量计算

事件树定量分析的基本内容是由各事件的发生概率计算系统故障或事故发生概率。一般当各事件之间相互独立统计时，其定量分析比较简单；当各事件之间相互统计不独立时（如共同原因故障、顺序运行等），定量分析则变得非常复杂。设某事件的成功概率为 P_i，则失败概率为 $1-P_i$。这里仅讨论前一种情况。各发展途径的概率等于从起始事件开始的各事件发生概率的乘积。事件树定量分析中，事故发生概率等于导致事故的各发展途径的概率之和。

1.5.5   鱼刺图分析

鱼刺图分析法是将事故的各种原因进行分析和归纳，用简明的文字和线条表示原因和结果的方法，因其形状像一条鱼，有骨有刺，故名鱼刺图，又称因果图、特性图、树枝图等。鱼刺图包括 3 个部分：

（1）结果。结果是指事故的类别或后果。

（2）原因。原因是指引起结果的影响因素，根据归纳、分析结论分门别类分层次列出。其中，对引起事故或结果起主要作用的因素称为要因（主干）；引起要因的原因称为中原因。

（3）支干。把表示结果与原因、原因与小原因之间的箭线称为支干，中央支干称为主干。

鱼刺图分析步骤：

（1）确定对象。将需要分析的事故作为将要研究的"结果"确定下来。

（2）收集资料。通过调查或其他途径将对与所分析问题有关的设备、设施、工艺、环境、操作、管理等方面的资料尽可能详尽地收集起来。

（3）原因分析。分析导致"结果"的原因，并根据事故分析的实际情况，采用逻辑推理的方法，归纳出有关原因的层次关系。

（4）作图。将分析的结果按逻辑关系和规定标在图上。

以某建筑物倒塌事故为例，其分析结果如图 1-6 所示。

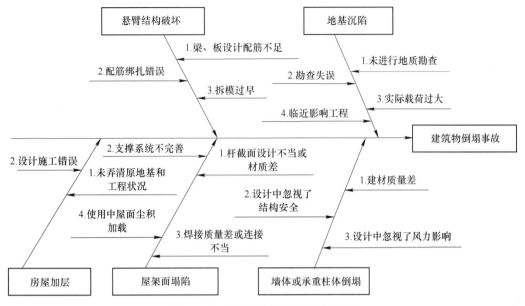

图 1-6　某建筑物倒塌事故鱼刺图分析

1.5.6　危险源辨识

危险源（hazard）是可能导致人身伤害或健康损害的根源、状态、行为或其组合。矿山生产过程中存在着许多可能导致矿山伤亡事故的潜在不安全因素，即矿山危险源。矿山危险源的主要特征是具有较高的能量，一旦导致事故，往往造成严重伤害，并且在同一作业场所有多种危险源存在，而对这些危险源的识别和控制都较困难。

危险源辨识是指识别危险源的存在并确定其特性的过程。系统安全分析的目的之一是辨识危险源，进行系统安全分析前都需要进行危险源辨识。如何辨识出系统中真实存在的危险源是系统安全分析的关键。根据能量意外释放理论，危险源可分为根源危险源和状态危险源。

根源危险源在习惯上又称为第一类危险源。这类危险源是直接引起人员伤害、财产损失或环境破坏的根本原因，是能量、能量的载体或危险物质的存在。能量包括动能、势能、热能、电能、化学能、核能和机械能等，能量的载体包括行驶的汽车、运转的机床、高空存放的物体、高压容器等，危险物质包括易燃易爆物质、有毒有害物质、自燃性物质、腐蚀性物质及其他危险化学品等。此类危险源是导致事故发生的主体，决定了事故后果的严重程度。

根据往年矿山事故发生情况，可列出矿山危险源（第一类危险源），见表 1-6。

表 1-6　矿山危险源（第一类危险源）

危险源	备　　注
危险岩体和构筑物	包括：（1）危险顶板；（2）大面积采空区；（3）危险边坡；（4）危险构筑物等
爆破材料	包括：（1）机械能；（2）热能；（3）电能；（4）爆炸能等

续表1-6

危险源	备　注
矿井水与地表水	可能导致矿井透水、淹井事故，还可能淹没露天矿坑
可燃物集中的场所	这些场所往往存在发生矿山火灾的危险
高差较大的场所	可能发生坠落或跌落事故；当物体具有的势能转变为动能时，可能击中人体发生物体打击事故
机械与车辆	矿井中利用各种机械和车辆往往都具有较大动能，人员不慎与之接触可能受到伤害
压力容器	可能在内部介质压力下发生破裂，发生物理爆炸而造成人员伤亡及财产损失
电气系统及电气设施	易发生供电系统和电气设备绝缘破坏、接地不良等故障，使人员触电受到伤害

　　状态危险源在习惯上又称为第二类危险源。正常情况下，客观存在的能量、能量的载体或危险物质受约束条件的限制，处于受约束或受控状态，储存的能量不能意外释放，因此不会发生事故。一旦这些约束条件遭到破坏或失效，能量及危险物质则处于失控状态，将导致发生事故。这些可能导致能量或危险物质约束条件或限制措施破坏或失效的因素称为第二类危险源。第二类危险源主要包括3个方面的因素：一是人的不安全行为；二是物的不安全状态；三是环境的不安全因素。

　　控制矿山危险源，消除和减少生产过程中的不安全因素，主要通过各种矿山安全技术措施来实现，如改进生产工艺、设备，设置安全防护装置等。预防事故发生的安全技术的基本出发点是采取措施约束、限制能量或危险物质，防止其意外释放。预防事故的安全技术包括消除或限制危险因素、隔离、故障-安全设计、减少故障或失误、操作程序和规程及校正措施等。其中，应优先考虑消除和限制矿山生产中的不安全因素，创造安全的生产条件。

─────── **本 章 小 结** ───────

　　本章介绍了矿山安全的理论基础和方法论。通过介绍事故的本质及其分类，读者能对矿山安全问题有整体认识。同时，阐述了事故的因果连锁理论、能量意外释放论和瑟利模型，为读者提供了不同的理论视角，以更全面地理解事故发生的机理和演变过程。此外，本章着重介绍了各种系统安全分析方法，包括但不限于安全检查表、预先危险性分析、故障类型和影响分析，以及鱼刺图分析等。这些方法的详细解读旨在使读者能够灵活应用系统安全分析工具，从而更全面地评估和管理潜在的安全风险。

　　通过本章的学习，读者不仅能理解矿山事故的理论基础，还能熟练应用各种系统安全分析方法，提高对矿山安全问题的识别和解决能力。这为建立全面、系统的矿山安全管理体系奠定了基础，是实现"零事故"目标的重要一步。

复习思考题

1-1　矿山事故的定义是什么？

1-2　按严重程度可将事故分为哪几类？

1-3 某次安全生产事故造成 10 人死亡，依据《生产安全事故报告和调查处理条例相关规定》，该事故应属于哪一类？

1-4 海因里希事故因果连锁论的主要内容是什么，存在哪些局限性？

1-5 "3E" 对策的主要内容是什么？

1-6 能量意外释放论的主要内容是什么？

1-7 根据能量意外释放论的相关内容，一氧化氮中毒应属于其中的哪一类伤害？

1-8 进行预先危险性分析一般有哪些步骤？

1-9 危险源的定义是什么，有哪些类别？请列举几个常见的矿山危险源。

2 矿山安全技术基础

本章提要

矿山安全技术是伴随矿山生产而出现和发展的。矿山作为人类获取地下资源的重要场所，对社会经济的发展起着至关重要的作用。然而，由于其特殊的地质环境和高风险的作业条件，矿山安全问题一直是备受关注的焦点。矿山事故的发生不仅会造成人员伤亡和财产损失，还会对社会稳定和环境保护产生极大的威胁。因此矿山安全技术的研究和应用是矿山持续安全生产的重要保障。本章将介绍矿山安全基础、矿山工程地质安全、露天矿山开采安全、地下矿山开采安全及矿山安全生产法律等多个关键领域内容。

2.1 矿山安全基础

2.1.1 矿山生产过程

按开采矿种的不同，可将矿山分为煤矿和金属非金属矿山。煤矿是生产煤炭的矿山，而金属非金属矿山则是开采金属矿石、放射性矿石、建筑材料、辅助原料、耐火材料及其他非金属矿物（煤炭除外）的矿山。按照开采方式的不同，可将矿山分为露天矿山和地下矿山（井工矿）及两者联合开采矿山。露天矿山是指在地表开挖区通过剥离围岩、表土等，采出矿石的采矿场及其附属设施。地下矿山（井工矿）则是以平硐、斜井、竖井等作为出入口，采出矿物的采矿场及其附属设施。按矿山规模大小，可将矿山分为大型矿山、中型矿山和小型矿山。

矿山开发的主要程序一般包括：普查找矿、矿区评价及地质勘探、矿山设计、矿山基建、矿山生产、矿山闭坑。矿山生产主要涉及矿山地质、采矿、选矿 3 个环节。

矿产勘查的主要目的是为矿山建设设计提供矿产资源储量和开采技术条件等必需的地质资料，以减少开发风险和获取最大的经济效益。固体矿产勘查工作可分为普查、详查及勘探 3 个阶段。

选矿是指根据矿石中不同矿物的物理和化学性质，把矿石破碎磨细以后，采用重选法、浮选法、电选法等，将有用矿物与脉石矿物分开，并使各种共生的有用矿物尽可能相互分离，除去或降低有害杂质，以获得冶炼或其他工业所需原料的过程。选矿使有用组分富集，减少冶炼或其他加工过程中的燃料、运输等的消耗，使低品位的贫矿石能得到经济利用。

采矿是从地壳中将矿产资源开采出来并运输到加工地点或使用地点的行为、过程或工作。金属矿床地下开采有矿山开拓、矿山采准、矿山切割和矿山回采 4 个步骤。矿山开拓在设计院施工设计的指导下进行，形成矿山生产需要的运输、通风、排水、动力供应等系统。这些系统将地表和矿体连接起来，将人员、机械设备、材料和管线运送到地下，把采出的矿运出地表。开拓完成后，即可形成矿山的中段运输巷道，井底车场，主、副井提升系统，完整的通风、排水系统，为矿山的采准、切割和回采提供条件。矿山采准是指在已经开拓完毕的矿床中，掘进采准巷道，将阶段划分成矿块，并将其作为回采的独立单元，在矿块内创造行人、凿岩、放矿、通风等条件。矿山的切割是指在已采准完毕的矿块中，为大规模地回采矿石开辟自由面和自由空间（拉底或切割槽），也为以后大规模采矿创造良好的爆破和放矿条件。切割工作完成后，就可进行回采工作。回采工作包括落矿、运输和地压管理3项主要作业。在此过程中，涉及采矿、地质、测量、机械、计算机等诸多学科的相关技术。其中，地质、测量和采矿3个学科的动态循环作业保证了采矿生产的持续进行。

采矿过程中，地质人员提供待生产矿块（分段）的地质资料（地质平面图、剖面图和相关的地质参数）；采矿技术人员根据地质资料，进行矿块的回采设计和相应的工程布置；测量人员根据采准工程布置图进行现场放样布置。待施工完毕后，再由测量人员负责工程的验收，并绘制现场的实测图纸。如果达到设计要求，即可继续进行采矿生产的下一个环节。在此过程中，地质人员不断进行探矿工作，修改现有的地质图纸，根据现场采样化验的结果，确定矿石的截止品位，圈定生产中的矿岩边界；采矿人员进行矿块的回采设计及工程布置；测量人员进行现场放样，指导现场施工，并完成施工验收，绘制现场的实测图纸。通过地质人员、采矿设计人员、测量人员的不断循环工作，动态指导生产，最终完成矿山开采任务。

2.1.2 矿山组织架构

企业的生产经营指挥系统包括矿长、车间（职能科室）、班组的行政组织机构。目前来看，适合于矿山企业特点的组织机构形式有以下几种。

2.1.2.1 直线职能式

直线职能式是按照企业生产机能和管理职能设置机构（见图2-1）。企业管理机构和人员分为两类，一类是坑口（车间）的生产指挥机构和人员，另一类是职能科室管理机构和人员，保证了决策指挥权力集中在矿长，同时各坑口（车间）、各科室也有一定的管理权，可充分发挥管理层和执行层的积极性。缺点是不利于企业各部门之间沟通意见，处理问题的及时性差，这种组织机构形式适合企业规模较小，产品品种单一但销路较广、工艺过程较简单的企业。目前，我国矿山企业多采用这种形式。

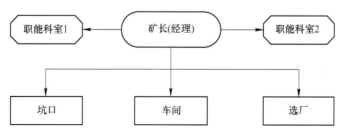

图2-1 直线职能式组织结构图

2.1.2.2 矩阵式

矩阵式是按生产经营划分垂直领导系统，又按计划管理划分横向领导系统的组织机构（见图2-2）。这种形式具有较强的灵活性和适应性，便于各部门沟通。矿长（经理）能够集中精力抓决策，决策层、管理层、执行层各司其职，协调管理，缺点是稳定性差。

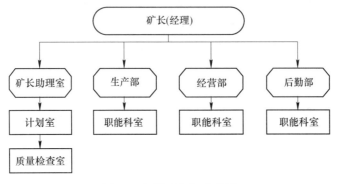

图 2-2   矩阵式组织结构图

2.1.2.3 事业部式

事业部式是把企业生产经营活动按产品或地区的不同，建立经营事业部，同时每个经营事业部为一个利润中心，在总公司领导下，实行独立核算、自负盈亏的组织结构（见图2-3）。其特点是利于公司最高决策层摆脱日常事务，加强各事业部领导人的责任心。各事业部独立核算，利于比较和竞争，便于进行考核和调动积极性，这种形式适用于规模较大的矿山企业，如大型矿山联合企业或矿山企业集团等。

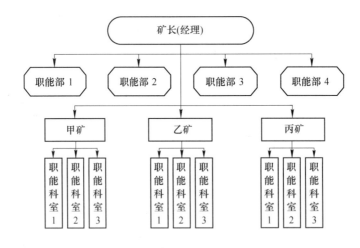

图 2-3   事业部式组织结构图

无论采用哪一种组织机构形式，都由矿长（经理）统筹全局，发挥技术专业人员和行政组织的作用，职能科室根据企业生产经营需要进行设置，按照矿长（经理）的指示和上级主管机关业务部门的要求，掌握企业业务执行情况，协助领导拟定各项管理措施和设计方案，对各生产单位进行业务指导，使科室作用和生产活动密切结合。

2.1.3 矿山八大系统

完善的井下生产包括开拓、运输、供电、排水、充填、供气、供水、通风八大系统。这些系统在交工前应该进行试车，并且做到高质量、高标准。

2.1.3.1 开拓系统

对地下矿体进行开采，需要从地表向地下掘进各种井巷工程，形成运输、提升、排水、通风和动力供应等系统，最终完成完整的开拓系统。在进行开拓系统设计时，通常要根据矿体的赋存条件、矿体上部的地表地貌、各厂区之间的位置关系等设计出几套开拓方案，然后经过技术、经济比选，选出最佳方案。

2.1.3.2 运输系统

运输系统是矿山采掘生产中的重要环节，其工作范围包括采场运搬及巷道运输。它是连接采场、掘进工作面与地下矿仓、充填采空区或地面矿仓与废石场的运输渠道。采场运搬包括重力自溜运搬、电耙运搬、无轨设备运搬（铲运机、装运机或矿用汽车）、振动出矿机运搬及爆力运搬等。巷道运输包括阶段平巷及斜巷的运输，即采场漏斗、采场天井或溜井以下的至地下储矿仓（或平口）之间的巷道运输。根据运输方式和运输设备的不同，地下运输可分为轨道运输、地下矿用汽车运输、带式输送机运输、管道运输、绳索运输、自溜运输与服务运输。我国地下矿山巷道运输主要为机车轨道运输。

2.1.3.3 供电系统

供电系统是由矿内各级变电所的变压器、配电装置、电力线路及用户，按照一定方式互相连接起来的一个整体。常用的矿山供电系统是：地面变电所→井下中央变电所→采区变电所（或移动式变电站）→工作面配电点。

矿山用电设备包括矿山动力设备和矿山电气照明。矿山用电设备中若有一级负荷（见5.1.1.1 矿山电力负荷分级），应由两个独立电源供电，任一独立电源的容量均能保证其一级负荷和全部或大部分二级负荷的用电；无一级负荷的矿山可由一个电源供电。供电电源多取自地区电力系统，处于偏僻地区且负荷不大的小型矿山或具有一级负荷的矿山，从地区电力系统取得第二个独立电源。在技术、经济上不合理时，才考虑建设自备发电厂（站）。

2.1.3.4 排水系统

矿井排水方法有自流式和扬升式两种。在地形条件许可的情况下，利用平自流排水最经济、最可靠，但它受地形限制，多数矿山需要借助水泵将水扬升至地面。

扬升式排水系统主要有直接排水、接力排水、集中排水3种排水系统。直接排水是在每个中段都设置水泵房，分别用各自的排水设备将水直接排至地面。其优点是各中段有独立的排水系统，排水工作互不影响。缺点是所需设备多，井筒内敷设的管道多，管理和检查复杂，金属矿山很少采用。接力排水是下部中段的积水，由辅助排水设备排至上中段水仓中，然后由主排水设备排至地表。其优点是管路铺设简单，节省排水电费，只有一个中段设置大型排水设备，而辅助排水设备在开采延伸之后便于移置。缺点是当主排水设备发生故障时，可能使上、下各中段被淹没。这种排水系统适用于深井或上部涌水量大，而下部涌水量小的矿井。集中排水是把上部中段的水用疏干水井、钻孔或管道引至下部主排水设备所在中段的水仓中，然后由主排水设备集中排至地面。它具有排水系统简单、基建费和管理费低等优点，缺点是增加了排水电能消耗。集中排水不适用有突然涌水危险的矿井，只适用下部涌水量大、上部涌水量小的矿山。

2.1.3.5　充填系统

充填系统是用于采集、加工、贮存和制备充填材料，向采空区输送和堆放充填材料，使充填材料脱水和处理污水等的设备、设施、井巷工程和构筑物的总称。按充填材料的类型可将充填系统分为干式充填系统、水砂充填系统和胶结充填系统。有时需要把几种充填系统结合起来使用。使用充填采矿法的矿山和采用空场采矿法开采时对采空区进行嗣后充填处理的矿山，一般都设有充填系统。设计充填系统的充填能力时，应充分考虑矿山生产多环节的特点和各环节间的不均衡性，在充填能力方面要留有余地，使采出矿石和充填采空区保持平衡，从而提高矿山的经济效益和生产能力。

2.1.3.6　供气系统

在矿山开采工作中，压缩空气的用途非常广泛。在凿岩爆破和装运卸等作业中，有许多设备是用压缩空气驱动的。此外，还供应修理用的气动工具用气。我国矿山普遍装备有大小不同的空气压缩机以供应全矿各种气动机械用气。压缩空气的供气方式主要根据矿山的生产规模、气动机械的分布情况和全矿总耗气量通过技术经济比较决定。主要有以下3种方式：

（1）集中供气。当矿区较集中，用气地点离集中供气点不太远时，一般建立一个空气压缩机站供应全矿用气。站内设置固定式空气压缩机。

（2）分区供气。当矿区范围较大，气动机械分区布置，各区间距离较大时，可在地面或井下建立分区空气压缩机站进行分区供气。当有条件时，各站间可用管道连通，以相互调剂负荷。分区压缩机站内的设备与集中压缩机站相同。

（3）就地供气。压气消耗量小、用气地点又较分散的露天开采矿山或地下开采露天化的大型矿山，常用移动式空气压缩机就地供气。

2.1.3.7　供水系统

供水系统在矿山安全生产中起着非常重要的作用，主要是为了满足在井下开采过程中的各类生产作业用水，如开掘工作面的洒水除尘、消防灭火、凿岩作业、冲洗岩壁、冷却作业设备等。

2.1.3.8　通风系统

矿山生产过程中会产生大量有毒有害气体和粉尘，矿岩中还可能析出放射性和爆炸性气体。此外，矿内空气的温度、湿度也发生了变化。这些不利因素对矿山从业人员的安全和健康造成了极大的威胁。因此矿井通风系统的设置十分重要。矿井通风系统是指向井下作业地点供给新鲜空气，排出污浊空气的通风网路、通风动力和通风控制设施的总称。

每一个通风系统至少要有一个可靠的进风井和一个可靠的排风井。在一般情况下均以罐笼提升井兼作进风井，我国有些矿井开设了专用进风井。排风井一般均为专用，因排风风流中含有大量有毒气体和粉尘。按进风井与排风井的相对位置，可将风井的布置分为中央式、对角式、中央对角混合式3种形式。

2.1.4 矿山安全避险六大系统

2010 年 7 月，国务院印发了《国务院关于进一步加强企业安全生产工作的通知》，国家安全生产监督管理总局组织制定了《金属非金属地下矿山安全避险"六大系统"安装使用和监督检查暂行规定》，要求煤矿和非煤矿山要在三年之内完成"六大系统"的建设、安装。地下矿山建立安全避险"六大系统"是科学技术进步的必然结果，是矿山提高安全生产水平，改善工作环境的必由之路。随着计算机、通信技术的飞速发展，远程监控、人员定位、井下与地面通信等技术得到了实现，为矿山建设监测监控六大系统提供了技术支持。矿山安全避险六大系统的主要功能为：

（1）调度指挥。凭借人员定位系统（包括对车辆等移动设备的定位）、井下通信联络系统和监测监控系统，调度指挥人员时可充分掌握各类即时动态信息，有效避免盲目指挥，提高调度指挥系统的效率。

（2）安全监管。通过人员定位系统，可掌握所有下井人员的历史行动轨迹，便于对各级领导、管理人员、特种作业人员等履行职责情况进行监管；通过各类监测监控系统，可及时掌握通风系统和重大危险源的运行情况，有利于及时发现安全隐患。

（3）特种设备的管理。通过对提升机、变电所、水泵和通风机的远程监控，可及时掌握这些重点设备的运行状况；通过对重点设备的视频监控，还可对点检、专检和检修情况进行监管。

（4）应急救援。压风自救、供水施救和紧急避险系统可为重大事故救援赢得宝贵的时间，从而有效避免伤亡；通过人员定位、监测监控等提供的动态信息，可为救援指挥人员提供可靠的决策依据，从而大幅提高事故救援的效率。

安全避险"六大系统"建设，是矿山依靠科技进步和先进适用技术装备实现安全发展、可持续发展的必然选择，是从源头上控制风险、从根本上提升矿山安全保障能力的有效手段，是以超前预防为主的"防灾"和以应急避险为主的"减灾"的有机统一，能够从根本上提升事故防范能力，最大限度防范事故发生。

矿山安全避险六大系统包括监测监控系统、人员定位系统、紧急避险系统、压风自救系统、供水施救系统和通信联络系统。

2.1.4.1 监测监控系统

监测监控系统整体框架结构分为感知层、传输层、服务层和应用层，包含如下内容：

（1）感知层。感知层设备包括各类传感器、视频、身份识别定位卡等。传感器又可分为有毒有害气体监测传感器、压力和应力传感器、风速传感器、气压传感器、温度传感器、湿度传感器等。视频感知信息主要包括视频信号流、云台控制等信息。身份识别定位卡感知的信息主要包括位置 (x, y, z)、体温、姓名、职位、部门、工种等。

（2）传输层。传输层的核心枢纽为多功能基站，多功能基站提供总线、视频、无线模块网线和光纤的接口，从而实现多制式统一通信。传输层整体组网采用的是工业环网的组网方式，并通过冗余环网技术来确保信息传输的双重或多重可靠性。通过光纤、双绞线、Intranet/Internet、总线、视频线、云台线等实现感知信息的采集传输和控制信息传输。各类传感器数据通过 485 总线和数据采集器进行内部传输和控制。视频信号和视频数据采集卡通过视频线进行信号传输。数据采集处理器信号通过光纤实现和外部主机的通信。对于局部不便于架设有线的情况，可采用无线 WiFi、无线 485、无线 AP 等方式进行通信和传输。

（3）服务层。通过多功能基站能实现对多制式信息数据的采集，并且通过定制的远程可视化监管平台来处理。监管平台提供各类数据的实时监测情况、历时监测监控信息、数据粗差提出、数据曲线绘制、预警报警判定、信息本地或在线发布等服务。

（4）应用层。应用层是直接面向用户应用和用户体验的，包括用户查看的便利性、控制的有效性和监管的实用性。监控监测信息可在透视三维界面直接查看，视频信息可本地或远程查看，人员定位管理集成人员定位、人员考勤和异常工作人员报警等功能。

根据监控监测对象的不同，可将监控监测系统分为以下几个功能模块：

（1）有毒有害气体监测。在每个生产水平的进、回风巷靠近采场位置应设置有毒有害气体监（检）测（一氧化碳或二氧化氮）传感器，对爆破残余炮烟有害气体的浓度进行监测。掘进工作面独头巷道根据通风方式，在距离掘进工作面、风筒和巷道出口的一定位置布设有毒有害气体监（检）测传感器，实现对巷道内有毒有害气体的实时监测。同时配置足够的便携式气体检测报警仪。在距离采场位置较近的巷道或回风巷中布设一氧化碳传感器，对一氧化碳进行监测，一般至少需要布设 2 个一氧化碳传感器。便携式气体检测报警仪应能准确、方便地测量一氧化碳和二氧化氮等有毒有害气体的浓度，应能对报警参数进行设置，并在有毒有害气体浓度超过警戒浓度时，报警仪应具有声光报警功能。一般需要为矿山每个班组配置 1 套二氧化氮、一氧化碳、氧气三合一气体检测仪，放炮后或间隔较长时间后进入采场和独头巷道，应携带气体检测仪，当一氧化碳浓度（体积分数，下同）低于 0.02%、二氧化氮浓度低于 0.5%时，方可进入采场作业。

（2）风速风压监测。在总回风巷及各个水平（中段、分段）的回风巷要设置风速传感器，风速传感器应设置在能准确计算风量的地点。主通风机应设置风压传感器，主要通风机、辅助通风机应安装开停传感器。

（3）视频监测。对人员和设备主要进出场所（如井口、调车场等）进行视频监控。对紧急避险设施及井下爆破器材库、中央变电所、油库等主要硐室进行视频监控，安装在井下爆破器材库和油库的视频设备应符合相应防爆等级要求。

（4）地压监测。对在需要保护的建筑物、构筑物、铁路、水体下面开采的地下矿山，应进行压力或变形监测，并对地表沉降进行监测。在工程地质复杂、有频繁地压活动或开采后留下大面积空区的地下矿山，应进行地压监测。

2.1.4.2　人员定位系统

依据《金属非金属地下矿山人员定位系统建设规范》（AQ 2032—2011）的要求："井下最多同时作业人数不少于 30 人的金属非金属地下矿山应当建立和完善人员定位系统；井下最多同时作业人数少于 30 人的金属非金属地下矿山应建立完善人员出入井信息管理制度，准确掌握井下各个区域作业人员的数量。"

安全完善的矿山人员定位系统，可由工业以太环网构成稳定可靠的网络架构，主要由服务器、多功能定位基站（以下简称定位基站）、辅助读卡器、Zigbee 无线信号源（以下简称人员定位识别卡）等组建。矿山人员定位系统应具有实时定位、人员轨迹查询、周边覆盖等主要的功能，并且还应具有高度的灵活性及可扩展性。详细内容如下：

（1）实时定位。对关键码头门及特殊场合进行定位，将定位信息实时传送到控制中心，实时掌握井下人员的位置信息，以便在紧急情况下发出准确的调度指令。

（2）人员轨迹查询。各定位点数据均在服务器中存储，可通过服务器方便、快捷地查询。

（3）周边覆盖。该系统配合视频监控系统，起到相辅相成的作用。

（4）高灵活性。该系统不仅起到定位作用，也可用于井下人员信息记录、井下考勤等。

（5）高扩展性。全部采用网络进行传输，并预留了网络接口，日后可极方便地对该系统进行扩展。

人员定位实现了对重要生产、安全地点到达人员的实时记录，矿区领导及有关人员可随时了解生产现场的人员信息，实现全矿区的统一调度管理。接入环网的每个多功能基站都自带 1 套人员定位功能模块，以便能对周边覆盖区域的人员进行定位，通过新增 1 套定向天线判断人员行动的方向。人员定位识别卡采用全密封的 IP54 防水外壳，一次性浇筑成型，通过无线充电器对识别卡进行定期充电，正常充满电一次使用周期为 1~3 个月。人员定位系统所需的设备设施材料见表 2-1。

表 2-1 人员定位系统所需设备设施材料

编号	设 备	备 注
1	多功能定位基站	与多功能基站环网共用 5 个基站
2	定向天线	分别在基站周边配置
3	服务器	与多功能基站环网共用双机服务器
4	智能读卡设备	一般在回风巷布设读卡器
5	人员定位识别卡	内含人员定位识别卡，无线充电电池
6	无线充电器	

2.1.4.3 紧急避险系统

紧急避险系统建设内容包括为入井人员提供自救器、建设井下紧急避险设施、设置合理的避灾路线、科学制定应急预案等。

自救器提供的保障时间至少为 30 min，矿山从业人员下井时应随身携带。压缩氧自救器如图 2-4 所示。压缩氧自救器是一种隔离式闭路循环呼吸系统的自救装置，实际上它是

图 2-4 矿用压缩氧自救器

一种小型的氧气呼吸器，其氧气来源于自救器中的高压氧气瓶，避免了化学氧自救器因为化学药品反应引起的吸气温度升高过快和只能使用一次的缺点。它主要适用于井下人员在发生火灾灾害事故时佩戴，也可作为救护队员的备用呼吸器。

井下紧急避险设施能形成密闭空间，在发生灾害事故时，能隔绝烟气等有毒有害气体；同时在这个密闭空间内能提供氧气、食物、饮用水，为工人创造基本的生存条件。紧急避险设施主要包括：

（1）永久避难硐室。一般布置在矿山的井底车场、水平大巷或采区中的避灾路线上，主要服务于整个矿井、水平或采区，服务年限一般不得低于 5 年，如图 2-5 所示。

图 2-5　矿山永久避难硐室

（2）临时避难硐室。一般设置在采场工作面附近区域或巷道中的避灾线路上，主要目的是保障采场工作面附近员工的生命安全，临时避难硐室的服务年限一般小于 5 年。

（3）可移动式救生舱。可移动式救生舱是指通过牵引、吊装等动力牵引，可移动式服务于采掘工作面的避险设施，如图 2-6 所示。救生舱外观颜色应醒目，在灯光照明的条件下应易于识别，一般选择黄色或红色。救生舱材料应选择抗高温、抗老化、无放射性的环保材料。在救生舱前、后 20 m 的范围内，岩层要稳定，无冒顶、涌水等不良地质条件，对救生舱进行支护时应采用不燃性材料，救生舱外部环境通风良好，人员流通方便，并且不能对矿山的生产、运输等构成影响。

图 2-6　可移动式救生舱

除了以上"物"的因素，"人"的因素同样至关重要。矿山应加强对员工的安全教育培训，对员工讲解紧急避险系统的构成及重要意义，同时将正确使用紧急避险设施纳入员工安全教育培训中去，并进行应急救援演练，提高员工的实际操作能力。

2.1.4.4 压风自救系统

矿井井下的压风自救系统是在矿井的压风管路中接出分岔管路，并且接上防护袋、面罩或喇叭口等连接人呼吸器官的面具，将风压经减压节流、消声、过滤后供给避难矿工，保护他们免受有毒或窒息性气体侵害的器具。它可和隔绝式自救器构成二级自救系统，即在设置压风自救装置（系统）的地点贮备隔绝式自救器，矿工进入压风自救装置的防护袋后，可在压风（新鲜空气）的掩护下换戴贮备在此地的隔绝式自救器，作为应急自救的接力工具继续撤退到安全的地点。压风自救系统如图 2-7 所示。

图 2-7　压风自救系统

对于一般矿井，空气压缩机应设置在地面。而对于开采水平较深，分多水平进行开采的矿井，空气压缩机设置在地面上可能由于传输距离过长而存在供风压力不足，导致对工作面供给的风量达不到要求时，可将空气压缩机安装在较高水平的进风井井底车场处。平时要注重保养维护井下敷设的压风管路，采取必要的安全防护措施，保证管路的正常使用。

2.1.4.5 供水施救系统

供水施救系统，即消防防尘供水管道系统，该系统主要由储水池、供水管道及各类阀门组成。

储水池设置的地点及数量应通过比较来确定。需根据矿山的生产实际来确定建立地面储水池、井下储水池或同时采用地面和井下 2 种储水池。储水池的储水量至少为 200 L，并且应能保证消防用水不能作为其他矿山生产的用水来源。在发生火灾等紧急情况时，供水施救储水池的出水管应能自动消防出水，以满足消防用水的需要。

供水管道的设计应满足以下要求：（1）计算管道的秒流量时，只要计算同一地点同一时间内的各种设施的用水量；（2）应当保证距离最远点的用水量及水压达到要求；（3）管道的直径大小、管壁厚度、支架强度应通过计算确定；（4）采用静压供水时，对局部压力过高的管段，应当采用降压水箱、减压阀等方式进行减压；（5）各种设施进口处的压力超过该设施工作压力时，应采用减压阀、节流管、减压孔板等方式进行减压；（6）管道的接口应采用牢固耐用，便于拆装的接口管件。

矿山井下应布置作为防尘用途的供水管道系统，作为平时生产作业洒水降尘的供水水源。另外，当矿山发生火灾事故时，该供水管道系统应能提供水源来灭火救灾。一般矿井多建设统一的消防防尘供水管道系统，把消防和防尘用的供水管道合二为一。但作为安全避险的一大关键设施，国家有关文件对供水管道系统的要求更加严格：一是管道的敷设应能覆盖矿山主要生产区域，保证提供充足的救援能力；二是管道系统的稳定性和可靠性应更高，具备更强的抗破坏能力，即使在发生事故时受到强力的冲击，也应能发挥其作用和功效；三是管道系统的功能应更完善，不但能提供灭火施救的水源，并且在发生灾变事故时，可向被困人员提供饮用水等救生物品。

2.1.4.6 通信联络系统

矿山井下工作条件复杂，危险有害因素较多，环境较恶劣，矿井通信联络系统建设的难度较大，需要考虑和防范的因素较多，与一般的地面通信系统有较大的区别。矿井通信联络系统具有这些特点：（1）电气设备必须防爆；（2）传输衰耗大；（3）设备占据的空间小；（4）发射功率小；（5）抗干扰能力强；（6）防护性能好；（7）电源电压波动适应能力强；（8）抗故障能力强；（9）服务半径大；（10）信道容量大；（11）移动速度慢。

矿井通信系统包括矿用调度通信系统、矿井广播通信系统、矿井移动通信系统、矿井救灾通信系统。各系统特点如下：

（1）矿用调度通信系统一般是由矿用本质安全型防爆调度电话、矿用程控调度交换机（含安全栅）、电源、调度台、电缆等组成。这种调度电话能实现声音信号与电信号间的转换，同时具有来电提示、拨号等功能。现有的调度电话系统主要安装在关键节点上，这样安装的缺点为：1）必须有人接听后才能进行通话，不能广播预案；2）现有的调度电话系统不能覆盖矿井全部区域；3）要实现该系统功能，需敷设大量的电缆，成本较高。

程控调度交换机控制和管理整个系统，具有交换、接续、控制和管理功能。调度台具有通话、呼叫、强插、强拆、来电声光提示、录音等功能。

（2）矿井广播通信系统一般由地面广播录音及控制设备、防爆显示屏、井下防爆广播设备、电缆等组成，地面广播录音及控制设备具有广播、录音、控制等功能，一般是由矿用程控调度交换机和调度台承担。防爆广播设备将电信号转换为大功率声音信号，在紧急情况时，及时向全矿井播报事故信息，如事故地点、灾害扩展方向、逃生路线等。同时在关键点上设置的防爆显示屏也能同时显示相关事故信息，指导员工进行撤离或开展救援工作。

在发生紧急情况时，按下调度台屏幕上的紧急通话按钮后进行广播通告，通过广播通信系统可以把通告信息传递到井下相应线路上所有的扩音电话进行播出，不需要人员接听，在这种情况下，此应急广播优先于其他通话方式。

（3）矿井移动通信系统一般是由矿用本质安全型防爆手机、矿用防爆基站、系统控制器、调度台、电源、电缆（或光缆）等组成，如图2-8所示。矿用本质安全型防爆手机能实现声音信号与无线电信号的转换，具有通话、来电提示、拨号、短信等功能，部分的本质安全型防爆手机还具有图像功能。矿用防爆基站实现有线与无线的转换，并具有一定的交换、接续、控制和管理功能。系统控制器控制及管理整个矿井移动通信系统的设备，具有交换、接续、控制和管理等功能。调度台具有通话、呼叫、强插、广播、强拆、来电声光提示等功能。

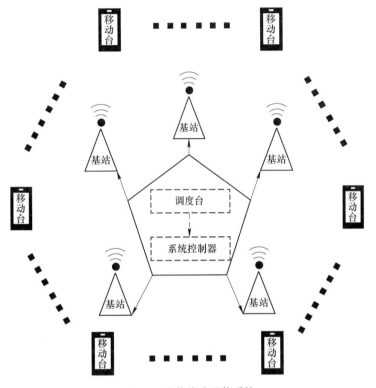

图 2-8　矿井移动通信系统

（4）矿井救灾通信系统一般由矿用本质安全型防爆移动台、矿用防爆基站（含话机）、矿用防爆基站电源（可与基站一体化）、地面基站通信终端、电缆（或光缆）等组成，如图 2-9 所示。矿用本质安全型防爆移动台和矿用防爆基站都具有将声音信号与无线电信号进行转换的功能，移动台和防爆基站都具有通话、呼叫、来电提示等功能，另外，防爆基站还具有交换、接续、管理等功能。地面基站通信终端具有通话、呼叫、来电提示等功能。

非煤地下矿山应建立调度通信系统，矿山救护队应建立和利用救灾通信系统，并逐步扩展通信系统的各项功能，为矿山的安全生产和灾害防护提供保障。建立救灾通信系统的要求包括：

（1）建设矿井通信系统所需的设备要满足国家对矿用产品的各项要求。安装标准要符合相关规范的要求。

图 2-9　矿井救灾通信系统

（2）矿山必须装备矿用调度通信系统。调度电话应直接连接设置在地面的一般兼本质安全型调度交换机（含安全栅），并且由调度交换机远程供电。严禁调度电话由井下直接供电，调度电话至调度交换机应采用矿用电缆连接。

（3）矿井地面和井下必须在对矿山生产具有重要保障意义的工作地点设直通矿调度室的调度电话，通过调度电话来协调日常生产中各项工作的管理，并且，在发生灾害事故时，能及时通知各关键点参与应急工作。

（4）要积极推广应用矿井广播通信系统，在井下发生灾害事故时，要及时通过广播通信系统，利用广播和显示牌，通知事故发生的地点、性质、避险线路等，告知井下工作人员撤离避险。井下主要巷道和作业地点应设置广播设备，在条件许可的条件下，在醒目位置设置显示牌，及时公告相关信息。

（5）矿井移动通信系统进行通信时及时、方便，对流动作业人员和流动作业环境较适用。矿山井下带班领导、技术人员、安全检查员、电钳工等流动作业人员，可佩戴矿用移动电话，以便在生产中调度指挥、及时管理，在发生灾害事故时，及时有效地通报安全隐患，指挥员工进行紧急避险。

（6）要建立、完善相应的应急管理制度，制定事故应急预案，并定期组织员工进行预案演练，提高员工的应急能力，一旦发生灾变，能迅速通知井下人员撤离避险。

2.2 矿山工程地质安全

2.2.1 矿山地质灾害

矿山地质工作是矿山开采中不可缺少的基础技术工作，是指在矿床开采过程中，根据矿山工作的需要，对矿床生产地段或矿区进行的直接为生产服务的地质工作。矿山地质工作以地质学为基础，以矿山采掘活动为对象，是矿山采掘生产经营活动的技术基础与依据。

矿山地质问题是指由于人类从事技术经济活动或自然因素所产生的地质灾害。人类在开发利用矿产资源过程中所带来的环境地质问题日益明显、日趋严重。矿山地质灾害具有突发性强、破坏力大及受伤率高等特点，即使现今矿山生产、生活安全性明显提高，造成的人员伤亡也从未停止，严重威胁着矿区人民生命财产安全及生态环境，制约着矿区的可持续发展。截至2020年，人类每年开采利用的主要矿产资源高达218亿吨，其中，能源、金属和非金属产量分别为147.4亿吨、16.7亿吨和56.7亿吨。大量的矿山开采作业造成巨大的矿山剥离量，随着地表矿资源的锐减，矿产资源开采深度越来越大，对环境的影响和破坏的深度和广度不断增大。巨大的采矿工程活动，引起各种各样的环境地质问题，如水土流失、滑坡、崩塌、地面沉降塌陷、矿井热害、诱发地震、污染水体和空气等，给人们的生命财产造成巨大损失。

归纳起来，矿山地质问题有以下几个方面：

（1）区域稳定问题。其包括活动断层、地震、诱发地震、地震砂土液化、地表变形和沉降等。它直接关系到矿区岩土体的稳定，对矿山地表建筑工程选址、采矿方式等有重要意义。

（2）矿区岩土体稳定问题。其包括露天矿边坡、地下坑道和采场、天然斜坡、地表建筑物、地基等岩土体的严重变形破坏。它们关系到矿山正常运营、安全生产等问题。

（3）与地下水渗流有关的工程地质问题。其主要指发生在溶岩地区的岩溶渗透，造成土体失稳等工程地质危害。

（4）常见的矿山地质灾害问题。其包括岩爆、岩石突出、流砂、泥石流、岩堆移动等。

2.2.2 矿山开采的地质工程要求

地质资料是矿山设计、建设和生产的依据，其完备程度和可靠性与矿山企业的建设和生产有直接关系，并直接影响着矿山企业的经济效益和安全生产。如果没有可靠的地质资料和对矿床的完整性了解，盲目作业，会造成巨大的经济损失和发生重大人身伤亡事故。因此，矿山设计时应有系统而完整的地质资料。根据技术经济和安全生产的需要，工程地质资料应包括以下内容。

2.2.2.1 矿区环境

矿区环境包括矿区位置及主要交通情况、自然地理及气象特征、经济概况及动力来源等。

2.2.2.2 区域地质

区域地质包括区域地质构造特征及矿床在区域构造单元中的位置。

2.2.2.3 矿区地质构造及矿床特征

矿区地质构造及矿床特征包括：

（1）矿区地层和岩石组成，褶曲和断裂构造的性质、分布及其对矿体产状的影响；较大断层、破碎带、滑坡、泥石流的性质和规模。

（2）矿体产状、规模及其埋藏条件，矿体厚度及其沿走向、倾向的变化情况，矿体倾角及其变化情况，矿体出露情况及其埋藏深度。

（3）上、下盘围岩性质及其与矿体的接触关系，地表松散沉积物厚度及其覆盖情况。

（4）矿体内部构造、废石夹层和包裹体的存在情况及其种类、产状、厚度、分布及数量。

2.2.2.4 矿石质量

矿石质量包括矿石的主要及次要矿物成分、矿石组织结构、矿石的工业品位及其空间和叙述，以及矿石以工业开采的经济价值。

2.2.2.5 矿石和围岩的物理力学性质及开采技术条件

建筑材料和石材矿山，应根据需要确定矿石及围岩的抗压强度、硬度系数、松散系数，以及围岩和矿体的裂隙、节理发育分布规律和岩石的稳定性。

2.2.2.6 矿床水文地质条件

矿床水文地质条件包含含水层和隔水层的岩性、层厚、产状；各含水层之间，地表水和地下水之间的水力联系；地下水的潜水位、水质、水量和流向；地面水流系统和有关水利工程的疏水能力及当地历年降水量和最高洪水位；矿区内的小矿井、老井、老采空区，现有生产矿井中的积水层、含水层、岩溶带、地质构造等。

2.2.2.7　矿石储量计算

矿石储量计算包括储量计算方法的选择及其依据、储量计算中各种参数的确定及其数值、各级储量的空间分布、储量计算结果。

2.3　露天矿山开采安全

露天开采是用一定的采掘运输设备在敞露的空间从事矿石开采作业。露天开采的特点是采出矿石需将矿体周围的岩石及覆盖岩层剥掉，通过露天运输通道或地下井巷把矿石或岩石运至地表。这种开采方法广泛用于开采金属矿、冶金辅助原料、建筑材料、化工原料及煤等矿床。露天开采工艺按作业的连续性可分为间断式、连续式和半连续式。间断式开采工艺适用于各种地质矿岩条件；连续式开采工艺劳动效率高，易实现生产过程自动化，但只能用于松软矿岩；半连续式开采工艺兼有前两者的特点，但在硬岩中，需增加机械破碎岩石的环节。

基于露天开采是在敞露的空间从事矿床开采作业，与地下开采相比，它有如下特点：

（1）开采空间相对受限较小，有利于采用大型机械化设备。大型机械化设备的机械化、自动化水平较高，可提高矿山开采强度和矿石产量。

（2）劳动生产率高。

（3）开采成本低，使大规模开采低品位矿石成为可能。

（4）矿石损失、贫化小，有利于回收地下矿产资源。

（5）基建时间短，年产吨矿石的基建投资比地下开采低。

（6）对于高温易燃矿体的开采，露天开采也较地下开采更安全。

（7）劳动条件较好，工作也较安全。

（8）露天开采过程中可产生较大粉尘，自卸汽车运行中可排放废气，爆破后的岩石因含有害成分，对与之接触的大气、水和土壤有一定程度的污染。

（9）需要把大量剥离岩土排弃到排土场，排土场占地面积较大，占用山地和农田且局部恶化生态环境。

（10）冰雪、暴雨等天气对露天开采有一定影响。

2.3.1　露天采矿作业内容

露天采矿作业内容主要包括穿孔、爆破、采装、运输、排土、排水与防毒。这7项工作的好坏及它们之间的配合如何是露天采矿的关键。其具体工作如下。

2.3.1.1　穿孔工作

穿孔工作是指在露天采场矿岩内钻凿一定直径和深度的定向爆破孔。穿孔工作是露天矿山开采的首要工序，其工作好坏直接影响矿山的爆破、采装和运输工作。常见的穿孔设备有：

（1）凿岩机。凿岩机主要的应用是在坚硬的岩石中钻凿炮孔，以便放入炸药炸开岩石。其按冲击破碎原理进行工作，钻孔方式为冲击转动式。凿岩机按其动力来源可分为风动凿岩机、内燃凿岩机、电动凿岩机和液压凿岩机等。

（2）凿岩台车。凿岩台车是随着采矿工业的发展而出现的一种新型凿岩作业设备。它将一台或几台凿岩机连同自动推进器一起安装在特制的钻臂或台架上，并且有行走机构，使凿岩机作业实现机械化。凿岩台车按照用途可分为平巷掘进台车、采矿台车、露天开采台车，按照台车行走机构可分为轨轮式台车、轮胎式台车和履带式台车，按照架设凿岩机台数可分为单机台车、双机台车和多机台车等。

（3）钢绳冲击钻机。目前由于生产能力较低，我国钢绳冲击钻机用量较少。这种钻机几乎不再生产，现有的钻机用在不同性质和不同坚固性的岩石和局部勘探中，穿孔直径为150~350 mm，孔深约50 m。

（4）潜孔钻机。潜孔钻机与钢绳冲击钻机相比，钻孔产率高，机械化程度高，减少了辅助作业时间，提高了钻机的作业率，减轻了工人的体力劳动，工作安全可靠。潜孔钻机机动灵活、设备重量轻、投资费用低，尤其是可以通过钻凿各种斜孔来控制矿石品位，能消除根底、减少大块，提高爆破质量。因此，潜孔钻机目前在国内外中、小型矿山广泛使用。

（5）牙轮钻机。牙轮钻机是在旋转钻机的基础上发展起来的一种近代新型钻孔设备，具有穿孔效率高，作业成本低，机械化、自动化程度高，适应各种硬度的矿岩穿孔作业等优点，已成为当今世界各国露天矿普遍使用的最先进的穿孔设备。1907年，美国石油工业部门开始使用牙轮钻机钻凿油井和天然气井。1939年，牙轮钻机开始试用于露天矿山。1946年，试制成功了液压传动产生轴压的牙轮钻机。1949年，美国采用压缩空气排渣，提高了钻孔效率并延长了钻头的寿命，从而推动了牙轮钻孔技术的发展，使之在露天矿得到实际应用。1965年，出现了银嵌硬质合金柱齿的牙轮钻头，钻头寿命显著提高，能在花岗岩、铁岩、磁铁石英岩等坚硬的矿岩中钻孔。牙轮钻机的技术经济指标优于潜孔钻机，因此牙轮钻机在露天矿中获得了广泛应用。美国生产牙轮钻机主要的机型为45-R、60-R等钻机。苏联生产十余种，列为国家标准的有4种，效果较好的有CBLLI-250 mH。美国45-R钻机在铁矿穿孔，台年穿爆量可达400万~500万吨；60-R钻机台年穿爆量可达800万~1000万吨，一般为500万~600万吨。我国目前定型生产KY-310、KY-250型牙轮钻机。在选用牙轮钻机时，大型、特大型露天矿一般选用孔径为310~380 mm的牙轮钻，中型露天矿一般选用孔径为250 mm的牙轮钻。

2.3.1.2 爆破工作

爆破工作的目的是破碎坚硬的实体矿岩，为采装工作提供块度适宜的挖掘物。爆破费占露天开采总费用的15%~20%。此外，爆破质量的好坏对采装、运输、粗碎等工序也有较大影响。常用炸药为铵油炸药、浆状抗水炸药和乳化炸药及粒状乳化炸药等。露天矿山爆破的爆破形式有浅孔爆破、深孔爆破、硐室爆破、药壶爆破、外复爆破、多排孔延时爆破与多排孔延时挤压爆破等，各种爆破形式的特点及应用如下：

（1）浅孔爆破。浅孔爆破采用的炮孔直径较小，一般为30~75 mm，炮孔深度一般在5 m以下，有时可达约8 m，如用凿岩台车钻孔，孔深还可增加。浅孔爆破主要用于生产规模不大的露天矿或采石场、硐室、隧道掘凿、二次爆碎、新建露天矿山包处理、山坡露天单壁沟运输通路的形成及其他一些特殊爆破。

（2）深孔爆破。深孔爆破就是用孔径大于75 mm、深度在5 m以上并采用深孔钻机钻成的炮孔进行装药并起爆的爆破方法。露天矿的深孔爆破主要以台阶爆破为主。深孔爆破的钻孔设备主要采用潜孔钻和牙轮钻。其钻孔可钻垂直深孔，也可钻倾斜炮孔。倾斜炮孔的装药较均匀，矿岩的爆破质量较好，可为采装工作创造好的条件。为减少地震效应和提高爆破质量，在一定条件下可采取大区延时爆破、炮孔中间隔装药或底部空气间隔装药等措施，以降低爆破成本，取得较好的经济效益。

（3）硐室爆破。硐室爆破是将较多或大量炸药装在爆破硐室巷道内进行爆破的方法。其爆破量大，也称为硐室大爆破。露天矿仅在基本建设时期和在特定条件下使用。采石场在有条件且在采矿需求量很大时采用。硐室爆破可分为松动爆破和抛掷爆破两大类。松动爆破可分为弱松动爆破和强松动爆破，抛掷爆破又可分为抛扬爆破、抛坍爆破和定向抛掷爆破。

（4）药壶爆破。药壶爆破是利用集中药包爆破的一种特殊形式，它是将已钻凿好的炮眼，先利用少量装药，经多次爆破或利用火钻把炮孔底部或某部位扩大成"葫芦"形药室，再利用这种药室装入更多炸药进行爆破的方法。药壶爆破具有凿岩量小、装药量大等优点，在钻孔设备缺乏的爆破工程中得到了广泛应用。

（5）外复爆破。多用于二次破碎和根底处理等。对于大块的二次破碎，国内外有使用碎石机完成的。

（6）多排孔延时爆破。多排孔延时爆破是排数为 4~6 排或更多的延时爆破。这种爆破方法一次爆破量大，矿岩破碎效果好，常用的延时间隔时间为 25~50 ms。起爆顺序多种多样，常见的有依次逐排爆、斜线起爆、波行起爆。堑沟掘进常用中间掏槽起爆。

多排孔延时爆破的优点有：1）一次爆破量大，减少爆破次数和避炮时间，提高采场设备的利用率；2）改善矿岩破碎质量，其大块率比单排孔爆破的大块率少 40%~50%；3）提高穿孔设备效率 10%~15%。这是工作时间利用系数增加和穿孔设备在爆破后冲区作业次数减少的缘故；4）提高采装、运输设备效率 10%~15%。

（7）多排孔延时挤压爆破。多排孔延时挤压爆破是指工作面残留有爆堆情况下的多排孔延时爆破。渣堆的存在为挤压创造了条件，一方面能延长爆破的有效作用时间，改善炸药能的利用和破碎效果；另一方面，能控制爆堆宽度，避免矿岩飞散。多排孔延时挤压爆破的延时间隔时间比普通延时爆破长 30%~50% 为宜，我国露天矿常用 50~100 ms。

与多排孔延时爆破相比，多排孔延时挤压爆破的优点是：1）矿岩破碎效果更好。这主要是由于前面有渣堆阻挡，包括第一排在内的各排钻孔都可增大装药量，并在渣堆的挤压下充分破碎。2）爆堆更集中。对于采用铁路运输的矿山，爆破前可以不拆道，从而提高采装、运输设备效率。

多排孔延时挤压爆破的缺点是：1）炸药消耗量较大；2）作平台要求更宽，以便容纳碴堆；3）爆堆高度较大，可能影响挖掘机作业的安全。

2.3.1.3　采装工作

采装工作是露天开采生产过程的中心环节。通俗地讲，采装的实际生产能力，基本就是矿山的生产能力。采装工作通常是指用装载设备将矿岩从爆堆中或实体中挖取，装入运输容器的过程。露天矿用挖掘设备主要有挖掘机、索斗铲、液压铲和轮胎式前装机。广泛采用的是单斗挖掘机。

2.3.1.4　运输工作

运输工作是将采场采出的矿石送到选矿厂、破碎站或储矿场，同时把剥离岩土运送到排土场，并将生产过程中所需的人员、设备和材料运送到工作地点。矿山运输的基建投资总额约占露天开采矿山总基建费用的 60%，运输成本占矿山总成本的 50% 以上，可见运输工作十分重要。尤其是在运输工作成为制约矿山生产的薄弱环节的露天矿，合理选择运输类型，正确组织、加强运输管理工作，是保证露天矿正常生产和取得良好经济效益的必要条件。运输工作的主要运输方式为自卸汽车运输、铁路运输、胶带运输机运输、斜坡提升运输与联合运输。

2.3.1.5　排土工作

矿山露天开采的一个重要特点就是要剥离覆盖在矿床上部及其周围的表土和岩石，并将其运至专设的场地排弃。这种接受排弃岩土的场地称为排土场（或废石场）。在排土场用一定方式进行堆放岩土的作业称为排土工作。排土方法依其排土设备的不同，可分为推土机排土、前装机排土和拖拉铲运机或索斗铲排土等。排土场应选择在尽量靠近采矿场、少占农田的位置，有条件的矿山应将排土场放置在山谷、洼地处，注意环境保护和造田、还田。

2.3.1.6　排水工作

露天矿排水主要指排除进入凹陷露天矿采场的地下水和大气降水，它分为露天排水（明排）和地下排水（暗排）。露天矿排水方案的选择原则为：

（1）有条件的露天矿都应尽量采用自流排水方案，必要时可专门开凿部分疏干平硐以形成自流排水系统。

（2）对水文地质条件复杂和水量大的露天矿，首要问题是确定用露天排水方式（明排）还是井巷排水方式。当不采用矿床预先疏干措施时，应考虑井下排水方式为宜。

（3）露天采矿场是采用坑底集中排水还是分段截流永久泵站方式，应经综合的技术经济比较后确定。

2.3.1.7　防毒工作

露天开采一些对人体有害的矿石（如硫化矿石、铅类矿石等）时，可产生毒性矿尘或与空气、水的作用产生有害物质。如长时间接触放射性类矿石或其放射量达到一定程度时，均可对人体造成伤害。为防止毒性矿尘引起的中毒、放射性矿尘引起的放射性病变，必须严格按照安全操作规程进行生产，并采取完善的防尘措施，将矿尘降至安全标准以下，在作业中一定要按规定佩戴个体防护器具。

2.3.2　露天开采主要安全问题

露天矿的安全技术是用来研究露天开采过程中造成伤亡的不安全因素及其控制措施。在设计生产过程中的开拓、采矿、机械设备和各种工艺流程时，就要采取确保安全生产的各项措施。

露天矿的主要安全问题有：

（1）爆破作业安全问题。爆破作业中有较多的不安全因素，包括爆破准备、药包加工装药、起爆、爆后检查等。爆破地震波、冲击波、飞石可对人及建筑物产生危害，早爆和盲炮处理可引起大的安全事故。

（2）机械运行的安全问题。机械运行的安全问题指在穿孔机、潜孔钻、牙轮钻行走作业时，由于恶劣的露天作业条件引发的各种安全事故。电铲作业时机械室内、电铲作业范围内、电铲向汽车装载时，以及电铲作业台阶岩块悬浮倒挂、盲炮等都存在不安全因素。

（3）交通运输的安全问题。露天矿铁路运输中撞车、脱轨、道口肇事、线路弯曲、下沉、行驶过程的制动、调车时的摘挂车可引发事故。矿用汽车运输作业时制动失灵、夜间照明不良、路况不好、行驶过程中翻斗自起等均可导致事故。露天矿带式运输作业中，由于保护罩安装不当、人员靠近胶带行走也可引起伤人等。

（4）露天矿山用电安全问题。露天矿使用的三相交流电、采场移动设备的高压胶缆、各种接地保护失灵、各类电气设备的安装检修都存在不安全因素。

（5）边坡稳定及防排水的安全问题。露天矿边坡的滚石、塌方、滑坡等事故对矿山生产及机械设备、人身安全危害极大，凹陷露天矿可由暴雨等灾害性气候引起采场淹没。

（6）阶段构成的安全问题。露天矿阶段构成要素在设计和生产中选择不当，边坡可能存在安全隐患和引发事故。因此，露天矿阶段高度、工作阶段坡面角、非工作阶段的最终坡面角和最小工作平台宽度等应严格按照有关规定和设计的要求执行。

（7）露天矿排土场的安全问题。露天矿排土场为露天矿山在剥离出全矿的采矿境界时采掘出来的巨大的废石堆，且废石堆逐年增大。由于废石全部为松散的石头，在下雨等特殊的天气下容易产生滑坡等灾害，因此，露天矿排土场的合理设计显得格外重要。

2.3.3　露天矿山安全生产基本条件

露天矿山安全生产的基本条件如下：

（1）工作帮和非工作帮的边坡角、台阶高度、平台宽度及台阶坡面角应符合安全规程的要求，对影响边坡的滑体应采取有效的措施。

（2）采矿方法和开采顺序合理，并符合安全规程的要求。

（3）采矿、铲装、运输设备的安全防护装置和信号装置齐全。

（4）爆破安全距离符合爆破安全规程的要求，采场避炮设施安全、可靠。

（5）有防排水、防尘供水系统，各产尘点防尘措施及装备安装齐全、可靠。

（6）供电、照明、通信系统及避雷装置安全、可靠。

（7）按规定选择电气设备、仪器仪表，其安装和保护装置符合要求并安全、可靠。

（8）尾矿和排土场的设置符合安全规程的要求。

（9）按规定建立矿山救护组织、配备救护器材、制定事故应急救援预案。

（10）对开采中产生的噪声、振动、有毒有害物质等有预防安全措施。

（11）水文、地质及有关图纸等技术资料齐全。

（12）安全生产规章制度健全，按要求设置安全管理机构、配置安全管理人员，对特种作业人员按规定进行教育、培训与考核。

2.4　地下矿山开采安全

地下矿山开采是通过地表向下掘进一系列通达矿体的井巷来开采矿石的方法，具有投资少、适应性强、占地面积小等优点。地下开采是一个复杂的生产过程，必须综合运用地质、开拓、掘进、运输、提升、通风、爆破、动力、安全技术及组织管理等科学技术。

2.4.1 地下采矿作业基础

2.4.1.1 矿山井巷

各种矿物都或深或浅地埋藏于地下，对于埋藏较深的矿体，通常是采用地下开采的方法。采用地下开采方法时，需从地表掘进一系列通达矿体的各种通道，用以提升、运输、通风、排水和行人等。并且为了采出矿石，还需要开凿一些必要的准备工程。这些通达矿体的各种通道，通常称为矿山井巷。

按井巷在矿床开采中所起的作用，可将其分为开拓巷道、采准巷道、回采巷道和探矿巷道等。

（1）开拓巷道。开拓巷道又分为主要开拓巷道和辅助开拓巷道。竖井、斜井、斜坡道和主平硐等均有直通地表的出口，用以提升和运输矿石，属主要开拓巷道；盲竖井、盲斜井等，虽无直通地表的出口，但和竖井的作用相同，它将上、下两水平巷道连通，用以提升、运输矿石等，故也称为主要开拓巷道。副井、通风井、溜矿井和充填井等，称为辅助开拓巷道。副井的作用是专门用来运送人员、设备、材料和提升废石；通风井是将新鲜空气送至井下作业面，将污浊空气排至地表，以使井下有一个良好的工作环境；溜矿井没有直通地表的出口，它是用以溜放矿石的垂直或倾斜天井；充填井则专门用来下放充填材料，充填采空区或采场，以防采空区发生冒顶。

（2）采准巷道。采准巷道是将开拓完毕的阶段分为矿块（采区）而开掘的巷道，主要包括阶段运输平巷穿脉巷道、通风人行天井、电耙道。

（3）回采巷道。回采巷道是为直接采出矿石而开凿的巷道，如采矿天井、凿岩巷道等。

（4）探矿井巷。探矿井巷是为探明矿体而开凿的勘探竖井、斜井、天井、沿脉巷道和穿脉巷道等。

2.4.1.2 矿床开采单元

在开采矿体时，一般要将整个矿床划分为小的开采单元，依次回采每个单元。

在开采缓倾斜、倾斜和急倾斜矿体时，每隔一定的垂直距离，掘进与矿体走向一致的主要运输平巷，将矿体沿垂直或倾向方向划分为一个个的条带矿段，称为阶段。在一个阶段沿矿体走向每隔一定的距离掘进天井，左、右两个天井和上、下两个运输平巷包围的矿体部分称为矿块，也称采区。

在开采近水平的矿体时，一般不将矿床划分为阶段，而用沿矿体走向的平巷和沿倾斜的斜巷将矿床划分为长方形的矿段，称为盘区。在盘区中每隔一定的距离挖掘垂直于走向的运输巷道，把盘区划分为独立的回采单元，称为采区。

2.4.1.3 矿床开采顺序

矿床中阶段的开采顺序有上行式和下行式开采两种。上行式开采是由下向上逐个阶段开采，一般在开采缓倾斜矿体及某些特殊情况下采用。下行式开采是由上而下逐个阶段开采，在生产中一般采用这种开采顺序。因为下行式开采投资少、基建时间短、便于探矿、安全条件好、适用的采矿方法范围广。

阶段中矿块的开采顺序有前进式、后退式和混合式3种。前进式开采是从靠近主井的矿块向矿床边界依次回采。后退式开采与前进式开采相反，阶段平巷掘进到矿床边界后，从矿床边界的矿块向主井方向依次回采。混合式开采先用前进式回采，待阶段平巷掘至矿床边界后，再从矿床边界的矿块向主井方向依次回采。

2.4.1.4　矿床开采步骤

矿床地下开采主要分为矿床开拓、矿块采准、矿块切割、回采 4 个步骤。详细内容如下：

（1）矿床开拓。从地表掘进一系列的井巷通达矿体，以形成提升、运输、通风、排水、供水、供电等系统，称为矿床开拓。为达到这些目的而掘进的井巷和硐室，称为开拓井巷，如井筒（竖井、斜井、斜坡道）、平硐、石门、阶段平巷、主溜井、井底车场和硐室等。这些开拓巷道在平面和空间的布置就构成了矿床开拓系统。

（2）矿块采准。在完成开拓工程的矿体中，掘进一系列巷道将阶段分为矿块，并在矿块内创造行人、凿岩、放矿和通风等条件，称为采准。为此目的掘进的巷道称为采准巷道。

（3）矿块切割。在已完成采准工程的矿块中，为开辟回采工作面，增加补偿空间，给回采工作创造良好的爆破和放矿条件，称为切割。切割工作通常包括掘进天井、拉底或切割槽、辟漏（把漏斗颈扩大成漏斗）等。

（4）回采。在完成采准、切割工程的矿块中，进行大量的采矿工作，称为回采。它包括崩矿、矿石运搬和地压管理 3 项主要的作业。

2.4.2　地下矿山开采方法与一般安全规定

2.4.2.1　井工采煤方法

井工煤矿采煤方法虽然种类较多，但归纳起来，基本可分为壁式体系和柱式体系，见表 2-2。

表 2-2　井工采煤方法的分类

壁式体系采煤法	按煤层厚度分	单一长壁采煤法、分层长壁采煤法
	按回采工作面的推进方向与煤层的走向分	走向长壁采煤法、倾斜长壁采煤法
柱式体系采煤法	房式采煤法、房柱式采煤法、巷柱式采煤法	

（1）壁式体系采煤法。根据煤层厚度的不同，对于薄及中厚煤层，一般采用一次采全厚的单一长壁采煤法；对于厚煤层，一般是将其分成若干中等厚度的分层，采用分层长壁采煤法。按照回采工作面的推进方向与煤层走向的关系，壁式采煤法又可分为走向长壁采煤法和倾斜长壁采煤法两种类型。

缓倾斜及倾斜煤层采用单一长壁采煤法所采用的回采工艺主要有炮采、普通机械化采煤（高档普采）和综合机械化采煤 3 种类型。在选择回采工艺方式时，应结合矿山地质条件、设备供应状况、技术条件及技术管理水平和采煤系统统一考虑。

炮采工作面回采工序包括破煤、装煤、运煤、推移输送机、工作面支护和顶板控制 6 大工序；普通机械化采煤（高档普采）是用浅截式滚筒采煤机落煤、装煤，利用可弯曲刮板输送机运煤，使用单体液压支柱（或摩擦金属支柱）和铰接顶梁组成的悬臂式支架支护的采煤方法；综合机械化采煤是指采煤的全部生产过程，包括落煤、装煤、运煤、支护、顶板控制及回采巷道运输等全部实现机械化的采煤方法。综合机械化放顶煤开采技术的实质是沿煤层底部布置一个长壁工作面，用综合机械化方式进行回采，同时充分利用矿山压力作用（特殊情况下辅以人工松动方法），使工作面上方的顶煤破碎，并在支架后方（或上方）放落、运出工作面的一种井工开采方式。

（2）柱式体系采煤法。柱式体系采煤法可分为 3 种类型：房式、房柱式及巷柱式。房式及房柱式采煤法的实质是在煤层内开掘一些煤房，煤房与煤房之间以联络巷相通。回采在煤房中进行，煤柱可留下不采；或在煤房采完后，再回采煤柱。前者称为房式采煤法，后者称为房柱式采煤法。

2.4.2.2　金属非金属地下矿山采矿方法

根据矿石回采过程中采场管理方法的不同，金属非金属的地下采矿方法的分类见表 2-3。

表 2-3　金属非金属地下矿山采矿方法的分类

大类	细　分	
空场采矿法	全面采矿法、房柱采矿法、留矿采矿法、分阶段矿房法、阶段矿房法	
崩落采矿法	单层崩落法、分层崩落法、有底柱分段崩落法、无底柱分段崩落法、阶段崩落法	
充填采矿法	按矿块结构和回采工作面推进方向分	单层充填采矿法、上向分层充填采矿法、下向分层充填采矿法、分采充填采矿法、方框支架充填采矿法
	按采用的充填料和输出方式分	干式充填采矿法、水力充填采矿法、胶结充填采矿法

（1）空场采矿法。空场采矿法指在回采过程中，采空区主要依靠暂留或永久残留的矿柱进行支撑，采空区始终是空着的，一般在矿石和围岩很稳固时采用。根据回采时矿块结构的不同与回采作业特点，空场采矿法又可分为全面采矿法、房柱采矿法、留矿采矿法、分段矿房法和阶段矿房法等。各种空场采矿法的适用条件如下：

1）全面采矿法。在薄和中厚的矿石和围岩均稳固的缓倾斜（倾角一般小于30°）矿体中，应采用全面采矿法。该方法的特点是：工作面沿矿体走向或倾向全面推进，在回采过程中将矿体中的夹石或贫矿留下，呈不规则的矿柱，以维护采空区这些矿柱，一般作永久损失，不进行回采。

2）房柱采矿法。房柱采矿法用于开采水平和倾斜的矿体，在矿块或采空区矿房和矿柱交替布置，回采矿房时，留下连续的或间断的规则矿柱，以维护顶块岩石。它比全面采矿法适用范围广，不仅能回采薄矿体，而且可以回采厚和极厚矿体。矿石和围岩均稳固的水平和缓倾斜矿体，是这种采矿方法应用的基本条件。

3）留矿采矿法。工人直接在矿房暴露面下的留矿堆上作业，自下而上分层回采，每次采下的矿石靠自重放出约 1/3，其余暂留在矿房中作为继续上采的工作台。矿房全部回采后，暂留在矿房中的矿石再进行大量放出，即大量放矿。这种采矿方法适用于开采矿石和围岩稳固、矿石无自燃性、破碎后不结块的急倾斜矿床。

4）分阶段矿房法。分阶段矿房法指按矿块的垂直方向，再划分为若干分段；在每个分段水平布置矿房和矿柱，中分段采下的矿石分别从各分段的出矿巷道运出。分段矿房回采结束后，可立即回采本分段的矿柱并处理采空区。

5）阶段矿房法。阶段矿房法是用深孔回采矿房的空场采矿法。根据落矿方式的不同又可分为水平深孔阶段矿房法和垂直深孔阶段矿房法。前者要求在矿房底部进行拉底，后者除拉底外，有的还需在矿房的全高开出垂直切割槽。

（2）崩落采矿法。崩落采矿法是以崩落围岩来实现地压管理的采矿方法，即随着崩落矿石，强制（或自然）崩落围岩充填采空区，以控制和管理地压。崩落采矿法又可以分为以下几种：

1）单层崩落法。单层崩落法主要用来开采顶板岩石不稳固、厚度一般小于 3 m 的缓倾斜矿层。将阶段矿层划分成矿块，矿块回采工作按矿体全厚沿走向推进。当回采工作面推进一定距离后，除保留回采工作所需的空间外，有计划地回收支柱并崩落采空区的顶板，用崩落顶板岩石充填采空区，以控制顶板压力。按工作面形式可分为长壁式崩落法、短壁式崩落法和进路式崩落法。

2）分层崩落法。分层崩落法按分层由上向下回采矿块，每个分层矿石采出之后，上面覆盖的崩落岩石下移充填采矿区。分层回采是在人工假顶保护下进行的，将矿石与崩落岩石隔开，从而保证了矿石损失和贫化的最小化。

3）有底柱分段崩落法。有底柱分段崩落法也称有底部结构的分段崩落法，其主要特征是：按分段逐个进行回采；在每个分段下部设有出矿专用的底部结构。分段回采由上向下逐步分段依次进行。该采矿方法又可分为水平深孔落矿有底柱分段崩落法与垂直深孔落矿有底柱分段崩落法。

4）无底柱分段崩落法。无底柱分段崩落法中分段下部未设有专用出矿巷道所构成的底部结构，分段的凿岩、崩矿和出矿等工作均在回采巷道中进行。

5）阶段崩落法。其基本特征是回采高度等于阶段全高。可分为阶段强制崩落法与阶段自然崩落法。阶段强制崩落法又可分为设有补偿空间的阶段强制崩落法和连续回采的阶段强制崩落法。

（3）充填采矿法。随着回采工作面的推进，逐步用充填料充填采空区的采矿方法称为充填采矿法。有时还用支架与充填料相配合，以维护采空区。充填采空区的目的，主要是利用所形成的充填体进行地压管理，以控制围岩崩落和地表下沉，并为回采创造安全和便利的条件。有时还用来预防有自燃矿石的内因火灾。按矿块结构和回采工作面推进方向，充填采矿法又可分为单层充填采矿法、上向分层充填采矿法、下向分层充填采矿法、分采充填采矿法和方框支架充填采矿法。按采用的充填料和输出方式不同，又可分为干式充填采矿法、水力充填采矿法、胶结充填采矿法。

1）单层充填采矿法。此法适用于缓倾斜薄矿体，在矿块倾斜全长的壁式回采面沿走向方向，一次按矿体全厚回采，随工作面的推进，有计划地用水力或胶结充填采空区，以控制顶板崩落。

2）上向分层充填采矿法。上向分层充填采矿法又分为上向水平分层充填采矿法和上向倾斜分层充填采矿法。上向水平分层充填采矿法一般将矿块划分为矿房和矿柱，第一步回采矿房，第二步回采矿柱。回采矿房时，自下向上水平分层进行，随着工作面向上推进，逐层充填采空区，并留出继续上采的工作空间。充填体维护两帮围岩，并作为上采的工作平台。崩落的矿石落在充填体的表面上，用机械方法将矿石运至溜井中。矿房采到最上面分层时，进行接顶充填。在采完若干矿房或全阶段采空后，再进行回采。矿房的充填方式可分为干式充填、水力充填或胶结充填。上向倾斜分层充填采矿法。这种方法与上向水平分层充填法的区别是，用倾斜分层回采，在采场内矿石和充填料的搬动主要靠重力。这种方法只能用干式充填。

3）下向分层充填采矿法。这种方法适用于开采矿石很不稳固或矿石和围岩均很不稳固，矿石品位很高或价值很高的有色金属或稀有金属矿体。这种采矿方法的实质是从上往下分层回采和逐层充填，每一分层的回采工作在上一分层人工假顶的保护下进行。回采分层水平或与水平成 40°～100° 或 100°～150° 的倾角。倾斜分层主要是为了充填直接顶，同时也有利于矿石运搬，但凿岩和支护作业不如水平分层方便。

4）分采充填采矿法。当矿脉厚度小于 0.3～0.4 m 时，必须分别回采矿石和围岩，使采空区达到允许工作的最小高度（0.8～0.9 m），采下的矿石运出采场，而采掘的围岩充填采空区为继续上采创造条件，这种采矿法称为分采充填采矿法。

5）方框支架充填采矿法。该方法主要用于矿体厚度较大、矿石和围岩极不稳固、矿体形态极复杂、矿石贵重的薄矿脉开采。

2.4.2.3 液体开采法

液体开采法又称为特殊采矿法，是从天然卤水、湖泊、海洋或地下水中提取有用的物质；将有用矿物加以溶解（或热水融化），再将溶液抽至地面后进行提取；用热水驱、气驱或燃烧，把矿物质从一个井孔驱至另一井孔中采出。大多数液体采矿是用钻井法进行的。

2.4.2.4 采矿方法一般安全规定

采矿方法一般安全规定内容如下：

（1）地质资料较齐全、赋存条件基本清楚的中型矿山，应有采矿方法设计图，并以此作为施工依据。产状、赋存条件缺乏的矿体，必须在开拓、采准过程中，及时进行补充勘探，绘出块段或矿块的采矿方法设计图。

（2）必须考虑矿体的赋存条件、围岩稳定情况、设备能力等因素，谨慎选择采矿方法。对厚度大或倾角缓的矿体采用留矿采矿法时，应合理布置底部结构，防止底板留矿。没有足够符合要求的木材时，不应采用横撑支柱法等耗用大量木材的采矿方法。

（3）每个采场都要有两个出口，并上、下连通。安全出口的支护必须坚固，并设有梯子。

（4）在上、下相邻的两个中段，沿倾斜上、下对应布置的采场使用空场法、留矿法回采时，禁止同时回采，只有上部矿房结束后，才能回采下面采场。

（5）采用全面采矿法时，回采过程中应周密检查顶板。根据顶板稳定情况，留出合适的矿柱。

（6）采用横撑支柱采矿法时，横撑支护材料应有足够强度。要搭好平台后才准进行凿岩作业。禁止人员在横撑上行走。采区宽度（矿体厚度）不得超过 3 m。

（7）矿柱必须合理回收。设计回采矿房时，必须同时设计回采矿柱。本中段回采矿房结束后，应及时回采上一中段的矿柱。

（8）回采过程中，必须保证矿柱的稳定性及运输、通风等巷道的完好，不允许在矿柱内掘进，有损其稳定性。回采矿房至矿柱附近时，应严格控制凿岩质量和一次爆破炸药量，技术人员要及时给出回采界限，严禁超采超挖。

（9）对地压活动频繁、强度大的矿井，应设有专管地压的人员。地压人员对全矿各地段进行日常监察，发现险情（如支护歪斜、破损、顶板和两帮开裂等），应及时报告，通知有关人员，并分析原因，及时进行处理。个别地压活动频繁、顶板破碎、有冒落可能的采场，应由有经验的人员，每班进行检查，指导凿岩方式，避免发生大冒落。发现冒落预兆，应立即撤出全部人员。

（10）采空区应及时处理。视采空区体积及潜在危险大小，采取不同的处理办法。对体积大、一旦塌落会造成下部整个采场或整个矿井毁灭性灾害的采空区，应采用充填法或强制崩落的方法及时有效地处理。体积不大或远离主要矿体的孤立采空区，可采用密闭方法处理。密闭墙的强度应满足能抵御塌落时产生的冲击波的冲击。

（11）在漏斗放矿时，放矿工应和采场搬运工取得联系，不宜同时往溜井倒矿，以免矿石流冲出伤人。

2.4.3　地下矿山安全生产基本条件

地下矿山安全生产基本条件如下：

（1）地下开采矿山的井口和平硐及其主要构筑物的位置应不受岩移、滑坡、滚石、地表塌陷、山洪暴发和雪崩的威胁。井口标高应在历年最高洪水位1~3 m以上。

（2）主要井巷的位置应布置在稳定的岩层中，避免布置在含水层、断层和受断层破坏的岩层中，尤其避免在岩溶发育的地层的流砂中。若难以避开，应专门设计，并报主管部门批准。

（3）每个生产矿井，必须有两个独立的，能上、下人的，直达地表的安全出口，两个出口之间的距离不能小于30 m；各个生产中段（水平）和各个采场必须使两个能上、下人的安全出口与直达地表的安全出口相通。矿山两个通往地面的安全出口中，若有一个出口不适于人员通行，应停止坑内采掘工作，直至修复或设置新出口为止。

（4）采矿方法和开采顺序合理，并符合安全规程要求。

（5）选用适应顶板特点的支护形式和器材，井下巷道断面的宽度和高度应满足生产和行人的要求。

（6）矿井有完整、合理的通风系统，采用机械通风；新矿井、新水平（区段）、新采区的开采应按设计的要求形成通风系统，井下通风构筑物、设备设施的设置和质量及通风的风质、风量、风速要符合矿山安全规程要求。

（7）矿井开采的防排水、防尘、供水、供电、照明应安全、可靠，对开采中产生的噪声、振动、有毒有害物质等有预防措施。

（8）提升运输系统的安全保护和信号装置齐全、可靠，其设备的选择、安装、试运行要符合安全要求；按规定选择电气设备、仪器仪表，且其安装和保护装置符合要求并安全、可靠。

（9）尾矿和排土场的设置符合安全规程要求。

（10）有自燃倾向的矿井需安装完善的防火灭火系统，其消防器材、材料配置及数量要符合要求。

（11）按规定建立矿山救护组织，配备救护器材，制定事故应急救援预案。

（12）安全生产规章制度健全，按要求设置安全管理机构，配置安全管理人员，对特种作业人员按规定进行教育培训与考核，持证上岗。

2.5　矿山安全生产法律

2.5.1　矿山安全生产法律法规体系

矿山安全生产法律法规既包括《中华人民共和国宪法》《中华人民共和国劳动法》《中华人民共和国刑法》《中华人民共和国安全生产法》《中华人民共和国矿山安全法》《中华人民共和国矿产资源法》《中华人民共和国职业病防治法》《中华人民共和国煤炭法》（以下分别简称《宪法》《劳动法》《刑法》《安全生产法》《矿山安全法》《矿产资源法》《职业病防治法》《煤炭法》）等国家法律，也包括国务院制定、批准和实施的一系列条例和规章，如《安全生产许可证条例》《矿山安全法实施条例》《矿山安全监察条例》《煤矿安全监察条例》《乡镇煤矿管理办法》《尘肺病防治条例》《国务院关于特大安全事故行政责任追究的规定》等，还包括国务院有关部门为加强安全生产工作而颁布的一系列规程，如《煤矿安全规程》《金属非金属矿山安全规程》《爆破安全规程》《尾库安全监督管理规定》等。

矿山安全生产法律法规体系可分为 3 个层次，如图 2-10 所示。

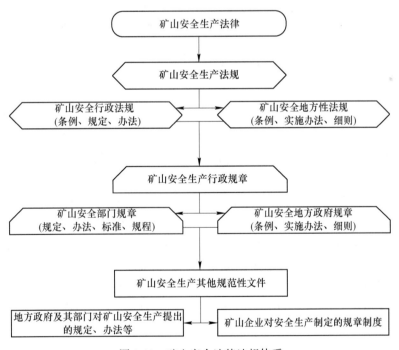

图 2-10　矿山安全法律法规体系

2.5.1.1　矿山安全生产法律

法律属于第一个层次。由全国人大常委会审议通过的《安全生产法》和《矿山安全法》为矿山安全法规体系的母法。

2.5.1.2　矿山安全生产法规

法规属于第二个层次，包括以下内容：

（1）矿山安全行政法规。其是由国务院制定和颁布的有关矿山安全法规及其他有关法规，最主要的是《矿山安全法实施条例》及国务院制定的与矿山安全有关的其他单行法规，如 2007 年国务院令第 493 号公布的《生产安全事故报告和调查处理条例》等。

（2）矿山安全地方性法规。其是由省、自治区、直辖市人大或人大常委会审议通过的有关矿山安全的法规。例如，全国各省制定的《实施（矿山安全法）办法》。

2.5.1.3　矿山安全生产行政规章

行政规章属于第三个层次，包括以下内容：

（1）矿山安全部门规章。其是由国务院行政主管部门制定的有关矿山安全的规定规则、办法和规程、标准。例如，《矿山建设工程安全设施"三同时"规定》《培训教育规定》《安全生产条件审查定》《矿山事故调查处理规定》《矿长安全资格考核规定》和其他主管矿山部门制定的规程、《尾矿库安全监督管理规定》《非煤矿矿山建设项目安全设施设计审查与竣工验收办法》《非煤矿矿山企业安全生产许可证实施办法》及国家标准《爆破安全规程》（GB 6722—2014）、《金属非金属矿山安全规程》（GB 16423—2020）等。

（2）矿山安全地方政府规章。由省、自治区、直辖市政府制定的有关矿山安全的规定，属于政府规章层次类型。

2.5.1.4　矿山安全生产其他规范性文件

省、自治区、直辖市人民政府有关部门制定的一些矿山安全方面的规范性文件，也属于矿山安全法规体系中比较低层次的规定。同时，还应包括矿山企业制定的安全规定，例如，岗位安全生产责任制、安全操作规程、作业规程、安全规定等。

随着我国社会主义市场经济的进一步深化，矿山安全法规体系中各层次法规在条文上一直在持续修改完善，以适应改革开放和市场经济发展，以及符合加入世贸组织的要求。在矿山安全法规体系中，法律、法规、规章和规范性文件的法律层次和法律效力不同。在实际执法中，首先应考虑是否符合法律、法规的规定，这是准确执法、严格执法的基础。

2.5.1.5　安全标准

安全标准是安全生产法律法规的重要补充。《中华人民共和国标准化法》规定国家标准由国务院标准化行政主管部门制定，行业标准由国务院有关行政主管部门制定，并报国务院标准化行政主管部门备案。国家标准、行业标准分为强制性标准和推荐性标准。保障人身健康，人身、财产安全的标准是强制性标准，其他标准为推荐性标准。国家标准如《金属非金属矿山安全规程》（GB 16423—2020）；行业标准有《金属非金属矿山安全标准化规范导则》（AQ/T 2050.1—2016）、《安全预评价导则》（AQ 8002—2007）等。

2.5.2　金属非金属矿山技术规程

目前，金属非金属矿山技术规程主要有《金属非金属矿山安全规程》（GB 16423—2020）、《爆破安全规程》（GB 6722—2014）、《尾矿库安全规程》（GB 39496—2020）、《金属非金属矿山充填工程技术标准》（GB/T 51450—2022）、《矿山电力设计规范》（GB 50070—2020）、《电离辐射防护与辐射源安全基本标准》（GB 18871—2002）等，适用于▶

金属非金属矿山开采及附属设施的设计、建设和生产。这些规程提供了一系列具体的作业标准和流程，确保矿山各项工作在合理的限制内展开。它们涵盖了从设备操作、爆破作业、尾矿库管理等多个方面的规范，使矿山从业人员能在明确的指引下进行工作，降低事故风险。其次，这些技术规程强调了安全意识和防范措施的重要性。通过要求设置安全设施、制定应急预案及严格的监测控制要求，提醒矿山从业人员始终保持高度的警惕，减少潜在的危险和事故发生。此外，部分规程还在矿山环保方面起到了引导作用。它们规定了矿山开采和处理尾矿等环节的环保标准，促进了资源的合理利用和环境保护，从而在矿山活动中平衡了经济利益与生态需求。

金属非金属矿山技术规程为矿山行业提供了明确的指导，确保矿山作业在安全、环保、高效的条件下进行，维护了人员、设备和环境的整体安全。

2.5.3 煤矿安全规程、规范和规定

煤矿安全规程、规范主要有《煤矿安全规程》《煤矿瓦斯抽采基本指标》《防治煤与瓦斯突出细则》《煤矿防灭火细则》《煤矿井下粉尘综合防治技术规范》等。

2.6 矿山安全管理

矿山安全管理是一项为实现矿山安全生产而积极组织和有效运用各类资源的全面过程。它运用管理机能中的计划、组织、指挥、协调和控制等要素，旨在综合控制来自自然界的、机械的、物质的和人的潜在不安全因素，从而最大程度减少事故的发生。通过明确制定安全政策、规程和计划，建立安全组织、监督和协调员工的安全行为，建立有效的监测和应对系统，矿山安全管理致力于确保工作场所的安全、保护人员的生命安全。该过程不仅有助于避免矿山事故的发生，也确保了矿山生产顺利进行。因此，矿山安全管理在矿山行业中具有不可或缺的作用，为实现安全、高效、可持续的矿山运营提供了坚实的管理基础。

2.6.1 矿山安全管理的基本内容

安全生产管理是企业管理的一个组成部分，是以安全为目的，进行有关决策计划、组织、指挥、控制和协调等一系列活动的总称。安全生产管理方针，又称劳动保护安全方针，是我国对安全生产工作提出的一个总的要求和指导原则，它为安全生产指明了方向。《安全生产法》第三条规定"安全生产工作应当以人为本，坚持人民至上、生命至上，把保护人民生命安全摆在首位，树牢安全发展理念，坚持安全第一、预防为主、综合治理的方针，从源头上防范化解重大安全风险。"该方针是我国多年来安全生产管理工作的经验总结。

2.6.1.1 矿山安全管理的经常性工作

矿山安全管理的经常性工作包括对物的安全管理和对人的安全管理。其中，对物的安全管理包括如下内容：

（1）矿山开拓、开采工艺，提升运输系统、供电系统、排水压气系统、通风系统等的设计、施工，生产设备的设计、制造、采购、安装，都应符合有关技术规范和安全规程的

要求，其必要的安全设施、装置应齐全、可靠。

（2）经常进行检查和维修保养设备，使之处于完好状态，防止由于磨损、老化、腐蚀、疲劳等原因降低设备的安全性。

（3）消除生产作业场所中的不安全因素，创造安全的作业条件。

对人的安全管理的主要内容包括：

（1）制定操作规程、作业标准，规范人的行为，让人员安全而高效地进行操作。

（2）为使人员自觉按照规定的操作规程、标准作业，必须经常不断对人员进行教育和训练。

2.6.1.2　建立健全安全工作组织

事故预防是有计划、有组织的行为。为了实现矿山安全生产，必须制定安全工作计划，确定安全工作目标，并组织企业员工为实现确定的安全工作目标努力。为了有计划、有组织地开展安全工作，改善矿山安全状况，必须建立健全安全工作组织机构。《安全生产法》和《金属非金属矿山安全规程》（GB 16423—2020）都明确规定，矿山企业应设置安全生产管理机构或配备专职安全生产管理人员。

为充分发挥安全工作组织的机能，应注意以下 6 个方面：

（1）合理的组织结构。为形成"横向到边、纵向到底"的安全工作体系，应合理设置横向安全管理部门，合理划分纵向安全管理层次。

（2）明确责任和权利。安全工作组织内各部门、各层次乃至各工作岗位都要明确安全工作责任，并由上级授予相应的权利。这样有利于组织内部各部门、各层次为实现安全生产目标而协同工作。

（3）人员选择与配备。根据安全工作组织内不同部门、不同层次的不同岗位的责任情况选择和配备人员，尤其是专业安全技术人员和专业安全管理人员，应具备相应的专业知识和能力。

（4）制定和落实规章制度。制定和落实各种规章制度可保证安全工作组织有效运转。

（5）信息沟通。组织内部要建立有效的信息沟通模式，使信息沟通渠道畅通，保证安全信息及时、正确地传达。

（6）与外界协调。矿山企业存在于大的社会环境中，企业安全工作要接受政府的指导和监督，涉及与其他企业之间的协作、配合等问题，安全工作组织与外界的协调非常重要。

2.6.1.3　制定并落实安全生产管理制度

安全生产管理制度是为保护劳动者在生产过程中的安全，根据安全生产的客观规律和实践经验总结而制定的各种规章制度。它们是安全生产法律、法规的延伸，也是矿山安全管理工作的基本准则，矿山企业每一个员工都必须严格遵守。

国家安全生产监督管理总局 2007 年发布的《关于加强金属非金属矿山安全基础管理的指导意见》中，要求矿山企业应重点健全和完善 14 项安全管理制度：（1）安全生产责任制度；（2）安全目标管理制度；（3）安全例会制度；（4）安全检查制度；（5）安全教育培训制度；（6）设备管理制度；（7）危险源管理制度；（8）事故隐患排查与整改制度；（9）安全技术措施审批制度；（10）劳动防护用品管理制度；（11）事故管理制度；（12）应急管理制度；（13）安全奖惩制度；（14）安全生产档案管理制度。在制定、落实安全生产管理制度的同时，矿山企业还必须建立健全各项安全生产技术规程和安全操作规程。

我国矿山安全管理现状：

（1）我国非煤矿山安全生产呈明显的两极分化局面。

（2）少数大中型非煤矿山在管理上基本与国际化接轨，安全管理水平、安全生产保障程度较高。

（3）数量占大多数、集中伤亡事故中约70%的矿山的采矿工艺落后、安全投入严重不足，装备水平低、本质安全化程度低、高素质的管理和技术人员缺乏，业主素质普遍较低、从业人员文化素质普遍较低，安全意识薄弱。

2.6.2　落实安全生产责任

2.6.2.1　企业的安全生产责任

企业作为经济组织，其生产经营活动的基本目的是向社会提供产品和服务，满足人们物质文化生活的需要，并取得相应的经济利益。企业在争取自身的生存和发展的同时，要承担维护国家、社会、人类根本利益的社会责任。安全责任是企业必须承担的社会责任之一。

根据我国现行的安全管理体制，企业负责安全生产。企业负责就是企业在其生产经营活动中必须对本企业安全生产负全面责任。《安全生产法》明确规定了生产经营单位应当承担的安全生产责任。《安全生产法》第二十一条规定：生产经营单位的主要负责人对本单位安全生产工作负有下列职责：

（1）建立健全并落实本单位全员安全生产责任制，加强安全生产标准化建设。

（2）组织制定并实施本单位安全生产规章制度和操作规程。

（3）组织制定并实施本单位安全生产教育和培训计划。

（4）保证本单位安全生产投入的有效实施。

（5）组织建立并落实安全风险分级管控和隐患排查治理双重预防工作机制，督促、检查本单位的安全生产工作，及时消除生产安全事故隐患。

（6）组织制定并实施本单位的生产安全事故应急救援预案。

（7）及时、如实报告安全生产事故。

生产经营单位必须遵守法律、法规和国家安全标准、行业安全标准，达到规定的安全生产条件。生产经营单位应当具备安全生产条件所必需的资金投入，由生产经营单位的决策机构、主要负责人或者个人经营的投资人予以保证，并对由于安全生产所必需的资金投入不足导致的后果承担责任。生产经营单位应当安排用于配备劳动防护用品、进行安全培训的经费等。

矿山应当设置安全生产管理机构或者配备专职安全生产管理人员。其他单位从业人员超过100人的，应当设置安全生产管理机构或者配备专职安全生产管理人员；从业人员在100人以下的，应当配备专职或者兼职的安全生产管理人员。

生产经营单位从业人员必须经过安全生产教育和培训，未经安全生产教育和培训的，不得上岗作业。生产经营单位主要负责人和安全生产管理人员必须具备相应的安全生产知识和管理能力，危险物品的生产经营单位和矿山、建筑施工单位的主要负责人及安全生产管理人员必须经考核合格后方可任职。生产经营单位的特种作业人员必须经过专门培训，取得特种作业操作资格证书，方可上岗作业。

生产经营单位必须对重大危险源登记建档，进行定期检测、评估、监控，并制定应急预案，告知从业人员和相关人员在紧急情况下采取的应急措施。规定生产经营单位应将危险源及相关安全措施、应急措施报安全生产监督管理部门和有关部门备案。

生产经营单位的安全生产管理人员应当根据本单位的生产经营特点，对安全生产状况进行经常性检查，及时发现、治理和消除事故隐患；对检查中发现的安全问题，应当立即处理；不能立即处理的，应当报告本单位有关负责人。

生产经营单位不得将生产经营场所、设备发包或出租给不具备安全生产条件或者相应资质的单位或者个人。生产经营单位应当与承包单位、承租单位签订安全管理协议，或者在承包、租赁合同中约定各自的安全生产管理内容，并对承包单位、承租单位的安全生产工作统一协调和管理。

按要求上报生产安全事故，做好事故抢救救援，妥善处理事故伤亡人员依法赔偿等事故善后改善工作。

2.6.2.2　安全生产责任制

安全生产责任制是矿山企业各级领导、职能部门、工程技术人员和生产工人等在各自的职责范围内对安全生产负有责任的制度。它是企业岗位责任制的一个组成部分，也是安全生产管理制度的核心。这种制度把安全管理和生产经营管理从组织领导方面统一起来，以制度的形式固定下来，使企业各级领导和广大职工分工协作，事事有人管，层层有专责。

《安全生产法》第二十二条规定：生产经营单位的全员安全生产责任制应当明确各岗位的责任人员、责任范围和考核标准等内容。生产经营单位应当建立相应的机制，加强对全员安全生产责任制落实情况的监督考核，保证全员安全生产责任制的落实。

A　企业领导的安全生产责任

矿山安全工作必须由企业的一把手负责，公司、矿、坑口、班组等各级的一把手和各部门的一把手都应对安全生产负第一位责任。各级的副职根据各自分担的业务工作范围负相应的安全生产责任。企业各级领导在管理生产的同时，必须负责管理安全工作。他们的任务是贯彻执行国家有关安全生产的政策、法规、制度和保护管辖范围内的职工的安全和健康。在计划、布置、检查、总结、评比生产建设工作的同时，必须计划、布置、检查、总结、评比安全工作。凡是严肃认真地贯彻了这"五同时"，就是尽了职责，否则就是失职。如果有因此而造成事故的，要视事故的严重程度和失职程度追究其责任。

我国实行以"一把手"负责制为核心的安全生产责任制。《安全生产法》规定，生产经营单位的主要负责人是本单位安全生产的第一责任者，对安全生产工作全面负责。其职责为：

（1）建立健全本单位安全生产责任制。

（2）组织制定安全生产规章制度和操作规程。

（3）保证安全生产投入的有效实施。

（4）督促、检查本单位的安全生产工作，及时消除生产安全事故隐患。

（5）组织制定并实施生产安全事故应急救援预案。

（6）及时、如实报告生产安全事故。

（7）组织制定并实施本单位安全教育和培训计划。

B 安全管理部门的安全生产责任

安全管理部门是企业领导在安全工作方面的助手，负责组织、推动和检查、督促企业安全工作的开展。其主要职责包括：

（1）组织或参与拟订本单位安全生产规章制度、操作规程和生产安全事故应急救援预案。

（2）组织或参与本单位安全生产教育和培训，如实记录安全生产教育和培训情况。

（3）组织开展危险源辨识和评估，督促落实本单位重大危险源的安全管理措施。

（4）组织或参与本单位应急救援演练。

（5）检查本单位的安全生产状况，及时排查生产安全事故隐患，提出改进安全生产管理的建议。

（6）制止和纠正违章指挥、强令冒险作业、违反操作规程的行为。

（7）督促落实本单位安全生产整改措施。

生产经营单位可设置专职安全生产分管负责人，协助本单位主要负责人履行安全生产管理职责。

C 各业务部门的安全责任

矿山企业的生产、技术、设计、供销、运输、教育、卫生、基建、机动、情报、科研、质量检查、劳动工资、环保、人事组织、宣传、企业管理、财务等有关专职机构，都应在自己的工作范围内，对实现安全生产的要求负责。

其中，技术部门在矿山安全生产中负有较大的安全责任。矿山企业法定代表人应负责建立以技术负责人为首的技术管理体系，负责矿山安全生产技术工作，包括：制定矿山年度灾害预防计划，并根据实施情况及时修改完善；严格按照《金属非金属矿山安全规程》和相关技术规范的规定，绘制与矿山实际相符的相关图纸；定期组织技术人员分析矿山地质、开采、周边采空区等情况，制定针对性的安全技术措施，并形成完整的技术基础资料；严格制定并执行防治重大灾害事故的安全技术措施，配备相应的人员和监测设备；每季度组织一次重大灾害调查，制定相应的专项防治措施；严格执行地下矿山机械通风的有关规定；每月组织一次技术分析会议，及时研究解决安全生产技术问题；聘请相关专家进行分析论证解决重大事故隐患或技术难题等，确保安全生产。

D 班组安全员的安全责任

班组安全员在生产小组长的领导和安全技术部门的指导下开展工作。其职责包括：经常对班组职工进行安全生产教育；督促职工遵守安全规章制度和正确使用安全防护用品用具；检查和维护安全设施和安全防护装置；发现生产中有不安全情况时及时制止或报告；参加事故的调查分析，协助领导实施防止事故的措施。

E 职工的安全责任

根据"安全生产人人有责"原则，安全生产责任制必须规定矿山企业的各个岗位、各类人员的安全生产责任。从业人员在生产过程中应当：

（1）严格遵守安全生产规章制度和操作规程，服从管理，正确佩戴和使用劳动防护用品。

（2）接受安全生产教育和培训，掌握本职工作所需的安全生产知识，提高安全生产技能，增强事故预防和应急处理能力。

（3）发现事故隐患或者其他不安全因素，应当立即向现场安全生产管理人员或者本单位负责人报告。

2.6.3　安全生产"三同时"

在我国的《安全生产法》《劳动法》和《矿山安全法》等法律中都有安全生产"三同时"的规定。安全生产"三同时"，是指新建、改建、扩建工程项目的安全设施应当与主体工程同时设计、同时施工、同时投入生产使用。

建设单位对建设项目的安全生产"三同时"负全面责任。

在编制建设项目投资计划时，将安全设施所需投资一并纳入投资计划。引进技术、设备的建设项目，不能削减原有安全设施。没有安全设施或设施不能满足国家安全标准规定的，应同时编制国内配套的投资计划，并保证建设项目投产后其安全设施符合国家规定的标准。建设项目安全设施设计、施工，安全预评价、安全验收评价应当交由具有相应资质的设计、施工、评价单位承担。对承担这些任务的单位提出落实"三同时"规定的具体要求，并负责提供必需的资料和条件。

建设项目初步设计完成后，向安全生产监督管理部门提出建设项目安全设施设计审查申请。提出建设项目安全设施设计审查申请时应当提交的材料包括：安全设施设计审查申请报告及申请表、立项和可行性研究报告批准文件、安全预评价报告书、初步设计及安全专篇、其他需要提交的材料。

在生产设备调试阶段，同时对安全设施进行调试和考核，对其效果作出评价。在建设项目验收前，自主选择并委托有资质的单位进行生产条件检测、危害程度分级和有关设备的安全检测、检验，并将试运行中劳动安全卫生设备运行情况、措施的效果、检测检验资料、存在问题及拟采取的措施等提供给安全验收评价单位，并上交安全生产监督管理部门。

建设单位在建设项目竣工验收前，向安全生产监督管理部门提出建设项目安全设施竣工验收申请。建设单位申请验收建设项目的安全设施和安全条件时，应当提交下列资料：

（1）验收申请报告及申请表。

（2）安全设施设计经审查合格及设计修改的有关文件、资料。

（3）主要安全设施、特种设备检测检验报告。

（4）施工单位资质证明材料。

（5）施工期间生产安全事故及其他重大工程质量事故的有关资料。

（6）矿长、安全生产管理人员及特种作业人员安全资格的有关资料。

（7）安全验收评价报告书。

（8）其他需要提交的材料。

对验收中提出的有关安全设施方面的改进意见按期整改，并将整改情况报告报送安全生产监督管理部门审批。建设项目安全设施通过安全生产监督管理部门验收后，及时办理《建设项目劳动安全卫生验收审批表》。

2.6.4 安全教育

企业的安全教育是对职工进行的安全知识教育、安全技能教育和安全意识教育。安全教育的重要性，首先在于它能增强和提高企业领导和广大职工搞好安全工作的责任感和自觉性，提高安全意识。其次，安全知识的普及和安全技能的提高，能使广大职工掌握矿山伤害事故发生发展的客观规律，掌握安全操作、防止伤亡事故的技术本领，避免和减少操作失误和不安全行为。

安全教育可划分为 3 个阶段的教育，即安全知识教育、安全技能教育和安全意识教育。安全教育的第一阶段是安全知识教育，使人员掌握有关事故预防的基本知识。对于潜藏的凭人的感官不能直接感知其危险性的不安全因素的操作，对操作者进行安全知识教育尤其重要。通过安全知识教育，操作者可了解生产操作过程中潜在的危险因素及防范措施等。安全教育的第二阶段是安全技能教育。经过安全知识教育，操作者可充分掌握安全知识，但是如果不把这些知识付诸实践，仅仅停留在"知"的阶段，则不会收到实际的效果。安全技能只有通过受教育者亲身实践才能掌握。即，只有通过反复实际操作、不断地摸索，才能逐渐掌握安全技能。因此，通常把安全技能教育称为安全技能训练。安全意识教育是安全教育的最后阶段，也是安全教育中最重要的阶段。经过前两个阶段的安全教育，操作者掌握了安全知识和安全技能，但在生产操作中是否实行安全技能，则完全由个人的思想意识支配。安全意识教育的目的是使操作者尽可能自觉地实行安全技能，搞好安全生产。

安全知识教育、安全技能教育和安全意识教育三者之间是密不可分的，如果安全技能教育和安全意识教育进行得不好，安全知识教育也会落空。成功的安全教育不仅能使员工获得安全知识，还能使其正确地、自觉地进行安全行为。

目前，我国企业中开展安全教育的主要形式有三级安全教育、特种作业人员的专门训练、经常性的安全教育和企业负责人及安全管理人员的安全教育等。

2.6.4.1 三级安全教育

三级安全教育是对新工人、参加生产实习的人员、参加生产劳动的学生和新调动工作的工人进行的厂（矿）、车间（坑口、采区）、岗位安全教育。三级安全教育是矿山企业必须坚持的安全教育的基本制度和主要形式。

《金属非金属矿山安全规程》规定，新进露天矿山的生产作业人员应接受不少于72 h 的安全培训，经考试合格后上岗。新进地下矿山的生产作业人员应接受不少于 72 h 的安全培训；经考试合格后，由从事地下矿山作业 2 年以上的老工人带领工作至少 4 个月，熟悉本工种操作技术并经考核合格方可独立工作。调换工种的生产作业人员应接受新岗位的安全操作培训，考试合格方可进行新工种操作。所有生产作业人员每年至少应接受20 h 的职业安全再培训，并应考试合格。入矿参观、考察、实习、学习、检查等的外来人员，应接受安全教育，并由熟悉本矿山安全生产系统的从业人员带领进入作业场所。

2.6.4.2 特种作业人员的专门训练

特种作业是指在劳动过程中容易发生伤亡事故，对操作者本人，尤其对他人和周围设施的安全有重大危害的作业，从事特种作业的人员称为特种作业人员。特种作业的范围包括电工作业，金属焊接、切割作业，起重机械（含电梯）作业，企业内机动车辆驾驶，登高架设作业，锅炉作业（含水质化验），压力容器作业，制冷作业，爆破作业，矿山通风作业，矿山排水作业，矿山安全检查作业，矿山提升运输作业，采掘（剥）作业，矿山救护作业，危险物品作业，以及经国家有关部门批准的其他作业。

特种作业人员的技能训练由具有相应资质的安全生产教育培训机构进行，并实行教、考分离。考核包括安全技术理论考试与实际操作技能考核，以实际操作技能考核为主。《金属非金属矿山安全规程》规定，特种作业人员应按照国家有关规定，经专门的安全作业培训，取得特种作业操作资格证书方可上岗作业。一般地，特种作业操作资格证书的有效期为6年，每3年复审1次，特殊情况下复审时间可延长至每6年1次。

2.6.4.3　经常性的安全教育

安全教育应贯穿于生产活动的始终，这也是安全管理的经常性工作。通过安全教育掌握了的知识、技能，如果不经常使用，则会逐渐淡忘，必须经常复习。为了使职工适应生产情况和安全状况的不断变化，也必须不断结合这些新情况开展安全教育。至于安全意识教育更不能一劳永逸，要采取多种多样的形式，激励职工搞好安全生产，使其重视和真正实现安全生产。

经常性的安全教育方式有很多，如利用班前、班后会讲安全，组织专门的安全技术知识讲座，召开事故现场会，观看安全生产方面的电影、电视等。

2.6.4.4　企业负责人及安全管理人员的安全教育

企业负责人及安全管理人员的安全教育是提高企业各级管理人员安全意识和安全管理水平的重要途径。金属非金属矿山企业负责人和安全管理人员的安全教育由具有相应资质的安全生产教育培训机构实施，经考核合格后持证上岗，每年复训1次。教育内容主要包括：

（1）国家有关安全生产的方针、政策、法律、法规及标准等。

（2）工伤保险方面的法律、法规。

（3）企业安全管理、安全技术方面的知识。

（4）事故案例及事故应急处理措施等。

——— 本 章 小 结 ———

矿山安全技术基础一直是保障矿山生产持续安全的核心。本章首先系统介绍了矿山生产过程与系统架构，通过解析矿山的组织结构和生产流程，为读者提供了全面的认识，为理解后续安全技术内容提供了必要的背景和框架。在工程地质安全领域，本章详细讲述了如何应对矿山特殊的地质环境，从地质学角度为读者提供了安全技术基础。露天开采安全和地下开采安全这两个关键领域，也在本章中得到了全面、深入的阐述。通过剖析露天开采和地下开采的特殊挑战，本章指导读者采取切实可行的安全技术措施，以应对高风险的作业条件。最后，概述了矿山安全生产法律法规，强调了其对规范矿山安全管理的不可或缺。理解并遵循法律法规是确保矿山安全的基本前提，也是实现可持续安全生产的法定要求。

复习思考题

2-1 适合矿山企业的组织机构形式一般有哪几种？

2-2 矿山八大系统分别是哪些？

2-3 矿山安全避险六大系统包括哪些？

2-4 矿山安全避险六大系统主要有哪些功能？

2-5 露天开采主要存在哪些安全问题？

2-6 请阐述一下什么是空场采矿法，它一般适用于何种场景？

2-7 按采用充填料和输出方式不同，充填采矿法又可分为哪些？

2-8 与矿山安全相关的法律有哪些？

2-9 什么是安全生产"三同时"？

2-10 安全教育的形式一般有哪些？

3 开拓系统安全

本章提要

矿井开拓系统是指由地面向矿层开掘的各种井巷和硐室在空间位置上形成的体系的总称。一般以主井为主，配置副井、风井及硐室等，形成矿井提升、运输、通风、排水、运料、供水、供电、输送压气等生产工艺系统。一个完善的开拓系统，必须能满足生产工艺和矿山生产能力要求，并且运输环节简单、通风阻力小、安全条件好、有利于环境保护、不占或少占农田。在保证上述各项要求的前提下，应尽可能使各项工程布置紧凑、工程量小，以降低基建投资和减少基建时间，使矿井尽快投产、达产。本章将介绍矿床开拓系统中常涉及的工序（如竖井掘进、平巷掘进、井巷维护等）的相关安全要求。

3.1 矿床开拓及其安全要求

3.1.1 矿床开拓

为开发地下矿床，首先要从地表向地下掘进一系列井巷通达矿体，使地表与矿床之间形成完整的运输、提升、通风、排水、行人、供电、供水等生产系统，这些井巷的开掘工作称为矿床开拓。为开拓矿床而掘进的井巷称为开拓井巷，所有的开拓井巷在空间的布置体系构成了该矿床的开拓系统。

开拓井巷分为主要开拓井巷和辅助开拓井巷。凡属主要运输、提升矿石和矿内通风的井巷，均为主要开拓井巷；采矿时仅起辅助作用的井巷称为辅助井巷，如通风井、充填巷道、专用安全出口、水泵站积水仓等。

根据主要开拓巷道形式的不同，可将矿床开拓分为平硐、竖井、斜井、斜坡道和联合开拓五大类。按井巷与矿床的相对位置，又可将矿床开拓分为下盘开拓、上盘开拓和侧翼开拓。

3.1.2 开拓方法及其安全要求

3.1.2.1 平硐开拓

平硐开拓适用于开采赋存于侵蚀基准面以上山体内的矿体，具有建设速度快、简便经济、安全可靠和管理方便等特点。根据平硐与矿体的相对位置，平硐开拓有沿矿体走向（沿脉）布置和垂直矿体走向（穿脉）布置两种方案。一般布置在下盘围岩，主平硐长度较短和工业场地开阔的地方。下盘平硐开拓法示意图如图 3-1 所示。

平硐是行人、设备材料运输、矿渣运输和管线排水等设施的通道，同时还是矿井通风

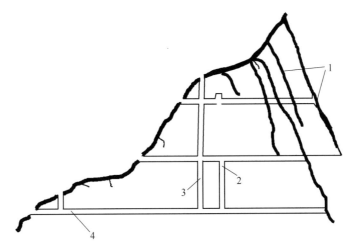

图 3-1 下盘平硐开拓法示意图
1—矿体；2—主溜井；3—辅助竖井；4—主平硐

的主要巷道。因此，平硐必须设有人行道、排水沟、躲避硐室和各种管线铺设的空间，以满足安全和实现多种功能的需要。主平硐运输可以是有轨的，也可以是无轨的，有轨运输又分为单轨和双轨两种。无轨运输一般均用单车道布置，其中设有错车场。重车下坡要求平硐运输坡度最高为 4‰。

平硐开拓时应注意的安全问题主要有：

（1）当矿石有黏结性或围岩不稳固时，矿石可采用竖井、斜井下放或用无轨自行设备经斜坡道直接将矿石运往地表。

（2）主平硐排水沟应保证平硐水平以下矿床开采时，水泵在 20 h 内正常排出一昼夜涌水量。主平硐水沟坡度一般为 3% ~ 5%。

（3）平硐人行道的有效净高不得小于 1.9 m。有效宽度应满足：人力运输的巷道不小于 0.7 m，机车运输的巷道不小于 0.8 m，无轨运输的巷道不小于 1.2 m，带式输送机运输的巷道不小于 1.0 m。

（4）平硐出口位置不受山坡滚石、山崩和雪崩等危害；其出口标高应在历年最高洪水位 1 m 以上，以免被洪水淹没；同时也应稍高于贮矿仓卸矿口的地面水平。

3.1.2.2 竖井开拓

当矿体埋藏在地表以下倾角大于 45° 或倾角小于 45° 且埋藏较深的矿体，常采用竖井开拓。当开采深度超过 800 m，年产量 80 万吨以上时，无论矿床倾角如何，应优先考虑竖井开拓。按竖井与矿体的相对位置，可将竖井开拓分为下盘竖井、上盘竖井、侧翼竖井和穿过矿体（矿脉）竖井 4 种布置方案。竖井按提升容器的种类可分为罐笼井、箕斗井和混合井，按用途可分为主井和副井。下盘竖井开拓法示意图如图 3-2 所示。

竖井开拓时应该注意的安全问题主要有：

（1）主副井尽可能布置在矿体厚度大的部分的中央下盘，且尽量集中布置，不占用或少占用农田。井口标高应高出当地历史最高洪水位 1 m 以上。在中央或主副井之间布置破碎系统时，主井和副井间距应为 50 ~ 100 m。布置时应避免压矿，并应布置在开采后

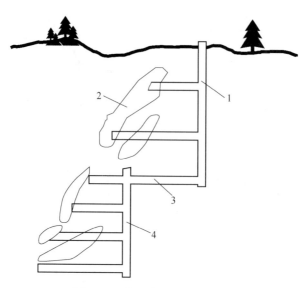

图 3-2　下盘竖井开拓法示意图
1—竖井；2—矿体；3—平巷；4—盲竖井

距地表移动区之外 20 m 远的地方。

（2）提升竖井作为安全出口时，必须设有提升设备和梯子间。梯子和梯子间平台等构件，要有足够的强度并要考虑防锈蚀措施。梯子间的设置，必须符合《金属非金属矿山安全规程》（GB 16423—2020）的规定。

（3）位于地震区的竖井出口，当井深超过 300 m 时，应在井筒附近每隔约 200 m 设 1 个休息室（硐），并与梯子间平台相通。当设计地震烈度为 8~9 度时，处于表土段的井筒直至基岩内 5 m，必须用双层钢筋混凝土作井颈；靠近井口的各种预留硐口（压气管硐、水管硐、通信硐）应尽量错开布置，避免在同一水平截面或竖直面内将井壁削弱过多，必要时需对井壁进行加固。

（4）井筒有淋水时，距马头门以上 1~2 m 处须设集水圈。

（5）深井地温随深度增加而增加，必须采取降温措施，井筒断面应考虑敷设制冷管道和增加备用管道的位置。

3.1.2.3　斜井开拓

斜井开拓适用于开采倾斜或缓倾斜矿体，尤其是埋藏较浅的（倾角为 20°~40°）层状矿体。该法具有施工简便、投产快、工程量小和投资小等优点，在中、小型矿山应用较广泛。斜井井筒的倾角根据矿体产状、矿山规模和使用的提升设备确定，一般不大于 45°。图 3-3 为下盘斜井开拓法示意图。

按斜井和矿体的相对位置，通常可将斜井开拓分为脉内斜井开拓、下盘脉外斜井开拓、侧翼斜井开拓 3 种开拓方式。

斜井开拓时的安全要求主要有：

（1）下盘斜井必须与矿体保持一定的距离，其距离应根据矿体下盘变化确定，一般应大于 15 m。脉内斜井必须在井筒两侧留 8~15 m 的保安矿柱。

（2）斜井倾角不小于 12° 时，斜井一侧须设人行台阶；倾角大于 15° 时，应加设扶手；

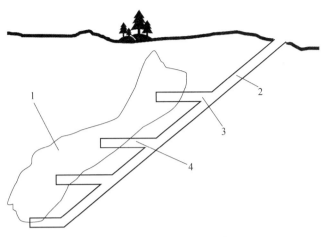

图 3-3 下盘斜井开拓法示意图
1—矿体；2—斜井；3—石门；4—阶段平巷

倾角大于 30°时，应设梯子。斜井人行道必须符合下列规定：人行道的有效宽度不小于 1.0 m；人行道的有效净高不低于 1.9 m；若运输物料的斜井位于人行道与车道之间，则应设坚固的隔墙。

（3）矿车组斜井井筒一般应取同一角度，中途不宜变坡，特殊情况下斜井下段倾角可大于上段倾角 2°~3°。

3.1.2.4 斜坡道开拓

斜坡道开拓是采用无轨运输方式的开拓方法。采场与地表通过斜坡道直接连通，矿石、矿渣可用无轨运输设备直接由采场运至地面，人员、材料和设备等可通过斜坡道上、下运输，十分方便，简化了采矿工序。图 3-4 为折返式斜坡开拓法示意图。

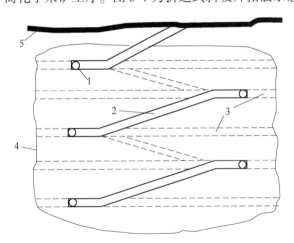

图 3-4 折返式斜坡开拓法示意图
1—石门；2—斜坡道；3—阶段平巷；4—矿体；5—地面

目前国内不少小矿山采用拖拉机和农用汽车运输矿石时，一般也采用简易的斜坡道开拓。斜坡道的面积（宽度×高度）根据运输设备确定，一般多为（3 m×3 m）~（4 m×

5.5 m）。坡度一般为 10%～15%。其运输路线布置有直线、折返和螺旋式 3 种，一般直线式和折返式斜坡道使用较多。

斜坡道开拓的一般安全要求有：

（1）斜坡道须设错车道和信号闭锁装置，错车道的长度和宽度应视行驶设备尺寸而定。

（2）斜坡道断面应根据无轨设备的外形尺寸和运行速度、斜坡道用途、支护形式、风水管和电缆等布置方式确定，并应符合下列规定：1）人行道宽度不应小于 1.2 m；2）无轨设备与支护之间的间隙不应小于 0.6 m；3）无轨设备顶部至巷道顶板的距离不应小于 0.6 m。

（3）斜坡道坡度应根据采用的运输设备类型、运输量、运输距离和服务年限经技术经济比较后确定；用于运输矿石时，其坡度不大于 12%；运输材料设备时，其坡度不得大于 20%。

（4）斜坡道的弯道半径应根据运输设备类型和技术规格、道路条件、行车速度及路面结构确定，一般应符合下列规定：1）通行大型无轨设备的斜坡道干线的弯道半径不小于 20 m，中间联络道或盘区斜坡道的弯道半径不小于 15 m；2）通行中、小型无轨设备的斜坡道的弯道半径不小于 10 m。

（5）斜坡道路面结构应根据其服务年限、运输设备的载重量、行车速度和密度合理确定，一般采用混凝土路面。

（6）斜坡道应设置排水沟，并定期清理，以保证水流畅通。

3.1.2.5　联合开拓

用上述任意两种或两种以上的方法对矿床进行开拓称为联合开拓法。它取决于矿体赋存条件、地形特征、勘探程度、开采深度、机械化程度等因素。常用的联合开拓法有平硐竖井（明井或暗井）、平硐斜井（明井或暗井）、斜坡道竖井、斜坡道斜井、平硐斜坡道，以及平硐、竖井或斜井与斜坡道联合开拓等。图 3-5 为平硐与盲竖井联合开拓法示意图。

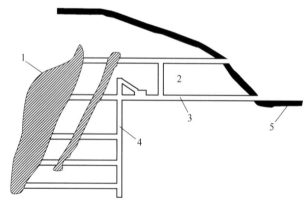

图 3-5　平硐与盲竖井联合开拓法示意图
1—矿体；2—溜井；3—平巷；4—盲竖井；5—地面

3.2　竖井掘进及其安全要求

3.2.1　竖井掘进

竖井掘进的主要工序包括凿岩、爆破、出矸（渣）、清底、提升、运输和防治水等。凿岩爆破作业是竖井掘进的主要工序之一，约占整个循环时间的25%。因此为缩短凿岩爆破时间，提高爆破效率，必须正确选取凿岩机具和爆破器材，确定合理的爆破参数。出矸（渣）装岩工作是掘进循环中最繁重的工作，占整个循环时间的50%~60%。因此，正确选用高效的装岩机具，减小劳动强度，缩短装岩时间，是实现快速施工的根本保证。在施工中也要妥善处理井内涌水，达到提高竖井施工速度的目的。

井筒向下掘进一定深度后，应及时进行永久支护工作。为保证施工安全，在掘进过程中往往还要采用临时支护，以维护岩帮，确保工作面的安全。常用的临时支护形式有井圈背板临时支护、锚喷临时支护、金属掩护筒支护等，常用的永久支护形式有现浇混凝土支护和喷射混凝土支护。

竖井施工因其工艺的复杂性和工作环境的特殊性，必须采取切实可行的安全保护措施，设置必要的安全设施，以此保证施工的顺利进行。

3.2.2　竖井掘进安全设施要求

竖井掘进安全设施要求有：

（1）竖井施工，至少需要两套独立的，用于运输人员上、下和直达地面的提升装置。安全梯电动稳车应具有手摇装置，以备断电时提升井下人员。

（2）竖井施工初期，井内应设梯子；深度超过15 m时，应采用卷扬机提升人员。

（3）井口必须设置严密可靠的井口盖和能自动启闭的井盖门。卸渣装置必须严密，不许漏渣，防止发生井内坠物伤人事故。

（4）竖井施工应采用双层吊盘作业，以确保井内作业人员的安全。为保证井筒延深时的施工安全，在提升天轮间顶部的上方应设保护盖。

（5）井筒内每个作业点都要设有独立的声光信号系统和通信装置，从吊盘和掘进工作面发出的信号，要有明显的区别，并指定专人负责，所有信号经井口信号室转发。

（6）井筒延深5~10 m后安装封口平台，天轮平台距离封口平台的垂高15 m，翻矸平台应高于封口平台5 m。

3.2.3　安全保护措施

竖井掘进安全保护措施有：

（1）加强职工安全知识教育和培训，特种作业人员必须持证上岗。

（2）井口应配置醒目的安全标志牌，实行安全警告制度。

（3）卷扬机安全防护装置，吊桶提升速度、提升物料对信号工的安全要求，都应严格遵守矿山安全规程。完善安全回路闭锁，防止吊桶冲撞安全门。

（4）由专人负责定期对运转设备、井内提升、悬吊设施进行检查，发现问题及时汇报处理，并做好详细记录。

（5）对卷扬机、空气压缩机、爆破器材存放点和井内高空作业等危险源点实行监控管理。

（6）井内高空作业（大于 2 m），工作人员必须系牢安全带，谨防发生人员与物体的坠落事件，并采取可靠的防坠措施。

（7）经常监测井筒内的杂散电流，当超过 30 mA 时，必须采取安全可靠的防杂散电流措施。

（8）在含水层的上下接触地带、地质条件变化地带、可疑地带掘进要加强探水。探水作业严格遵守技术规程和安全规程要求。当掘进面发现有异状水流和气体或发生水叫、淋水异常、底板涌水增大等情况，应立即停止作业，进行分析处理，确认安全后方可恢复施工。

（9）拆除延深井筒预留的岩柱保护盖，应以不大于 4 m² 的小断面，从下向上先与大井贯通；全面拆除岩柱，宜自上而下进行。

3.3　平巷掘进及其安全要求

平巷工程在井巷工程中的占比一般要达 80% 以上，工期也要超过建井工期的 55%。因此，提高平巷施工速度，是缩短建设工期的重要手段之一，平巷施工主要包括掘进和支护两大环节。

平巷掘进方法有普通钻眼爆破法、联合掘进机掘进法、风镐挖掘法和水力冲破法等。其中，普通钻眼爆破法掘进是最常用的方法，其主要工序包括凿岩、爆破、装岩、转载、运输和调车等。

为了保持巷道的稳定性，防止围岩发生垮落或过大变形，巷道掘进后一般都要进行支护。巷道支护按用途分为临时支护和永久支护。常用的临时支护有棚式临时支护、锚杆临时支护、喷混凝土临时支护。常用的永久支护有喷混凝土支护、浇混凝土支护和喷锚网联合支护等。

平巷施工安全要求：平巷施工，必须严格按设计和《有色金属矿山井巷工程质量验收规范》（GB 51036—2014）施工；在施工前必须编制施工组织设计；在流砂、淤泥、砂砾等不稳固的含水表土层中施工时，必须编制专门的安全技术设计。

3.3.1　顶板管理

顶板管理工作包括：

（1）平巷（硐）施工过程中，要设专人管理顶帮岩石，防止片帮冒顶伤人。

（2）钻眼前要检查并处理顶帮的浮石，在不太稳固岩石中的巷道停工时，临时支护应架至工作面，以确保复工时顶板不致发生冒落。

（3）在不稳固岩层中施工时，进行永久支护前应根据现场需要，及时做好临时支护，确保作业人员人身安全。

（4）爆破后，应对巷道周边岩石进行详细检查，浮石撬净后方可开始作业。

3.3.2 通风防尘管理

通风防尘管理工作包括：

（1）掘进爆破后，通风时间不得小于 15 min，待工作面炮烟排净后，作业人员方可进入工作面，作业前必须洒水降尘。

（2）独头巷道掘进应采用混合式局部通风，即用两台局扇通风，一台压风，一台排风。

（3）风筒要按设计规定安装到位，对损坏的要及时更换。

3.3.3 供电管理

供电管理工作包括：

（1）建立危险源点分级管理制度，危险源点处必须悬挂安全警示。

（2）保护电源与供电线路要确保工作正常。

（3）严禁携带照明电进行装药爆破。

3.3.4 施工组织管理

施工组织管理工作包括：

（1）开挖平巷时，要编制施工组织设计，并在施工过程中贯彻执行。

（2）喷混凝土作业时，严格按照安全操作规程作业，处理喷管堵塞时，应将喷枪对准前下方，并避开行人和其他操作人员。

3.4 斜井掘进及其安全要求

3.4.1 斜井掘进及其支护

斜井倾角小于 20°~30°，其施工方法与平巷类似，但在斜井施工中，除考虑装岩、运输、支护和排水的特点外，必须妥善处理表土层的掘砌工作，还应预防跑车事故发生。斜井掘进施工由表土施工和基岩施工组成。斜井井口段（又称井颈）多建在表土上及风化岩层中，井口段的长度视表土层的厚薄和斜井的支护方式而定。常用的斜井永久支护有整体混凝土支护和喷射混凝土支护，临时支护可采用棚式支架支护和喷射混凝土支护。

3.4.2 斜井施工及其安全要求

斜井施工及其安全要求包括：

（1）斜井井口施工，应严格按照设计执行，及时进行支护和砌筑挡墙。

（2）必须设置防跑车装置；在斜井井口应设逆止阻车器或安全挡车板；井内应设两道挡车器，即在井筒中上部设置一道固定式挡车器，距工作面上方 20~40 m 处设置一道可移动式挡车器。井内挡车器常用钢丝绳挡车器、型钢挡车器和钢丝绳挡车帘等。

（3）由下向上掘进倾角为 30°以上的斜巷时，必须将溜矿（岩）道与人行道隔开。

（4）斜井内人行道一侧，每隔 30~50 m 设一个躲避硐；人行道应设扶手、梯子和信号装置。

（5）掘进巷道与上部巷道贯通时，应设有安全保护措施。

（6）在有轨运输的斜井中施工时，为防止轨道下滑，可在井筒底板每隔 30～50 m 设一个混凝土防滑底架，将钢轨固定其上。

（7）在含水层的上下接触带、地质条件变化地带、可疑地带掘进，应认真实行防突水措施，防止工作面突水事件发生。

3.5　天井、溜井掘进及其安全要求

在矿山掘进工程施工中，天井及溜井的施工难度最大。具体原因包括：一是在进行独头掘进时，通风、捡、撬工作面浮石困难；二是作业条件差，劳动强度大；三是由于天井、溜井需要与上阶段巷道贯通，施工质量要求高。因此，在天井、溜井施工中，除普通法掘进天井、溜井外，一些矿山应用"吊罐法""爬罐法""钻井法"和"深孔爆破法"等掘进方法。

溜井的井壁易受矿石的冲击、磨损及二次破碎等损害，需要对其进行加固和补强加固等。溜井破损较严重的地方主要是倒矿口和放矿口，磨损严重的地方是井筒。根据磨损程度可采用钢纤维混凝土加固，放矿口可采用锰钢板加固，对放矿量不大的溜井也可采用混凝土或石料砌筑加固。在岩石不稳固或破碎带中掘进天井，一般可采用木框法支护或喷锚支护。

3.6　井巷维护及其安全要求

为保证矿井正常生产，应对已破坏的巷道及时修复，使其处于良好状态。巷道的修复工作应根据支护结构、工作条件、支护破坏程度等情况采取不同的措施。下面介绍砌混凝土、锚喷混凝土、棚式支架等巷道的修复方法。

3.6.1　砌混凝土巷道的修复

砌混凝土巷道的修复方法如下：

（1）局部加固法。局部加固法主要适用于料石砌旋或混凝土砌旋的巷道修复。若巷道拱顶受到局部地压作用而产生纵向或横向裂缝，旋体仍能起支撑作用，且仍能满足使用要求时，可采取喷射混凝土或内套拱形槽钢支架来处理，喷层厚度一般为 20～30 mm。经过一段时间，若旋体又产生裂缝可重复喷射。若旋体拱顶均产生裂缝，并且有失稳的危险，可用钢轨作骨架，在两架钢轨间铺设模板，在模板内浇灌厚度约为 700 mm 的混凝土，进行整体加固。如果重要硐室处于松软岩层中，地压显现很大，旋体破坏变形严重，采用加固方法难以奏效时，应考虑其他加固方案。

（2）砌旋巷道返修。返修巷道必须由外向里分段进行，其施工方法和新掘巷道基本相同。值得注意的是，前方待返修的 5～10 m 巷道必须用木棚或拱形金属支架进行加固，以防在拆除旧旋体时发生冒顶事故。此外，返修段巷道一旦开挖后，应及时支护，支护过程接顶必须严格。

3.6.2　锚喷混凝土巷道的修复

若喷层开裂，局部出现剥落现象，而锚体仍能有效发挥作用，此时只要挖掉破坏的喷层，在原有喷层上再喷一层混凝土即可。若围岩及喷层破碎严重，除打锚杆加固外，还应挂设金属网；压力特别大时，还要增设钢筋架，以增加锚喷支护的刚度。

处于断层破碎带的巷道，可考虑注浆固结围岩，然后用锚喷网或砌混凝土方式加以修复。

3.6.3　棚式支架巷道的修复

在棚式支架巷道中，若只有一根棚腿折断，应先在折断棚腿的顶梁支上撑柱，并将顶梁抬高 20~50 mm，撤出折断的棚腿，修整侧帮松脱围岩，然后换上新的棚腿，背好背板即可；若一架棚子的两根棚腿均被压坏，而棚梁完好无损，此时可采用两根临时支柱支撑顶梁，撤出两侧压坏的棚腿，然后分别更换棚腿；若连续有 2~3 架支架的棚腿都在巷道一侧折断，可在压坏棚腿的一侧用抬棚将棚梁托起，然后更换被折断的棚腿。

若支架顶梁被压坏且顶梁上部有浮石，则应在折断的顶梁前、后安设中间棚子，控制顶部岩石，防止发生冒落事故，然后再更换压坏的顶梁。

3.7　开拓系统施工安全控制

3.7.1　开拓系统施工安全风险因素

开拓系统安全风险因素主要包括技术、人员、设备材料、管理、自然风险等，具体到项目施工过程中，这些方面的风险更是非常复杂且多样，为此，对这些风险因素进行全面性梳理，才能为项目施工安全风险控制，提供更加具体的参考。

3.7.1.1　故障

故障主要是指施工过程中涉及的设备、设施等故障，是因设备、系统、元件等在运行过程中出现的性能低下问题。造成故障风险的原因不是单一的，各种复杂因素都可能导致故障的发生，如人员失误、环境、维修保障不及时、老化、磨损等。

3.7.1.2　人员失误

人员失误是由于人的行为而造成的功能实现与标准偏离的现象，一般来说，是由于人员无意间操作不规范、不标准产生的。虽然一般会对人员操作制定严格的规范和标准，但人为操作失误的产生具有不可预知性，且具有较强的偶然性，因此人员失误往往会产生非常危险的后果。

3.7.1.3　环境因素

矿山开拓系统施工环境与地面环境有极大的差别，地下的高温、高湿环境，污浊的空气、噪声、地质条件等，都会直接影响施工安全，且具有较大的不可控性，因此环境因素带来的风险发生率难以控制。

3.7.1.4　管理缺陷

安全风险管理存在缺陷，在很大程度上与风险控制不力有直接联系。一般来说，如果项目安全风险管理及时有效，则能对事故进行有效控制，最大化避免因失误而产生的风险后果。然而在许多施工安全风险发生案例中，管理缺陷都有非常明显的影响。只有对其管理进行有效完善，才能实现对施工安全风险管理的有效控制。

3.7.2 开拓系统施工安全风险管理

开拓系统施工过程涉及诸多复杂的环境和工程因素，可能伴随着各种安全风险。因此，开拓系统施工安全风险管理是确保施工项目顺利进行并保障工作人员和公众安全的必要措施。它不仅有助于预防事故，保障工作人员的安全，还能提高施工效率，塑造企业良好形象，能为矿山的可持续发展作出积极贡献，具有深远的意义。

3.7.2.1 目标管理

为能给施工全体人员安全和健康提供更好的保障，各项风险管理措施应以消灭和杜绝任何违章违规操作为主要目标，以达到杜绝恶性事故的目的。同时实施安全风险管理更是为了最大限度保证劳动者人身安全，减少和控制职业病对施工人员的伤害。

3.7.2.2 安全培训

安全培训内容如下：

（1）针对工种进行选择培训内容。根据不同工种的工作需求，选择相应的、与工作关系更加密切的培训内容。培训内容主要包括专业理论和与实际操作相关的实践训练等，待理论和实践均通过考核后，予以发放操作许可证，持证方可上岗。

（2）在施工阶段，对现场工作人员进行项目培训。不同项目在施工中面临的安全操作与管理要求不同，因此在施工阶段的项目现场，还应对施工人员进行专门的项目培训，主要培训工作由项目部负责，对各分工部门的施工人员进行与施工操作相关内容的安全培训，并建立培训档案，对所有参与培训人员及培训内容进行详细记录，并整理归档。

（3）对特种作业人员进行宏观管理。特种工作人员的安全应分为两部分，一部分是定期培训，主要针对项目实施进度，进行一定的安全管理培训，并发放统一的特种作业人员设备操作许可证，另一部分是实施上岗操作的管理制度。

3.7.2.3 技术措施

技术措施内容如下：

（1）根据不同工种进行分批培训，以各工种的施工要求为基础，从专业技术与操作方面进行专门培训，编制施工作业规程和安全技术措施。

（2）专门针对井口管理建立一套强化管理措施。井口管理措施中最基本的就是应将管理制度进行明确的立牌说明，首先应在井口处立牌，保证施工和管理人员都能知晓井口管理各项制度；其次，严格把控封口盘合缝的严密性，保证悬吊孔、井盖门等各个装置都已严密封闭；再次，对井盖门加置栅栏，并悬挂警示牌，要求在吊桶通过井盖门时，周围 10 m 范围内不可有人员逗留；最后，针对每一个井口安排轮班人员值守，还应负责保持井口附近的清洁，做到及时清理杂物。

（3）确保吊桶承载符合规定。首先，确保吊桶人数符合标准规定，吊桶规格不同，可承载的人数标准也不同，一般体积为 1.2 m^3 的吊桶可承载 6 人以内。其次，还要保证吊桶操作符合规定，在进行吊桶起落时，应采用统一的指挥方式，安排专人负责看管配电开关，以保证吊盘运行不稳时及时断电和控制吊盘运行速度。

（4）采用电压为 380 V 的电源起爆时，由专人负责操作起爆开关，不允许转交他人代管，各种开关操作严格以规定方式执行，对符合拒爆、残爆要求的操作，同样严格以规定方式执行。起爆放炮后的工作也应按制度进行，除基本的清理和打扫任务外，还应对吊盘和其他相关设备的完好情况进行全面、严格的检查，严格按排除风险的相关制度规定步骤进行排险操作，施工过程中以人员安全为首要前提。

（5）所有吊盘操作应保证在吊正的前提下启动，并且根据规定要求随时对连接装置的保险系数进行监测，当显示连接装置的保险系数不符合标准时，及时停止操作，严格禁止一切超长、超宽、超重等情况出现。施工巷道、硐室必须将吊盘与巷道或硐室之间用厚度为 50 mm 以上的木板搭接牢固、严密，防止人员坠入井内。在 1.5 m 高度以上施工作业时，要搭设工作平台，平台要牢固、要有安全网防护、要戴安全带。

3.7.2.4　要点管理

A　爆破要点管理

爆破是硬岩矿山施工中的要点之一，主要包括爆破、装药、送药等，进行爆破操作的人员应当严格按规定进行操作，同时还应当符合严格的培训规定，只有通过考核的人员才能进行爆破操作。爆破人员应全面掌握各种爆破材料的特性。爆破人员必须仔细阅读爆破说明书并按要求进行爆破作业；炸药、雷管分开存放；炸药箱的锁具及箱体要完好；起爆药卷配置在爆破工作地点附近，但要与电气设备和导电体保持足够的安全距离；装配起爆药卷周围的岩石要牢固并远离炸药箱。起爆药卷的数量以当时、当地需要量为限；装药前，炮眼内若有岩粉，要清除干净，往炮眼内推药卷时动作要轻，并使用木质或竹质工具，药卷在炮眼内必须紧密接触。禁止使用岩粉、块状材料或其他可燃性材料封堵炮眼；通电后装药炮眼不响时，至少等 30 min 后才可以检查，并找出不响原因；在贯通距离小于 20 m 时，每次放炮前要通知对面迎头人员，确认对面迎头无人时，方可爆破；贯通距离小于 15 m 时，只能独头作业；反打井时，若人员在作业，附近应严禁放炮。

B　顶板要点管理

顶板施工是井下施工中又一核心要点操作。顶板操作直接关系着支护结构的稳定性，许多塌方事故与顶板施工问题有必然的联系，因此在顶板管理上，应当保证支护操作严格按操作流程进行，且保证施工各参数符合规定要求。例如，空顶距不得大于 1 m、严禁空顶作业等。另外，顶板施工还需要注意严格执行敲帮问顶制度，随时监测，一旦出现问题应及时处理，避免问题发生。敲帮问顶的操作应当按照严格的操作规程进行，同时还应当保证由有经验的工人担任操作员，这样才能确保敲帮问顶更加有效。如果出现无法确定的情况，需要重复进行敲帮问顶操作，直到得出确切结论，方可进行下一步施工操作。

C　扒装机使用要点管理

扒装机使用应当首先保证操作人员经过严格培训，拥有上岗资格证。具体要求如下：首先，司机应当集中精神，密切注意扒装机运行情况，务必保证运行的稳定性；其次，在扒装机运行过程中，运行范围内不可进行其他施工操作，不可有人站立；最后，扒装机停止运行后，需马上切断电源，保证与操作一侧的安全间隙符合标准要求，严格按规定进行扒装机的停放操作。另外，司机在扒装机停机操作完成后，还需确保两个操作手柄置于松闸部位，并将其拆下，方可保证爆破操作时不对扒装机产生损坏影响。

D　防水要点管理

在地下巷道中的防水操作，同样关系着施工人员的安全，因此科学有效的防水管理应当作为施工要点之一来对待。巷道水沟整齐合格，将迎头积水及时排至平巷水沟；在迎头位置发现红色痕迹、水珠、气流阴冷、有水雾、轰鸣声、顶板出现落水并明显加大、顶板压力明显增大、底板上桥出现裂缝并有溢出水、水浑、恶臭等征兆时，必须立即停止一切活动，马上向调度室汇报，安排所有人员迅速撤离水患区域，转移至安全地点。在掘进过程中的防治水管理应当坚持有疑必探、先探后掘的原则，且应当保证工作面与水仓泄水线路始终畅通，为水患发生时进行泄水提供最基本的保障。根据设计，要求探 5 m，掘进 2 m，每次迎头布置 3 个探水眼；备齐止水阀，以备出水时进行封堵。

E　机电管理

在井下进行设备维修、移动电气设备、线缆等作业时不得带电；设备检修、移动前，必须切断电源，用验电器具对设备进行查验，确认不带电后，再执行带电设备的放电工作。针对有放电装置的设备，可不按此要求进行操作。在切断电源时，带电设备的开关装置必须保持在关闭位置，且在明显的地方放置警示牌，以警示其他人员不可进行送电操作。另外所有的电气设备操作都应当由专人进行，非专业人员不得擅自作业。重点针对有外露、易触碰特征的带电体进行防护管理，安装必要的防护装置，避免人员接触。保证所有电气设备在额定状态下运行，检查合格并签发合格证后，方准使用。

3.8　开拓系统施工安全风险监测与预警

3.8.1　施工安全风险监测

开拓系统施工的风险监测主要包括危险源监测与过程监测，是施工安全风险管理与控制的最基本方式。在开拓施工过程中面临的管理及技术产生的风险可变性强，因此需要对这些可变的风险进行有效监测，才能做到有效控制风险。

危险源监测指通过监测监控系统、监测仪器等，对施工过程进行实时监测，以随时发现异常问题。为对危险源进行有效控制，实时监测的主要内容包括一氧化碳、烟雾、温度、湿度、设备运行状态、空气质量等。

除使用监测系统与监测仪器进行危险源实时监测外，对一些难以通过仪器监测的危险源，还需要进行相应的周期性、动态性监测。主要监测方式包括现场安全检查、安全观察和安全监护、安全举报等。详细内容如下：

（1）现场安全检查。组织现场安全检查是对不可测危险源进行监测的最有效方式之一。一般由安检人员、技术人员及现场工作人员等共同组成现场检查队伍，并根据安全生产的相关标准，对矿区施工各场所中的各种危险源状态、工作现场设备运行状态、工作环境、空气质量等情况进行全面监测，以尽早发现可能存在风险的危险源，并进行相应的风险排除操作。

（2）安全观察和安全监护。安全观察与安全监护一般是与工作同步展开的，在建立的施工安全风险管理制度中，应当包括全面的安全观察和安全监护制度，各岗位工作人员应当对可能存在风险的情况有清晰的认识，并能严格按照相应的安全监测操作要求进行施工。

（3）安全举报。安全举报是各部门在工作过程中，对已经出现的、可能转移成安全风险问题的危险源进行举报的方法。为保证不可测危险源能得到最有效的管理和控制，设置完善的安全举报制度是非常重要的。根据各部门设置相应的举报渠道，由各科室、区队、外委施工队等相应的施工人员进行直接举报，能更加有效提高对不可测危险源的监测效率。

过程监测主要通过内部监测和外部监测方式实现。内部监测主要是通过安全监督检查，对施工过程中的安全管理制度是否落实、生产过程是否符合要求等进行全面的安全监督检查，及时关注施工过程是否存在可能引发安全风险的因素，从而有效制止安全风险的发生。外部监测是通过管理者和技术专家对项目施工情况进行分析和评价，制定与实际工作情况更加贴切的风险评价结论，并指出相应的工作调整方向，进而从管理层面对施工过程加以有效安全风险控制。

3.8.2　施工安全风险预警

风险预警机制的设置对施工安全风险控制非常重要。风险预警主要是通过一定的方式，对已经暴露的风险信息进行警示，从而使施工单位实施相应的风险预警措施，进而达到对风险的有效应对和控制，实现对风险的有效消除或降低。根据具体开拓系统施工需求，进行安全风险预警前应当首先对风险等级进行划分，再根据不同等级制定相应的控制管理措施。

一般来说，矿业企业对开拓系统风险等级的划分可设置为 5 个级别，根据预警程度的不同，依次为红色、橙色、黄色、蓝色、绿色，分别对应 V 级预警、IV 级预警、III 级预警、II 级预警、I 级预警，其中 V 级预警为最高预警级别。

风险预警机制的实施基础是流畅的信息渠道，这也是保障矿业施工安全的最重要条件之一。实施风险预警的目的在于，当预警出现时，能将信息及时有效的进行传递，使各部门快速作出反应，从而对出现的问题加以处理。为此，风险预警管理需要以信息畅通传递为基础。同时在信息传递畅通基础上，还应对风险进行实时跟踪，及时关注风险问题的处理动向，跟踪风险问题直至预警消除。

3.8.3　施工安全风险监测与预警设备设施

目前比较常用的矿山安全监测系统一般采用 RS485 总线形式，涵盖地面中心站及监控软件，通信传输设备、控制器，各种终端检测传感器（如瓦斯检测仪器、测风仪表、氧气检测仪、各种有害气体检测仪器、杂散电流测量仪、顶板压力监测仪器等）自带数值显示、声光报警灯等，通过信号采集、反馈、动作报警等，可监测矿井各种气体及通风、顶板情况、水位、设备状态等安全生产信息，并可与矿山综合自动化系统互联，实现集中操作。

———— 本 章 小 结 ————

本章介绍了矿井开拓系统的安全问题，从矿山生产的起点出发，关注整个矿井提升、运输、通风、排水、运料、供水、供电、输送压气等生产工艺系统。同时介绍了开拓系统的构成要素，强调了主井、副井、风井、硐室等在系统中的协同作用。为读者提供了对矿山基础设施的全面认识，为后续学习提供了框架。最后，本章还详细介绍了涉及开拓系统的各项工序，如竖井掘进、平巷掘进、井巷维护等，并强调了相关的安全要求。

复习思考题

3-1　根据主要开拓巷道形式的不同，可将矿床开拓分为哪几类？

3-2　斜井开拓时的安全要求主要有哪些？

3-3　平巷掘进过程中，顶板管理有哪些内容？

3-4　请阐述斜井施工安全要求的主要内容。

3-5　一般情况下，体积为 1.2 m³ 的吊桶可承载多少人？

3-6　施工安全风险监测主要有哪些方式？

4 运输系统安全

本章提要

地下矿山生产过程中，矿石或废石从采掘作业面运送到矿仓、选厂或废石场，各种设备、器材运送到作业地点及作业人员上、下班，都离不开运输和提升工作。运输提升是矿山开发中不可缺少的重要环节，对矿山的安全与生产至关重要。矿山运输提升的方式是根据矿床的开采方法、开拓方式及经济技术条件确定的，而主要运输提升设备的选用又影响开采、开拓方案的确定。地下矿山根据运输提升井巷的不同分为平巷运输、斜井提升和竖井提升。本章将介绍矿山运输过程中涉及的相关安全内容。

4.1 轨道运输及其安全要求

轨道运输是地下开采矿山主要的运输方式，在露天矿场的运输中也占有重要地位。轨道运输的主要设备有矿车、牵引设备和辅助机械设备等。

矿车按用途分为运货矿车、人车和专用矿车（如炸药车、水车）及运送设备器材的材料车和平板车等，运货的矿车主要有固定车厢式、翻斗式、侧卸式和底卸式等。

在斜巷中主要使用的牵引设备为卷扬机，其通过钢丝绳牵引车辆。在平巷和坡度很小的坡道主要用机车，少数矿山在平巷和斜巷还使用无极绳牵引设备。

辅助机械设备主要有翻车机、推车机、爬车机、阻车器等。这些设备对提高运输提升系统的生产效率、减轻劳动强度和实现运输机械化具有重要作用。

4.1.1 轨道

铺设轨道是为减少车辆运行的阻力。轨道铺设应牢固而平稳，并且有一定的弹性，以缓和车辆运行的冲击，延长轨道和车辆的使用年限。轨道线路应力求成直线，坡度合乎要求，同时尽量保持平坦一致，弯道的曲率半径应尽量大些，以利于行车。轨道主要由钢轨、轨枕、道床和连接件等组成。其各组件的作用如下：

（1）钢轨。其作用是承托和引导运行的车辆，它直接承受车辆的作用力，并将它传递到轨枕上去。

（2）轨枕。其作用是承受钢轨传来的载荷，并将它传递到道床上。常用的轨枕有木质轨枕和钢筋混凝土轨枕。

（3）道床。其作用是承受轨枕传来的压力，并把它均匀分布到路基底板上。

（4）连接件。其作用是纵向把钢轨接在一起，并将钢轨固定在轨枕上。钢轨之间用鱼尾板及螺栓连接。钢轨与轨枕的连接是在道钉钉入轨枕后，用钉头将轨底紧紧压在轨枕上面或用埋入轨枕的螺栓及螺母、压板将轨底压紧。

4.1.2　弯道

弯道要求如下：

（1）合理设置曲线半径。车辆在弯道上行驶时，离心力作用和轮缘与轨道间的阻力作用增加了运行困难。离心力和弯道阻力与车辆运行速度、弯道半径和车辆轴距等因素有关。因此最小曲线半径应根据运行速度和轴距来确定。一般当行车速度小于1.5 m/s时，弯道的曲线半径不小于轴距的7倍；速度大于1.5 m/s时，曲线半径不小于轴距的10倍。

（2）轨道加宽。车辆通过弯道时，若轨距和直道相同，轮缘就会挤压钢轨，阻力增大，车轮甚至挤死在轨道上，或造成脱轨事故。因此，在弯道上必须加宽轨距。

（3）外轨抬高。车辆在弯道上运行时，离心力的作用会使车轮向外轨挤压，加剧轮缘与钢轨的磨损，增加运行阻力，甚至出现翻车事故。为平衡离心力，在弯道处要将外轨抬高。

4.1.3　道岔

为使车辆由一条线路驶向另一条线路，需在线路交叉处铺设道岔。单开道岔由岔尖、基本轨、转辙机构、辙岔、过渡轨、护轮轨组成。岔尖是一端刨削成尖形的钢轨，与基本轨的工作边紧贴。通过操作转辙机构来移动岔尖的位置，从而实现车辆的转线运行。

4.2　运输巷道及其安全要求

运输巷道是供车辆和人员通行的场所，根据运载工具的不同可分为有轨巷道和无轨巷道。为保障车辆行驶和人员通行安全，运输巷道、车辆行驶速度与行人都需要符合相应的要求。

4.2.1　运输巷道的安全要求

运输巷道的安全要求如下：

（1）巷道的宽度、高度、巷道顶帮和车体突出部位的间隙、人行道宽度应符合有关规定。

（2）轨道铺设应平直、稳固，轨距、轨面高低、轨道接头及弯道的曲线半径应符合有关标准。

（3）巷道内不要堆积杂物，水沟要畅通，没有积水。

（4）有良好的照明，电机车或列车运行时应有良好的照明，信号灯和警铃要完好。

4.2.2　车辆行驶速度的要求

行驶速度是影响平巷运输车辆伤害事故发生的主要因素。随车辆行驶速度的增加，相对的外界条件变化速度也增加。受人员的生理机能限制，当车辆行驶速度增加到一定程度时，驾驶员不能对前方出现的情况迅速地作出正确反应，很容易发生事故。从驾驶员发现前方障碍物到经过操纵使车辆改变运行状态为止的时间内，假设车辆行驶的距离为 S（m），则

$$S = (t_1 + t_2 + t_3)v \qquad (4-1)$$

式中　t_1——人员认知外界障碍物所需要的时间，s；

　　　t_2——人员作出决策和操作操纵机构的时间，s；

　　　t_3——操纵机构被操作到执行机构动作时间，s；

　　　v——车辆行驶速度，m/s。

如果车辆到障碍物的距离小于 S，则将发生碰撞。对于一定类型的矿山车辆来说，t_3 是一定的；t_2 因人而异，一般为 0.4~0.7 s。所以，车辆行驶速度越低，在车辆到障碍物距离一定的情况下，相对的 t_1 越长，即人员有充裕的时间认识外界条件。《金属非金属矿山安全规程》（GB 16423—2020）规定，运送人员车辆的行驶速度不得超过 3 m/s。这种情况下列车制动距离可以不超过 20 m。

4.2.3　行人在巷道内行走的注意事项

行人在巷道内行走的注意事项如下：

（1）人员要在供行人的巷道内或人行道上行走，要随时注意前后方向驶来的车辆，尤其是在噪声大（局扇附近）的地方更要注意。发现车辆驶来，要及早躲避在安全地点。

（2）在双轨巷道内，禁止人员在两轨之间停留，禁止横跨列车。

（3）行走时，思想不能开小差，要防止碰头和跌跤，尤其是在溜井、小眼处，要防止失足坠落。

（4）要注意巷道顶帮的情况，不要在顶帮不稳定的地点停留，对易冒顶的地段要加强观察，防止顶板冒落伤人。

（5）在有电机车架空线或电缆的巷道内，行人手持长金属工具时，不得扛在肩上，以免触及电车架线或电缆等物。锋利的工具（如斧子等）应包上或装入护套内带走。

4.3　机车运输及其安全要求

矿用机车按使用动力的不同可分为电机车和内燃机车。绝大多数矿山使用的是电机车。矿山井下使用内燃机车时，排放的废气必须经过净化处理，要符合排放标准。

由于机车运行速度较快、制动困难，加之井下光线不足、巷道狭窄，稍有疏忽就会发生人员被挤压、碰撞及机车碰撞、追尾等事故。因此，对机车运输的安全问题，必须引起高度重视。

4.3.1　矿用电机车

矿用电机车由直流电源作动力，按供电方式的不同可分为架线式和蓄电池式。架线式电机车的电源由牵引变流所通过硅整流装置将交流电变为直流电送往架空线，通过受电弓将电引入电机车的控制装置和牵引电动机，经轨道回到交流所，构成回路，使电机车牵引矿车在轨道上行驶。

架线式电机车较蓄电池式电机车成本低、设备简单、用电效率高、易维护等，所以应用较普遍。小矿山使用较多的是 ZK-1.5 和 ZK-3 型架线式电机车，其黏着质量（指作用在主动轮上的质量）分别为 1.5 t 和 3 t，额定电压分别为 100 V 和 250 V。矿用电机车都是主动轮，故黏着质量即为电机车的质量。黏着质量越大，牵引力就越大。

矿用电机车由机械和电气两大部分组成。机械部分包括车架、行走部（轮对、轴箱、弹簧托架）、缓冲器和连接器、齿轮传动装置、制动装置、撒砂装置、警钟等。电气部分包括牵引电机、控制器、变阻器、受电器、保护和照明装置等。电机车司机通过操纵控制器和制动器来控制行驶速度。

4.3.2 电机车的制动

电机车能否安全运行，它的制动性能好坏将起着重要的作用。电机车的制动可分为机械制动和电气制动。在正常行驶的情况下，应使用机械制动闸制动；在紧急情况下，机械和电气制动要同时使用，以保证能安全制动。制动装置要有足够的制动力，以保证列车在运行时制动距离能符合安全规程的规定，即运送人员时不超过 20 m，运送物料时不超过 40 m。14 t 以上的大型机车（或双机）牵引运输时，应根据运输条件予以确定，但不得超过 80 m。

机车的最大制动力受车轮与轨面间的摩擦力（黏着力）的限制，因此，为了更好实现制动，要充分利用撒砂装置。把砂子撒在车轮的前面，以增加轮缘和铁轨之间的黏着系数，从而使黏着力增大，避免出现打滑，以提高制动效果。

4.3.3 电机车的安全运行管理

电机车的安全运行管理工作包括：

（1）电机车司机的安全操作是电机车安全运行的关键，司机要由责任心强、身体健康、经过培训考试合格的人员担任。其他人员不得开车。

（2）电机车司机不得擅离工作岗位。开车前，必须发出开车信号。开车时，要集中精力，谨慎操作。司机离开机车时，必须切断电动机电源，拉下控制手把，取下车钥匙，扳紧车闸将机车刹住。

（3）电机车在正常运行时，必须在列车的前端进行牵引，只有在调车和处理事故时才可以顶车。

（4）司机在行车时，必须随时注意线路前方有无障碍物、行人或其他危险情况，不得将头或身体探出车外。列车通过风门区域时，要发出声光信号；接近风门、巷道口、弯道、岔道、坡度较大或噪声等区域，以及前方有车辆或视线有障碍时，必须降低速度和发出警号。

（5）在列车运行前方，任何人发现有碍列车运行的情况时，应用矿灯等工具向司机发出紧急停车信号；司机发现有异常情况或信号时，应立即停车检查，排除故障后方可继续行车。

（6）要加强行车管理，安排好机车行驶路线，防止机车撞头和追尾事故。两机车在同一轨道方向行驶时，必须保持不少于 100 m 的距离。在机车运行较多的区段，应装设信号闭锁装置。

（7）除跟车工外，机车或矿车（除专用运人车辆外）不准带人。跟车工摘挂钩时，要与司机配合默契，安全地完成。

（8）电机车要定期检修、经常检查，发现隐患，及时处理。电机车的闸、灯、警铃、连接器和过电流保护装置不正常的，不得使用。

4.3.4 电机车架线和轨道

电机车架空线的悬吊、架设应符合有关质量标准。在主要运输巷道、调车场及人行道同运输巷道交叉的地方，架空线悬挂高度（自轨面算起）不小于 2 m；在井底车场及地面工业广场，架空线悬挂高度（自轨面算起）不低于 2.2 m。

为了便于架空线路维修和及时切断电源，须设分段开关，分段间距不应超过 500 m，每一支线也须设分段开关，上、下班时间，距井筒 50 m 以内的滑触线应切断电源。架线电车运输中断时间较长（超过一个班时）的区段，非工作区域内架空线的电源必须切断。目前有的矿山使用了电机车架空线自动断电装置，能自动将不需要供电的区段切断电源，减少了发生触电等事故的可能性。

架线电机车是利用铁轨作为回路线的，因此轨道除了要满足一般车辆运输的要求外，还要考虑减少杂散电流和降低电压损失的问题。杂散电流是在电机车运行时，由钢轨流入大地的电流，与流入钢轨电流的大小、轨道线路的电阻及轨道对地的绝缘电阻等因素有关。杂散电流有很大的危害，它会因电解而腐蚀管道、电缆外皮等金属物体，会使提升钢丝绳在接触轨道时因产生火花而受损伤，更严重的是它还存在使电雷管引爆的危险。

为减少杂散电流，在钢轨接头处、各平行钢轨之间、道岔和道岔芯之间，都必须用导线连接，并要加强维护，以减少轨道回路电阻。对不回电的轨道和架线电机车轨道的连接处必须加以绝缘，在离此绝缘点大于一列车长度的不回电轨道上，还须设第二道绝缘。

4.4 无轨运输及其安全要求

地下矿山无轨运输设备主要有地下铲运机、汽车、拖拉机、三轮车等，其中地下铲运机、汽车主要用于大、中型矿山，拖拉机、三轮车主要用于小型矿山。适用无轨运输车辆通行的通道主要有平巷（碛）、斜坡道、联络道、采场无轨通道等，它是由所在矿山的开采方法和采矿工艺决定的。无轨运输具有机动、灵活、多能、经济的优点，广泛应用于条件适宜的各类地下矿山进行强化开采，不但可以提高地下矿山的劳动生产率和产量，促使生产规模不断扩大，还改变了矿山的回采工艺、采矿方法和掘进运输系统，促进地下矿山向无轨开采的综合机械化方向发展。

井下使用内燃无轨运输设备应遵守下列安全规定：

（1）每台设备必须配备灭火装置。

（2）运输设备应定期进行维护保养，司机必须进行培训考核，持证上岗。

（3）采用汽车运输时，汽车顶部至巷道顶板的距离应不小于 0.6 m。

（4）斜坡道长度每隔 300~400 m 应设坡度不大于 3% 的缓坡段。

（5）严禁在斜坡道上熄火下滑。在斜坡道上停车时，应用三角木块挡车。

带式输送机运输安全要求：

（1）带式输送机运输物料的最大坡度，向上（块矿）应不大于 15°，向下应不大于 12°；带式输送机最高点与顶板的距离，应不小于 0.6 m；物料的最大外形尺寸应不大于 350 mm。

（2）禁止人员搭乘非载人带式输送机，不得用带式输送机运送过长的材料和设备。

（3）输送带的最小宽度应不小于物料最大尺寸的 2 倍加 200 mm。

（4）带式输送机的胶带安全系数按静荷载计算时应不小于 8，按启动和制动时的动荷载计算时应不小于 3。

（5）钢绳芯带式输送机的滚筒直径应不小于钢丝绳直径的 150 倍、不小于钢丝直径的 1000 倍，且最小直径不得小于 400 mm。

（6）装料点和卸料点应设空仓、满仓等保护装置，并应有声光信号与输送机联锁。

（7）带式输送机应设有防胶带撕裂、断带、跑偏等保护装置，并有可靠的制动、胶带清扫及过速保护、过载保护、打滑保护、防大块冲击等装置；线路上应有信号、电气联锁和停车装置，上行的输送机应设防逆转装置。

（8）在倾斜巷道中采用带式输送机运输，输送机的一侧应平行敷设一条检修道，需要利用检修道来辅助提升时，应在二者之间加挡墙。

4.5　提升系统及其安全要求

矿井提升系统是通过地面井口、井筒和井底的设备、装置，进行矿石、人员等上、下提升运输工作的系统。所需设备和装置包括提升机、井架、天轮、钢丝绳、连接装置、提升容器、井筒导向装置、井口和井底的承接装置、阻车器、安全闸及信号装置等。

根据主要设备、装置、用途及工作方式的不同，矿井提升系统可分为多绳摩擦轮提升系统、单绳缠绕式提升系统（简称罐笼提升）、斜井（斜坡）串车提升系统等。小型矿山的竖井基本都使用罐笼提升（建井除外）。一般井筒断面大、提升量多而提升水平（中段）又少的矿井采用双罐笼提升；井筒断面较小、提升水平多的矿井采用单罐笼带平衡锤提升；井筒断面小、提升量少的矿井采用单罐笼提升。

4.5.1　提升系统设施

4.5.1.1　提升容器

提升容器供装运货载、人员、材料和设备之用。竖井常用的提升容器有罐笼、箕斗、吊桶。罐笼可用于提升矿石、废石、人员、材料和设备，故既可用于主井提升，也可用于副井提升，是小型矿山广泛采用的提升容器。箕斗只能用来提升矿石和废石，并且要配备装卸载装置，故仅用于提升量较大的主井。而吊桶一般仅用于竖井开凿和井筒延深。

吊桶是竖井开凿和延深时使用的提升容器。吊桶依照构造可分为自动翻转式吊桶、底卸式吊桶与非翻转式吊桶。后者可供升降人员、提运物料，在矿山中广泛使用。吊桶与钢丝绳之间必须采用不能自行脱落的连接装置。

用吊桶升降人员时，必须符合下列安全规定：

（1）吊桶要沿钢丝绳罐道升降。在凿井初期尚未装设罐道前，升降距离不得超过 40 m，吊盘下面不装设罐道的部分也不得超过 40 m。

（2）吊桶上面要装保护伞。

（3）乘吊桶人员必须佩戴保险带，不准坐在吊桶边缘；装有物料的吊桶不得乘人。

（4）没有特殊安全装置的自动翻转式或底卸式吊桶，不准升降人员。

（5）吊桶升降人员到井口时，必须在出车平台的井盖门关闭和吊桶放稳后，方可允许人员进出吊桶。

4.5.1.2 防坠器

防坠器是在提升容器因钢丝绳、连接装置等断裂发生意外事故时，能使提升容器立即卡在罐道上而不坠落的装置。防坠器由3个机构组成：

（1）开动机构。广泛采用的是弹簧式开动机构。正常提升时，由于自重和提升钢丝绳的拉紧作用，传动弹簧处于压缩状态。当发生断绳事故后，钢丝绳就失去拉紧力，处于压缩的弹簧会迅速恢复弹力。

（2）传动机构。当开动机构发生动作，其压缩弹簧在恢复变形的过程中，就通过传动机构带动抓捕机构工作。

（3）抓捕机构。当抓捕机构工作时，能紧紧抓住罐道，使提升容器不坠落。根据抓捕方式的不同可分为刺入式、摩擦式和楔式。

根据使用的罐道或支承元件的不同，可将防坠器分为以下3种类型：

（1）木罐道防坠器。在正常情况下，弹簧被中心拉杆压缩，通过水平杆、拉杆、连杆而使支撑杆下落，卡爪亦下落，因而在卡爪和罐道之间保持一定的间隙。当发生断绳时，中心拉杆失去拉力，在弹簧作用下，通过传动杆件使支撑杠杆的末端向上撬起，将卡爪向上转动，刺入木罐道而进行抓捕。

（2）金属罐道防坠器。它是一种靠在钢轨或组合型钢罐道两侧的凸轮，在罐笼失去拉力时，可利用其与罐道间产生摩擦力来阻止罐笼下落的防坠器。

（3）钢丝绳制动防坠器。它是以井筒中专门设置的制动钢丝绳（或利用罐道绳）为支承元件的防坠器，不仅能用于钢丝绳罐道，还可用于刚性罐道。其特点是利用楔式机构对制动钢丝绳进行定点抓捕，借助井架上安装的缓冲器进行缓冲，通过调节缓冲机构产生的阻力，使制动减速度达到规定要求。

防坠器能正常工作，除结构的合理性外，对其检查和维修及试验工作也是非常重要的，否则不能起到保护作用。详细工作内容如下：

（1）检查和维修。对防坠器要求每日进行1次检查，检查零部件是否完好无损，机构动作是否灵活。每月应进行1次月检查维修，对损坏零件进行更换；活动部位进行清洗和注油；测定有关部位间隙和磨损情况，并调节到允许范围之内。零部件磨损严重，强度降低20%以上的零部件必须更换。尤其要注意制动绳上部的固定连接情况。若固定件锈蚀严重，应及时处理。

（2）试验。《金属非金属矿山安全规程》（GB 16423—2020）规定，提升人员或物料的罐笼必须装设安全可靠的防坠器，并应经常检查。新安装或大修后的防坠器，必须进行脱钩试验。使用中的防坠器，每半年进行一次清洗和不脱钩试验，每年进行一次脱钩试验。

1）不脱钩试验。主要是将罐笼放在井口封闭物上，放松钢丝绳，检查抓捕器的动作情况，测量一些数据并进行一些调整。然后再进行静负荷试验。首先，先放松钢丝绳，将中心拉杆销拔出。提升钢丝绳通过保险链提起罐笼离开井口封闭物约1 m（与此同时要将卡爪人为张开，免得抓坏罐道），做好记号。然后，松绳下放罐笼，使抓捕器抓住罐道（制动绳）直至罐笼停稳为止。最后，测量其抓捕距离是否符合要求。其抓捕距离应不超过下述规定：木罐道、钢轨罐道为 200 mm，钢绳制动式罐道为 40 mm。

2）脱钩试验。在进行脱钩试验前，必须先进行不脱钩试验 3 次。在检查试验结果符合要求后，再进行脱钩试验。

4.5.1.3　钢丝绳

矿井提升钢丝绳是连接提升容器和提升机、传递动力的重要部件。但钢丝绳最容易损坏，是提升安全最薄弱的环节，应特别重视。

应正确使用、维护与检查提升钢丝绳，以延长钢丝绳的寿命，及时掌握钢丝绳的状况，确保提升安全。

A　钢丝绳的使用与维护

钢丝绳的使用与维护工作包括：

（1）除用于倾角 30°以下的斜井提升物料的钢丝绳外，其他提升钢丝绳和平衡钢丝绳在使用前应进行试验，经过试验的钢丝绳，贮存期不得超过 6 个月。

（2）对提升钢丝绳（用于摩擦轮式提升机的除外）的试验，升降人员或升降人员和物料用的钢丝绳自悬挂时起，每隔 6 个月试验 1 次；有腐蚀气体的矿山，3 个月试验 1 次。升降物料用的钢丝绳自悬挂时起，第一次试验的间隔时间为 1 年，以后每隔 6 个月试验 1 次。悬挂吊盘用的钢丝绳自悬挂时起，每隔 1 年试验 1 次。

（3）钢丝绳应满足安全规程规定的卷筒直径与钢丝绳直径的比值要求，以控制其弯曲疲劳应力。

（4）钢丝绳在卷筒上排列要整齐，运行时要保持平稳，不跳动、不咬绳。

（5）钢丝绳在使用过程中应注意润滑，应定期对钢丝绳进行涂油。润滑钢丝绳用油要求黏稠性能好，振动、淋水甩冲不掉，最好采用专用的钢丝绳油。

（6）对钢丝绳应定期进行斩头，原因是绳头部分的钢丝绳损坏较为严重。同时也要适时调头，增加钢丝绳的使用寿命。其斩头和调头的期限，应根据各单位不同使用条件和钢丝绳损坏情况而定。

（7）斜井提升中，井筒的地滚轮应齐全，转动灵活，道床堆积物要及时清除，以减少钢丝绳的磨损。

（8）井筒内应尽量减少淋水，保持干燥，以避免钢丝绳的锈蚀。

（9）要仔细运输、存放及悬挂钢丝绳，启动、停车、加（或减）速要平稳，注意卷筒及天轮衬垫情况，加强对钢丝绳的维护。

B　钢丝绳的检查

钢丝绳的检查内容包括：

（1）新钢丝绳到货后应检查有无厂家合格证书、验收证书等资料；有无锈蚀和损伤，不符合要求的不准使用。升降人员的钢丝绳要按安全规程的规定进行试验。

（2）对提升钢丝绳应每日检查 1 次，每周进行 1 次详细检查，每月进行 1 次全面检查。采用慢速运行对钢丝绳进行外观检查，同时可用手将棉纱围在钢丝绳上，如有断丝则断丝头会把棉纱挂住。要尤其注意检查绳头端和容易磨损段，还要注意不得漏检。

（3）钢丝绳在遭受卡罐或突然停车等猛烈拉力时，应立即停车检查。若发现钢丝绳受到损伤，或钢丝绳延长 0.5%或直径缩小 10%时均须更换。

（4）钢丝绳的检查工作要由专人负责，并要做好检查记录。

4.5.2 井口安全设施

为保证提升作业的安全，防止发生人身伤亡或设备事故，在罐笼提升系统中井口必须装设必要的安全设施。

4.5.2.1 井口安全门

在地面及各中段井口必须装设安全门，以防人员进入危险区域，发生人员或设备坠井事故。安全门应开启灵活，具有可靠的防护作用，其操作方式有手动、罐笼带动、气动、电动等多种。安全门只允许在上、下罐作业时打开，其他时间都处于关闭状态。

4.5.2.2 井口阻车器

为预防矿车落入井筒，在罐笼提升的井口车场进车侧，必须装设阻车器，并要保持其动作灵活、可靠。阻车器的操作方式有手动、气动、液压及利用罐笼升降、矿车运行等为动力来传动的方式。按其结构有阻车轮、阻车轴等类型，阻车轮类是最常用的。各种阻车器通常均装有弹簧缓冲装置，以吸收矿车的撞击能量。为使矿车不致倾覆或掉道，矿车驶近阻车器的速度不能太快。

井口阻车器要与罐笼停止位置相联锁，罐笼未到达停止位置，阻车器不能打开。

4.5.2.3 承接装置

在罐笼提升的各井口，为便于矿车出入罐笼，使用罐笼承接装置。承接装置可分为下列3种形式：

(1) 承接梁。承接梁是一种最简单的承接装置。但仅用于井底水平，且易发生墩罐事故，不宜用于升降人员。

(2) 托台（罐座）。托台是一种利用其活动托爪承接罐笼的机构，平时靠平衡锤使托爪处于打开位置，操纵手柄（或气动、液动）可使托爪伸出。停罐时，要求罐笼先高于正常停罐位置，伸出托爪，再将罐笼下放至托爪上。当下放罐笼时，要求先将罐笼提至某一位置，收回托爪，然后继续下放。使用托台能使罐笼停车位置准确，便于矿车出入，推入矿车时产生的冲击负荷由托爪承受，钢丝绳不承受。但当操作失误或其他意外情况致使托爪伸出时，将会造成墩罐和撞罐事故，因此提升人员时不准使用托台。

(3) 摇台。摇台是由能绕轴转动的两个钢臂组成。平时摇臂抬起，当罐笼到达停车位置时，用其两根活动摇臂的轨尖搭在罐笼的底板上，将罐笼内轨道与车场轨道连接起来，以便矿车进出罐笼。摇台可用手动、气动和液压操纵。

使用摇台可缩短停罐作业时间、简化提升过程，由于有活动的轨尖，一旦因意外摇台落下，轨尖被打翻而不会影响罐笼安全通过，不会造成墩罐事故。因此摇台应用范围广，井底、井口及中段车场都可使用。摇台的调节高度受摇臂长度的限制，因此对停罐的准确性要求较高，这是摇台的不足之处。

无论使用摇台或托台，都应与提升机或提升信号闭锁，以免发生冲撞事故。

4.5.3 竖井提升的安全信号和保护装置

提升机又称绞车或卷扬机，是矿井提升的主要设备，它的安全可靠运行是矿井提升安全的重要保证。

4.5.3.1 提升机类型和提升原理

提升机按照卷筒的特点可分为单绳缠绕式提升机和多绳摩擦式提升机。缠绕式提升机又分为单卷筒提升机和双卷筒提升机。双卷筒提升机中每个卷筒上固定一根钢丝绳，两根钢丝绳按相反方向缠绕于卷筒。因此卷筒往同一方向旋转时，两绳一缠一放，使两个绳端的容器上、下运动。

单绳缠绕式提升机按其卷筒直径的不同可分为大型与小型两类。一般卷筒直径在 2 m 及以上的称为矿井提升机或大绞车、大卷扬机。卷筒直径在 2 m 以下的称为小型提升机或小绞车、小卷扬机。

多绳摩擦式提升机的工作原理与单绳缠绕式提升机显著不同，它的钢丝绳不是缠绕在卷筒上，而是搭在主导轮上，钢丝绳（4 根或 6 根）两端各挂一个提升容器（或一端悬挂容器，另一端悬挂平衡锤），借助于主导轮上的衬垫与钢丝绳之间的摩擦力来拖动钢丝绳，使容器移动，从而完成提升和下放重物的任务。多绳摩擦式提升机具有体积小、重量轻、提升能力强、安全性能好等优点，适用于深井提升。

4.5.3.2 提升信号装置

为统一指挥提升作业和保障人员、设施的安全，在竖井提升中，必须装设声光兼备的信号系统。对于罐笼提升，须设有能从各个中段发给井口总信号工转给提升司机的信号装置。井口信号与提升机之间要设闭锁装置。提升信号和系统一般应包括：（1）工作执行信号；（2）各个中段分别提升的指示信号；（3）不同种类货物提升信号；（4）检修信号；（5）事故信号；（6）询问信号（无联系电话时）。

对于箕斗提升的信号系统应包括（1）（2）（5）（6）等信号。信号装置的信号均应声光兼备。此外，还应装设辅助信号系统，并装设调度电话。

井下各中段可设直接向卷扬机司机发出信号的情况有：（1）紧急事故停车；（2）用箕斗提升矿石和废石；（3）用罐笼提升矿石和废石，但必须由井口总信号工转换灯光信号给卷扬机司机后，才能接通直发信号。

除上述情况外，罐笼提升的其余信号必须经过井口总信号工转发。

为了便于卷扬机司机辨别，各中段发出的信号要有所区别。卷扬机司机未弄清信号用途时，应停止升降。虽然设置上述一系列要求，但在信号传送中发生差错而造成的事故仍不时出现，尤其是大夜班司机和信号工长时间全神贯注，极易疲劳，因而发错或听错信号的情况容易发生。卷扬机信号显示仪可避免发错或听错信号。因为信号显示仪不仅有耳听铃声的声音通道，还有直接显示信号的目视通道，提高了信号发送、接收的可靠性。此外，信号显示系统具有记忆能力，便于信号工和卷扬机司机进行校对。信号显示仪与卷扬机主控回路闭锁，可保证卷扬机只能根据信号要求的方向行驶。

4.5.3.3 安全装置及相关安全要求

A 卷筒缠绕及相关安全要求

钢丝绳在卷筒上缠绕后，会对卷筒产生缠绕应力，缠绕应力过大会造成筒壳变形损坏。为使筒壳应力分布均匀，需在筒壳外面装设衬木，并在上面刻有绳槽，以使钢丝绳排列整齐。为限制缠绕应力和避免跳绳、咬绳，规定缠绕层数在两层以上时，卷筒边缘距最外一层钢丝绳的高度不小于钢丝绳直径的 2.5 倍；钢丝绳由下层转到上层临界段（相当于

1/4 绳圈长）必须经常加以检查，每季度应将钢丝绳移动 1/4 绳圈的位置。

钢丝绳的绳头必须牢固地固定在卷筒上，要有特制的卡绳装置，不得将钢丝绳系在卷筒轴上；穿绳孔不得有锐利的边缘和毛刺，曲折处的弯曲不得形成锐角，以防钢丝绳变形；卷筒上必须留有三圈绳作摩擦圈，以减轻钢丝绳与卷筒连接处的张力。

B 制动装置及相关安全要求

制动装置是提升机的关键，必须非常可靠。安全制动要求在紧急情况下能自动可靠地进行制动，因此必须借助电磁铁的失电，使机构动作，靠重力或弹簧力实行制动，同时要切断电机的电源，使提升机安全停车。

小型提升机制动装置检查、维修的内容及要求主要有：

（1）制动装置的动作必须灵活可靠；各传动杆件不变形、没有裂纹，紧固件不得松劲；各销轴不松旷、不缺油，开口销齐全。

（2）闸与闸轮的间隙应保持在 2 mm 以内；闸把的工作行程不超过全行程的 3/4。

（3）闸带无断裂，磨损余厚不小于 3 mm；闸木磨损后，由固定螺栓顶端到闸木曲面的距离不小于 5 mm，否则必须更换。闸带与闸瓦必须用铜或铝铆钉联结，否则易磨坏闸轮。

C 过卷保护装置及相关安全要求

矿井提升过卷保护装置是指防止提升容器到达井口工作标高后失去控制继续上升造成过卷事故的保护装置。过卷事故是矿井提升系统中危害较大的事故之一，严重时可能撞坏井架，拉断提升钢绳，引起坠罐或墩罐。这类事故往往将井架拉坏，甚至将钢丝绳拉断而使提升容器坠落。当提升容器下放到井底而未减速停车，与井底承接装置或井窝发生撞击而造成的事故称为墩罐事故，实际上也是下放过卷事故。双钩提升时，过卷与墩罐同时发生。

为防止提升容器过卷后因惯性继续上升而冲撞井架，要设定合适的过卷高度，其要求如下：

（1）提升速度小于 3 m/s 的罐笼，过卷高度不得小于 4 m。

（2）提升速度不小于 3 m/s 的罐笼，过卷高度不得小于 6 m。

（3）凿井时用吊桶提升，过卷高度不得小于 4 m。

（4）应按要求检验过卷保护装置动作是否可靠，位置是否准确。应分别对安装在井架和深度指示器上的过卷开关进行试验。

D 限速保护器及相关安全要求

限速保护装置起两个作用，一是防止提升机超速；二是限制提升容器到进井口时的速度，以防因速度太快使制动距离过大造成事故。为此，安全规程要求限速保护装置：当提升速度超过正常最大速度的 15% 时，使提升机自动停止运转，实现安全制动；当最大提升速度超过 4 m/s 时，能保证提升容器在到达井口时的速度不超过 2 m/s。

现阶段主要使用电磁式限速保护装置，它主要由测速发电机和控制电器组成，当实际速度超过给定速度时装置就进行动作，从而实现限速保护。小型提升机提升速度不高、结构较简单，一般都不配置限速保护装置。

4.5.4 安全间隙

为防止容器在提升过程中发生碰撞等事故，容器与井壁或罐道梁之间的最小安全间隙必须符合表 4-1 的规定。

表 4-1 竖井内提升器具间的最小安全间隙 （mm）

罐道和井梁布置		容器和容器之间	容器和井壁之间	容器和罐道梁之间	容器和井梁之间	备 注
罐道布置在容器一侧		200	150	40	150	罐道和导向槽之间为 20
罐道布置在容器两侧	木罐道	—	200	50	200	有卸载滑轮的容器，滑轮和罐道梁间隙增加 25
	钢罐道	—	150	40	150	
罐道布置在容器正门	木罐道	200	200	50	200	
	钢罐道	200	150	40	150	
钢丝绳罐道		450	350	—	350	设防撞绳时，容器之间最小安全距离间隙为 200

4.5.5 斜井运送人员安全要求

为减轻矿山从业人员的体力消耗，缩短行走时间，在斜井距离较长、垂直高度较大时，应采用机械来运送人员。

4.5.5.1 斜井人车

斜井人车是专供运送人员上、下用的，其本身不带动力，用提升机钢丝绳牵引，由跟车的司机发送信号指挥提升机司机开车。

人车上装有断绳防坠器，当发生断绳或连接器脱钩等事故时，能自动平稳地停止人车。断绳防坠器也可用手操纵。人车断绳防坠器主要有插爪式和抱轨式两种。人车的防坠器要按有关规定进行检查和试验，定期进行维修、调整，使其动作灵活可靠。

4.5.5.2 人车信号

为保证乘车人员能随时与提升机司机取得联系，必须安装在运行途中任何地点都能发出紧急信号的声、光信号装置。多水平提升时，各水平的信号必须有所区别，以便提升司机辨认。所有收发信号的地点都要悬挂明显的信号牌。人车信号装置主要有有线式和感应式两种。

4.5.5.3 乘车安全

乘车人员要遵守人车管理制度，听从人车司机和管理人员的指挥，不得拥挤，不得超员乘坐，在指定地点上、下车；井口和各车场要设立候车室，候车人员要待车上人员下完后才能上车，上车后应关好车门，挂好车链；人车司机要由责任心强、经过培训且考试合格的人员担任。

———— **本 章 小 结** ————

本章详细介绍了地下矿山运输系统的安全问题，突出了矿石、废石、设备和人员的运输和提升对矿山整体安全和生产效率的重要性。运输提升为矿山开发不可或缺的环节，其顺畅运行直接关系到矿山生产的高效性。各种物资和人员运输在地下矿山生产过程中起着关键作用，从采掘到矿仓、选厂，再到废石场，以及设备、器材和作业人员的上、下班，都离不开运输和提升工作。矿山运输提升方式的选择取决于矿床的开采方法、开拓方式及经济技术条件。主要运输提升设备的选用直接影响开采、开拓方案的确定。本章的最后详细介绍了矿山运输过程中涉及的相关安全内容，包括作业人员的安全、设备的安全、运输井巷的安全等。

通过系统学习，读者能全面了解地下矿山运输系统的复杂性，并在实际工作中灵活应对各种安全事故。

复习思考题

4-1 若某矿山运输线路设计行车速度为 1.6 m/s，该车轴距为 1 m，则该段线路拐弯地带曲线半径应不小于多少米？

4-2 车辆行驶速度有哪些要求？

4-3 行人在巷道内行走时有哪些注意事项？

4-4 电机车安全行车管理规定有哪些？

4-5 井下使用内燃无轨运输设备应遵守哪些规定？

4-6 请阐述使用吊桶升降人员时的相关安全规定。

4-7 防坠器是什么？它由什么组成，有哪些类型？

4-8 过卷保护装置是什么，有什么作用？过卷高度应如何确定？

5 供电系统安全

本章提要

机电设备是现代化企业生产必需的技术设备，在矿山生产中离不开采掘、运输、提升、通风、排水、破碎、选矿和变配电等各种电气与机械设备。但机电设备有时会因为使用不当而造成损坏，从而影响矿山的正常生产，甚至发生各种电气伤害事故。所以，掌握电气安全技术对充分发挥设备的效能、保障作业人员安全、做好矿山安全生产至关重要。本章将介绍矿山生产中常见的电气安全相关内容。

5.1 矿山供配电

5.1.1 基本要求

5.1.1.1 供电可靠性

对矿山企业的重要负荷，如主要排水、通风与提升设备，一旦中断供电，可能发生矿井淹没、有毒有害气体聚集或停罐甚至坠罐等事故。采掘、运输、压气及照明等中断供电，也会造成不同程度的经济损失或人身安全事故。根据对供电可靠性要求的不同，可将矿山电力负荷分为以下 3 级：

(1) 一级负荷。凡因突然中断供电引起危及人员生命安全、重要设备损坏报废，造成重大经济损失的，均属一级负荷。例如，因事故停电有淹没危险的矿井主排水泵，有火灾、爆炸危险或含有对人体有生命危害气体的地下矿的通风机，无平硐或其他安全出口的竖井载人提升机，金矿选厂的氰化搅拌池。一级负荷应采用两个独立的线路供电，其中任何一条线路发生故障，其余线路的供电能力应能担负全部负荷。

(2) 二级负荷。凡因突然停电引起严重减产，造成重大经济损失的，属二级负荷。例如，露天和地下矿山生产系统的主要设备，因事故停电有淹没危险的露天矿的主要排水设备，以及高寒地区采暖锅炉房的用电设备等。二级负荷的供配电线路一般应设一回路专用线路；有条件的矿山，可采用两回线路。

(3) 三级负荷。凡不属于一级和二级负荷的，属三级负荷。例如，小型矿山的用电设备（属一级负荷的除外），以及矿山的机修、仓库、车库等辅助设施等。三级负荷一般采用单回路专线供电。

5.1.1.2 供电安全

矿山生产的工作环境特殊，必须按照安全规程的有关规定进行供电，确保安全生产。

5.1.1.3 供电质量

供电质量是衡量供电的电压和频率是否在额定值和允许的偏差范围内，因此用电设备在额定值下运行时性能最好。供电电压允许偏移范围为±5%，电压偏移增大时，用电设备性能恶化，严重时会损坏设备。

5.1.1.4　供电经济

从降低供电设施、器材的建设投资和减少供电系统中的电能损耗及维护费用等方面考虑，以求供电的经济性。

5.1.2　电压等级

矿山供配电电压和各种电气设备的额定电压等级如下：

（1）露天矿和地下矿地面高压电力网的配电电压一般分别采用6 kV和10 kV。井下高压配电的电压一般为6 kV。

（2）露天矿场和地下矿山的地面低压配电电压一般分别采用380 V和380/220 V。井下低压网路的配电电压，一般采用380 V或660 V。

（3）照明、运输巷道、井底车场的电压应不超过220 V，采掘工作面、出矿巷道、天井和天井至回采工作面之间的电压应不超过36 V，行灯或移动式电灯的电压应不超过36 V。

（4）携带式电动工具的电压应不大于127 V。

（5）电机车供电电压采用交流电源的电压应不超过380 V，采用直流电源的电压应不超过550 V。

（6）在金属容器和潮湿地点作业时，其安全电压不得超过12 V。

5.2　触电伤害与安全电压

5.2.1　触电伤害的形式与种类

触电伤害的形式可分为电击和电伤。电击是指电流通过人体时对人体内部造成的综合性伤害，是触电伤害的主要形式。电伤是指电流对人体外部造成的局部伤害，如电弧烧伤、电流灼伤等。电击和电伤这两种伤害也可能同时发生，这在高压触电事故中是常见的。

触电伤害按人体是否接触正常情况下带电的物体可分为直接触电和间接触电。人体与带电物体直接接触形成的触电伤害称为直接触电。人体触及正常不带电而由故障原因造成的意外带电物体而发生的触电称为间接触电。间接触电又可分为接触电压触电和跨步电压触电。大部分触电事故是由设备绝缘损坏而产生的接触电压造成的。

5.2.2　安全电压

安全电压是防止触电事故而采用的特定供电电压，它是根据人体电阻、安全电流和环境条件制定的。详细内容如下：

（1）人体电阻。人体电阻包括体内电阻和皮肤电阻。正常状态下，人体电阻为10～100 kΩ。皮肤在潮湿、多汗、受伤出血的情况下，人体电阻会显著下降到800～1000 Ω。此外，施加电压增高，电流持续时间增长，也会导致人体电阻的下降。一般在电气安全工程计算中，人体电阻取值为 1000 Ω。

（2）安全电流。许多国家规定安全电流的数值不一样，我国取 30 mA 为极限安全电流。安全电流随工作环境条件变化，如在高空作业或水面上作业，可能因电击导致摔死、淹溺等事故，这时的安全电流值应降至 5 mA。

（3）安全电压。根据安全电流和人体的计算电阻得出，安全电压约为 30 V。国家标准规定的安全电压额定值的等级为 42 V、36 V、24 V、12 V、6 V。

矿井的采掘工作面和天井照明的电压应采用 36 V，行灯电压应不大于 36 V。应该注意，井下电压 36 V 的照明线路也应有良好的绝缘。某矿山曾经发生过电压 36 V 的照明线路触电致死的事故。

5.3　电气安全保护

5.3.1　中性点接地方式

供电系统的电源变压器中性点的接地方式，对电气保护方案的选择和电网的安全运行关系极大。低压供电系统一般有两种供电方式，一种是将配电变压器中性点通过金属接地体与大地相接，称为中性点直接接地方式（见图 5-1（a））；另一种是将配电变压器中性点与大地绝缘，称为中性点不接地方式（见图 5-1（b））。这两种接地方式各有短长，适合不同的使用场所，并要有相应的电气保护装置才能保证电网安全运行。

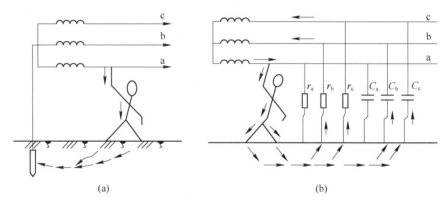

（a）　　　　　　　　　　　（b）

图 5-1　中性点直接接地触电（a）和中性点不接地触电（b）

a，b，c—三相电流线；r_a，r_b，r_c—三相电流线对应的电阻；C_a，C_b，C_c—三相电流线对应的电容

中性点不同的接地方式对应不同的接地系统，其主要特点如下：

（1）当人触及电网一相时，中性点接地系统危险性较大；中性点不接地系统只要保持较高的对地绝缘电阻和限制过大的电容电流，对人体触电的危险就小得多。

（2）当电网一相接地时，中性点接地系统即为单相短路，短路点将产生很大的电弧；短路电流在大地流通时，易引起电雷管爆炸事故。中性点不接地系统接地电流较小，相对较安全。

（3）以架空线路为主、比较分散的低压电网，要维护很高的绝缘电阻是很困难的，尤其是在雨雪天，当线路绝缘降低到一定程度后即失去中性点不接地的优点。矿山井下环境恶劣，对安全用电要求很高，为此，安全规程规定井下配电变压器及金属露天矿山的采场内不得采用中性点直接接地供电系统；地面低压供电系统及露天矿采场外地面的低压电气设备的供电系统，一般都采用中性点直接接地系统。

在许多小矿山，井上、下共用一台变压器，为能符合安全规程要求，需采用中性点不接地的方式，并要保持网路的绝缘性能。为避免和减轻高压窜入低压的危险，要将中性点通过击穿保险器同大地可靠地连接起来，或在三相线路上装设避雷器。

5.3.2　接地和接零

运行中的电气设备可能由于绝缘损坏等原因，它的金属外壳及与电气设备相接触的其他金属物上会出现危险的对地电压。人体接触后，有可能发生触电危险。为避免触电事故的发生，最常用的保护措施是保护接地和保护接零。

5.3.2.1　保护接地

保护接地是把正常情况下不带电的电气设备的金属外壳（电动机、变压器、电器及测量仪表的外壳）、配电装置的金属构件、电缆终端盒与接线盒外壳等与埋设在地下的接地装置用金属导线连接起来，使泄漏的电流导入地下，来防止人员触电的措施。保护接地适用于中性点不接地系统，也可在安装电流动作型漏（触）电保护器的中性点接地的系统中使用。

矿井内部保护接地措施有：

（1）矿井内所有电气设备的金属外壳及电缆的配件、金属外皮等都要接地。巷道中接地电缆线路的金属构筑物等也要接地。

（2）在井下，应设置局部接地极的地点有：1）装有固定电气设备的硐室和单独的高压配电装置；2）采区变电所和工作面配电点；3）铠装电缆每隔长度约100 m应就地接地一次，遇到接线盒时应接地。

（3）矿井电气设备保护接地系统的一般规定有：1）所有需要接地的设备和局部接地极都应与接地干线连接。接地干线应与主接地极连接，形成接地网。2）移动和携带式电气设备，应采用橡套电缆的接地芯线接地，并与接地干线连接。3）所有应接地的设备要有单独的接地连接线，禁止将几台设备的接地连接线串联连接。4）所有电缆的金属外皮（无论使用的电压高低）都应有可靠的电气连接，以构成接地干线。无电缆金属外皮可利用时，应另敷设接地干线。

（4）支段的接地干线都应与主接地极相接。敷设在钻孔中的电缆若不能与矿井接地干线连接，应将主接地板设在地面。钻孔套管可用作接地极。

（5）主接地极应设在矿井水仓或积水坑中，且不应少于两组。局部接地极可设于积水坑、排水沟或其他适当地点。

5.3.2.2　保护接零

在380/220 V的三相四线制中性点接地系统中，把设备正常不带电的外壳与中性点接地的零线连接，称为保护接零。在中性点接地系统中，如果仅仅采取保护接地装置（见图5-2），当某相发生碰壳短路时，短路电流往往不能通过电流保护装置而长期存在，人体处在与保护接地装置并联的状态，这对人体也是很危险的。因此，中性点接地系统要采用保护接零。如果装设电流动作型漏（触）电保护器便能将一定数值的漏电流可靠切除，则在中性点接地系统中采用保护接地也能保障安全。

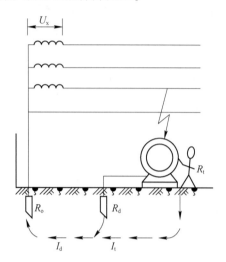

图 5-2　中性点接地保护装置

U_x—三相电流线的电压；R_o，R_d，R_t—接地电阻、物体电阻、人体电阻；I_d，I_t—对物的电流和对人的电流

5.3.2.3　电气设备保护装置安装要求

电气设备保护装置安装要求如下：

（1）在同一低压电网中，不允许将一部分电气设备采用保护接地，而另一部分采用保护接零。

（2）接地（接零）装置一定要牢固可靠；接地线的截面不能过小，要有足够的机械强度；接地导线的连接必须良好，应采用螺栓紧固和焊接。

（3）保护接地和工作接地（变压器的中性点接地）的接地电阻不超过 4 Ω；容量为 100 kV·A 及以下变压器的接地电阻不超过 10 Ω；零线的重复接地电阻不超过 10 Ω，容量 100 kV·A 及以下者不超过 30 Ω。

（4）接地装置要经常检查，及时维护，接地电阻每年应测定一次。

5.3.3　继电保护

电力系统发生故障或出现异常现象时，为将故障部分切除，或防止故障范围扩大，减少故障损失，保证系统安全运行，需要利用一些电气自动装置来保护。自动装置的主要器件是继电器，装有继电器的保护装置称为继电保护装置。继电保护的作用是：

（1）当电力系统发生足以破坏设备或危及安全运行的故障时，要使被保护设备快速脱离系统。

（2）当电力系统或某些设备出现非正常情况时，及时发出警报信号以使工作人员迅速处理，使之恢复正常工作状态。

（3）在电力系统的自动化及工业生产的自动控制（如自动重合闸，备用电源自动投入，遥控、遥测、遥信等）中，继电保护是重要的控制元素。

5.3.4　漏电保护

当电路或电气装置不良，使带电部分与地接触，引起人身伤害、损坏设备及发生火灾危险时，漏电保护装置可将电源切断。漏电保护装置主要有电压型与电流型两种。

　　井下低压电网的漏电保护装置，一般是在电源端装设一台漏电继电器，对电网绝缘进行监视。当电网绝缘下降（漏电）到一定数值或接地时，漏电继电器就会动作，并在极短时间内将电源总开关自动切断。当人体触电时，漏电继电器也将动作。漏电保护器如图 5-3 所示。

　　漏电保护的使用范围主要有：

　　（1）防触电、防火要求较高的场所和新、改、扩建工程使用低压用电设备、插座。

　　（2）手持式电动工具（除Ⅲ类外）、其他移动式机电设备，以及触电危险性大的用电设备。

　　（3）潮湿、高温、金属占有系数大的场所及其他导电良好的场所。

　　（4）应采用安全电压的场所，不得用漏电保护器代替。若使用安全电压确有困难，须经企业安全管理部门批准，方可用漏电保护器作补充保护。

图 5-3　漏电保护器

　　（5）额定漏电保护动作电流不超过 30 mA 的漏电保护器，在其他保护措施失效时，可作直接接触的补充保护，但不能作唯一的直接接触保护。

　　（6）选用漏电保护器应根据保护范围、人身设备安全和环境要求确定。一般应选用电流型漏电保护器（见图 5-3）。

　　（7）当漏电保护器进行分级保护时，应满足上、下级动作的选择性。一般上一级漏电保护器的额定漏电动作电流应不小于下一级漏电保护器的额定漏电动作电流，或是所保护线路设备正常漏电电流的 2 倍。

　　（8）在不影响线路、设备正常运行的条件下，应选用漏电动作电流和动作时间较小的漏电保护器。

　　（9）在需要考虑过载保护或有防火要求时，应选用具有过电流保护功能的漏电保护器。

　　（10）在爆炸危险场所，应选用防爆型漏电保护器；在潮湿、水汽较大的场所，应选用密闭型漏电保护器；在粉尘浓度较高的场所，应选用防尘型或密闭型漏电保护器。

5.3.5　过电流保护

　　过电流是指电气设备或线路的电流超过规定值，有短路和过载两种情况。短路和过载都将使电气设备或线路发热超过允许限度，引起绝缘损坏，设备或线路烧毁，甚至引起火灾事故。为保障安全、可靠供电，电网或用电设备应装设过电流保护装置，当电网发生短路或过载故障时，过电流保护装置将会进行动作，迅速、可靠地切除故障，避免造成严重后果。

　　常用的过电流保护装置有熔断器、热继电器、电磁式过电流继电器。熔断器主要用来保护电气设备及线路的短路，对于照明负荷，也可用作过载保护。热继电器是一种利用双金属片在通过电流时产生热量，使其温度升高，发生变形，使触电动作的元器件分离，来保护电气设备过载的保护装置。电磁式过电流继电器是一种利用电流产生磁力使开关自动切断的装置。

5.3.6　防雷电保护

雷是一种大气中的放电现象。这种放电的时间很短促、电流极大，放电时温度可达20000 ℃，放电的瞬间出现耀眼的闪光和震耳的轰鸣，具有强大的破坏力，可在瞬间击毙人、畜，焚毁房屋和其他建筑物，毁坏电气设备的绝缘，造成大面积、长时间的停电事故，甚至造成火灾和爆炸事故，危害十分严重。

防雷包括电力系统的防雷和建筑物与其他设施的防雷，主要措施是采用避雷针（线、网）和避雷器。

避雷针及避雷线和避雷网能保护建（构）筑物和高压输电线路等免受雷击。烟囱、水塔、井架和高大的建筑物及存有易燃、易爆物质的房屋（如炸药库、油库等）上，应装设避雷针（线、网）。避雷针的接地要牢靠，接地电阻一般不应超过 10 Ω。

避雷器是用来限制电力系统过电压幅值，以保护电气设备的过电压保护装置。避雷器通常顶端接电气线路，底端接地，平时有很大的电阻，类似绝缘体，在正常状态下不致漏电。一旦线路上产生过电压时，避雷器会被击穿而成为导体，在线路和大地间放电，使线路和设备免遭损坏。当电压消失时，避雷器停止放电，电阻恢复原来的数值。避雷器有管型避雷器和阀型避雷器两种类型，如图5-4所示。

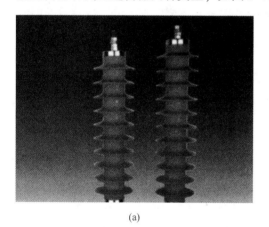

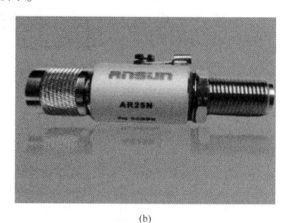

(a) 　　　　　　　　　　　　　　　　(b)

图 5-4　管型避雷器（a）和阀型避雷器（b）

5.4　矿山电气安全基本措施

矿山电气安全基本措施如下：

（1）直接触电防护措施指防止人体各个部位触及带电体的技术措施。直接触电防护措施主要包括绝缘、屏护、安全间距、设置障碍、安全电压、限制触电电流、电气联锁、漏电保护器等防护措施。其中，限制触电电流是指人体直接触电时通过电路或装置，使流经人体的电流限制在安全电流范围以内，这样既可保证人体的安全，又使通过人体的短路电流大大减少。

（2）间接触电防护措施主要包括保护接地或保护接零、绝缘、采用Ⅱ类绝缘电气设备、电气隔离等电位连接、构建不导电环境、加强绝缘等防护措施。其中，前三项是最常用的方法。

（3）电气作业安全措施指人们在各类电气作业时保证安全的技术措施。电气作业安全措施主要有电气值班安全措施、电气设备及线路巡视安全措施、倒闸操作安全措施、停电作业安全措施、带电作业安全措施、电气检修安全措施、电气设备及线路安装安全措施等。

（4）电气安全装置主要包括熔断器、继电器、断路器、漏电开关、防止误操作的联锁装置、报警装置、信号装置等。

（5）电气安全操作规程主要有高压、低压、弱电系统电气设备及线路操作规程，特殊场所电气设备及线路操作规程，家用电器操作规程，电气装置安装工程施工及验收范围规程等。

（6）电气安全用具主要有起绝缘作用的绝缘安全用具，起验电或测量作用的验电器或电流表、电压表，防止坠落的登高作业安全用具，保证检修安全的接地线、遮拦、标志牌和防止烧伤的护目镜等。

（7）电气火灾消防技术指电气设备着火后，必须采用的正确灭火方法、器具、程序及要求等。

（8）电气作业安全管理组织电气安全专业性监督检查，及时发现并消除隐患和不安全因素。做好触电事故急救工作，及时处理电气事故，做好电气安全档案管理。做好电气作业人员（电工）的管理工作，如上岗培训、专业技术培训考核、安全技术考核、档案管理等。

5.5 电气工作安全措施

在电气设备、线路检修及停送电等工作中，为确保作业人员的安全，应采取必要的组织措施和技术措施。

5.5.1 组织措施

电气安全工作的组织措施具体有：

（1）工作票制度。工作票是准许在电气设备或线路上工作及进行停电、送电操作的书面命令。工作票上要写明工作任务、工作时间、停电范围、安全措施、工作负责人等。同时，签发人和工作负责人要在工作票上签字。签发人必须根据工作票的内容安排好各方面的协调工作，避免误送电。除按规定填写工作票外，其他工作或紧急情况可用口头或电话命令。口头或电话命令要清楚，并要有记录。紧急事故处理可不填工作票，但必须做好安全保护工作，并设专人监护。

（2）工作许可制度。工作票签发人由熟悉人员技术水平、设备情况、安全工作规程的生产领导人或技术人员担任。工作票签发人的职责范围为：明确工作必要性和安全性，工作票上所填安全措施是否正确、完备，所派工作负责人和工作班人员是否恰当和足够，工作票签发人不得兼任该项工作负责人。工作负责人可以填写工作票。工作许可人不得签发工作票。工作许可人的职责范围为：负责审查工作票所列安全措施是否正确完备，是否符合现场条件；负责检查停电设备有无突然来电的危险；对工作票所列内容即使有很小的疑问，也必须向工作票签发人询问清楚，必要时应要求进行详细补充。工作许可人在完成施工现场的安全措施后，还应会同工作负责人到现场检查所做的安全措施，以仪器检测来证明检修设备确无电压，对工作负责人指明带电设备的位置和注意事项，同工作负责人分别在工作票上签名。完成上述手续后，工作人员方可开始工作。

（3）工作监护制度。工作监护制度是保证人身安全及操作正确的重要措施，可防止工作人员麻痹大意，或对设备情况不了解造成差错，要随时提醒工作人员遵守有关的安全规定。如果发生事故，监护人员可采取紧急措施，及时处理，避免事故扩大。

（4）恢复送电制度。停电检修等工作完成后，立即整理现场，不得有工具、器材遗留在工作地点。等待全体工作人员撤离工作地点后，要把有关情况向值班人员交代清楚，并与值班人员再次检查，确认安全合格后，在工作票上填明工作终结时间。值班人员接到所有工作负责人的完工报告，并确认无误后，才能对设备或线路恢复送电。合闸送电后，工作负责人应检查电气设备和线路的运行情况，正常后方可离开。

5.5.2　技术措施

在电气设备和线路上工作，尤其是在高压场所工作，必须完成停电、验电、放电、装设接地线、悬挂警告牌、装设遮拦等保证安全的技术措施。

（1）停电：对所有可能来电的线路，要全部切断，且应有明显的断开点。要特别注意防止从低压侧向被检修设备反送电，要采取防止误合闸的措施。

（2）验电：对已停电的线路要用与电压等级相适应的验电器进行验电。

（3）放电：其目的是消除被检修设备上残存的电荷。放电可用绝缘棒或开关来进行操作。应注意线与地之间、线与线之间均应放电。

（4）装设临时接地线为防止作业过程中意外送电和感应电时，要在检测的设备和线路上装设临时接地线和短路线。

（5）悬挂警告牌和装设遮拦在被检修的设备和线路的电源开关上，应加锁并悬挂"有人作业，禁止送电"的警告牌。对于部分停电的作业，安全距离小于 0.7 m 的未停电设备，应装设临时遮拦，并悬挂"止步，高压危险"的标示牌等。

5.6　电气火灾消防技术

电气火灾消防技术包括：

（1）电气火灾发生后，电气设备可能是带电的，这对消防人员是非常危险的，可能会发生触电伤亡事故。因此，电气火灾发生后，无论带电与否，都必须首先切断电气设备的电源。

（2）电气设备本身有的是充油设备，如电力变压器、油断路器、电动机起动补偿器等。当火灾发生后，可能会发生喷油或爆炸，造成火焰蔓延，扩大火灾事故范围。因此，充油电气设备发生火灾时，如不能立即扑灭，应将油放进事故储油池内。

（3）当电气设备火灾发生后，应及时关闭有关的门窗、通道，以免火势蔓延。

（4）电气火灾发生后，现场电气人员一方面尽快切断电源，并组织人力用现场的灭火器材或其他可灭火的器材，按照火源的不同情况尽快灭火；另一方面尽快疏散在场的人员，并组织人力抢救有关财物，尽量减少损失。

（5）电气火灾发生后，若火势较大，现有灭火器材及人力难以扑灭时，应立即拨通火警电话"119"，说明地点、火情、联系方式。

（6）电气火灾发生后，若面积较大，必须做好警戒，封锁所有通道、路口，非消防人员禁止进入现场。

（7）消防人员进入现场后，火场的扑救工作由消防人员统一组织指挥，现场的电气工作人员及其他人员应听从指挥，主要是疏散物资、维持秩序、救护伤员等。千万不要乱拉消防水带、水枪或持灭火器、消防桶冲入火场，以减少不必要的损失。

（8）如果火场上的房屋有倒塌危险，或交配电装置及电气设备或线路周围的储罐、受压容器及扩散开来的可燃气体有爆炸危险时，警戒的范围要扩大，留在现场灭火的人员不宜太多，除消防人员外均应退到安全的区域。

（9）电气火灾被扑灭后，电气工作人员应及时清理现场、扑灭余火、恢复供电。恢复供电前必须进行一系列测试和试验，达不到标准要求时，严禁合闸送电。

灭火器按移动方式一般可分为手提式和推车式。手提式灭火器外形主要由钢瓶、压把、压杆、密封阀、虹吸管、保险销和喷嘴等组成（见图5-5）。使用时，先拔掉保险销，然后握紧压把开关，压杆就使密封间开启，在氮气压力作用下，灭火剂喷出。推车式灭火器一般由两人操作，使用时两人一起将灭火器推或拉到燃烧处，在离燃烧物约10 m处停下，一人快速取下喇叭筒并展开喷射软管后，握住喇叭根部的手柄，另一人快速按逆时针方向旋动手轮，并开到最大位置。

干粉灭火器（见图5-6）最常用的开启方法为压把法，将灭火器提到距火源适当距离后，先上下颠倒几次，使筒内的干粉松动，然后让喷嘴对准燃烧最猛烈处，拔去保险销，

图 5-5　手提式灭火器　　　　　图 5-6　干粉灭火器

压下压把，灭火剂便会喷出灭火。另外还可用旋转法。开启干粉灭火棒时，左手握在其中部，将喷嘴对准火焰根部，右手拔掉保险卡，顺时针方向旋转开启旋钮，打开贮气瓶，滞时 1~4 s，干粉便会喷出灭火。

5.7　矿山电气事故及其预防措施

5.7.1　矿山电气事故种类及其危害

矿山电气事故种类及其危害包括：

（1）电气设备及线路事故。由短路、过负荷、接地、缺相、漏电、绝缘破坏、振荡、安装不当、调整试验漏项或精度不够、维护检修欠妥、设计先天不足、运行人员经验不足、自然条件破坏、人为因素及其他原因导致电气设备及线路发生的爆炸、起火、人员伤亡、设备与线路损坏，以及由跳闸而停电造成的经济损失。

（2）电流及电击伤害事故。其指由电气设备及线路事故造成的，或由工作人员或其他人员违反操作规程、安全注意事项，以及教育不够、管理不力等因素造成的人身触电而引起的伤亡事故。

（3）电磁伤害事故。其指由于高频电磁场对人体的作用，使人吸收辐射能量，引起中枢神经功能系统紊乱失调及对心血管系统的伤害，同时对人情绪的影响及因害怕电磁辐射而引起的慌乱、心绪杂乱而造成的操作伤害事故。

（4）雷电事故。其指由自然界中的雷击而造成的毁坏建筑物、毁坏电气设备与线路及其引发的雷电直接对人、畜伤害事故和爆炸、火灾事故。

（5）静电伤害事故。其指生产过程中由于摩擦、高速等原因产生的静电放电而引起的爆炸、火灾及对人、设备的电击造成的伤害。

（6）爆炸、火灾危险场所因电气事故引发的爆炸火灾事故。其指爆炸、火灾危险场所由电气设备的危险温度或放电火花、电弧、静电放电等因素而引发的可燃性气体、易燃易爆物品的爆炸、着火，以及伴随的设备损坏和人身伤亡事故。这类事故有较大的危险性，会给生产带来毁坏性灾难及大量的人员伤亡，这类事故必须杜绝。

5.7.2　触电事故的原因及其预防措施

触电事故的原因及其预防措施如下：

（1）在变配电装置上触电这类事故的发生多为电气工作人员粗心大意、违章作业，没有执行工作票和监护制度，没有执行停电、验电、放电、装设接地线、悬挂标志牌及装设遮拦等规定，违反了安全操作规程所致。为防止发生这类事故，应严格执行安全操作规程，作业时落实安全组织措施和安全技术措施。

（2）在架空线路上触电这类事故多是由停电操作时，电气工作人员没有做好验电、放电及跨接临时接地线工作，或是带电作业时，带电作业安全措施不落实或监护不力所致。这类触电一般伴有摔伤。预防这类事故，应严格执行安全操作规程，作业时落实安全组织措施和安全技术措施。

（3）在架空线路下触电这类事故多发生于非电气工作人员，如高处作业误触带电导线，金属杆及潮湿杆件触及带电导线或吊车臂碰及导线，导线断落后误触或碰及人身。预防措施为当在架空线路下及周围作业时，必须做好防护措施，严禁在架空线路附近竖立高金属杆或潮湿杆件，遇到恶劣天气时应避开架空线路。

（4）电缆触电这类事故一般是由电缆受损或绝缘层被击穿、挖土时遭到碰击、带电情况下拆装移位、电缆头放炮等所致。预防措施包括加强巡视检查、定期进行检测，电缆禁止在电缆沟附近挖土，运行的电缆在检修时必须遵守操作规程，必须落实安全组织措施和安全技术措施。

（5）开关元件触电这类事故多由元件带电部位裸露、外壳破损、外壳接地不良，以及工作人员违反操作规程、粗心大意所致。预防措施有加强巡检、定期进行检修、严格执行安全操作规程及安全措施。

（6）盘、柜、箱触电。这类事故由设备本身制造上有缺陷或接地不良、安装不当所致，有的则为违反操作规程、粗心大意所致。预防措施有加强巡检、定期进行检修、严格执行安全操作规程及安全措施。此外，要加强盘柜制造的管理和监督，提高质量标准，满足防潮、防尘、防火、防爆、防触电、防漏电等要求，电气工作人员对有严重缺陷的盘柜可拒绝安装，并加强对盘柜的测试工作。

（7）携带式照明灯（手把灯）触电这类事故多由没有采用安全电压（36 V 以下）或行灯变压器不符合要求、错接等所致。预防措施有携带式照明灯安装后应测试其灯口的电压，非电气工作人员不得安装电气设备。

（8）手持电动工具、移动式电气设备、携带式电气设备触电这类事故发生多由设备本身破损漏电、接线错误或接地不良、导线破损漏电所致。预防措施包括加强手持、携带、移动电气设备的管理、维修保养，接线必须由有经验的电气工作人员进行操作，系统应安装漏电保护装置。

（9）电气设备金属外壳带电触电这类事故多由接地不良造成或电气设备的漏电跳闸、绝缘检查、保护装置选择不当、调整过大所致。预防措施包括系统接地必须良好，加强接地系统和线路的巡视检查及测试，及时修复，加强系统电气设备的巡视检查、维护和保养。

（10）生产工艺操作触电这类事故多由违反操作规程、设备线路陈旧待修、保护装置不完善、接地不良所致。预防措施有严格执行安全操作规程、加强日常维护和保养、调整保护装置。

—— 本 章 小 结 ——

本章详细介绍了矿山供电系统的安全问题，讲述了现代矿山所需的各类技术设备，以及这些设备在生产过程中的关键角色。从采掘到运输、再到通风、排水等环节，机电设备的正常运行对整个矿山的高效生产至关重要。机电设备的不当使用可能导致设备损坏，进而威胁矿山的正常运行和作业人员的安全。因此，掌握电气安全技术是确保设备效能、人员安全的基础。本章最后详细介绍了矿山生产中常见的电气安全相关内容。通过理解并贯彻这些安全原则，可有效预防电气事故，确保供电系统的可靠性和稳定性，最大限度地降低生产风险。

通过学习本章，读者可全面了解矿山供电系统的安全事故，提高对电气安全的认识，进而在实际工作中保障设备安全运行和人员的生命安全。

复习思考题

5-1 矿山电力负荷是如何分级的，分为哪些级？

5-2 根据矿山供配电电压和各种电气设备的额定电压等级内容，在金属容器和潮湿地点作业时，安全电压不得超过多少？

5-3 一般情况，我国极限安全电流是多少？若在高空作业，安全电流值又是多少？

5-4 井下配电变压器及金属露天矿山的采场内是否可以采用中性点直接接地的供电系统？

5-5 什么是保护接地？什么是保护接零？

5-6 常见的过流电保护装置有哪些？

5-7 矿山电气工作安全有哪些技术措施？

5-8 如何预防触电事故？

6 排水系统安全

本章提要

矿井排水系统是矿山井下必不可少的、主要的生产系统之一，其作用是将地下开采过程中涌出的矿井水及时、安全可靠、经济合理地排至地面，确保矿山井下作业人员的生命安全和矿井安全生产。若矿井排水系统不能正常发挥作用或存在安全隐患，轻则会影响矿井正常生产，给矿山带来一定的经济损失；重则会发生淹井事故，造成财产的巨大损失，甚至人员伤亡。因此，必须按照有关规定建立矿井排水系统并严加维修管理。

在矿井开采之前需要进行必要的矿区水文地质勘探，针对不同情况的水害进行防治，包括地面防治水、井下防治水、水体下采矿防治水和露天转井下水害防治等，应满足相应的规章要求。本章将介绍矿井生产及开采所涉及的排水系统相关安全内容。

6.1 矿井排水系统

矿井排水的过程一般指矿井内的水经排水沟流到井底车场，汇入水仓。水仓中的水通过泵房中的水泵和井筒中的水管排至地面。

每个矿井都必须及时绘制矿井排水系统图。排水系统图要反映各水平、各区域的涌水源、涌水量、流水线路、巷道硐室标高、水仓容量、排水设备和排水能力、排水管路及水闸门等，以便用于改善疏、排水系统和防止淹没井巷，在处理淹井事故时指导排水、堵水。

6.1.1 矿井排水的特点和要求

矿井涌水具有复杂性和危险性，且矿井结构布置不同，因而对矿井排水设备及泵房的要求比一般机电硐室严格。矿井排水具备的特点有：（1）排水设备具备较高的可靠性能，可保证井下涌水能及时排到地面；（2）矿井涌水在井下流动过程中混入和溶解了许多矿物质，含有一定数量的煤炭颗粒、流沙等杂质，所以要求排水设备具有较强的抗腐蚀性和耐磨性；（3）矿井排水设备的耗电量很大，一般占全矿井总耗电量的 25%～35%，有的矿井可达 40%，甚至更多。

根据《金属非金属地下矿山主排水系统安全检验规范》（AQ 2029—2010）可知，金属非金属地下矿山主排水系统的基本要求包括：

（1）机房（或硐室）的温度不应超过 30 ℃。

（2）机房（或硐室）作业场所照明设施完备，排水泵操作位置光照度不小于 15 lx。

（3）水泵司机值班位置噪声应不大于 85 dB(A)。

（4）电控设备、电动机外壳应可靠接地，接地电阻不大于 2.0 Ω。

（5）单台水泵的起动时间应不大于 5 min。

（6）振动级别按照《泵的振动测量与评价方法》（GB/T 29531—2013）中第 4 章规定的方法进行评价。在运行工况下，排水泵的振动级别分为 A、B、C、D 4 级，D 级为不合格。

（7）在运行工况下，排水泵噪声不应超过 90 dB(A)，并且无异常响声。

（8）在运行工况下，排水泵的实际转速与额定值间的偏差应不超过±5%。

（9）在运行工况下，电动机输入电流不应超过电动机的额定电流。

（10）工作泵和备用泵的联合排水能力要求应能在 20 h 内排出矿井 24 h 的最大涌水量。管路排水能力要求工作水管和备用水管的联合排水能力，应能配合工作泵和备用泵在 20 h 内排出矿井 24 h 的最大涌水量。

（11）排水泵在运行工况下的扬程应不小于实际排水高度。

（12）排水泵的运行工况点效率应不小于运行工况点规定效率的 80%。

（13）排水系统的吨水百米电耗应不高于 0.50 kW·h/(t·hm)，即 $W_{t·100} \leqslant 0.50$ kW·h/(t·hm)。

（14）需要时，在使用现场的实际转速下，调节水泵的工况点，检验排水泵性能，并绘制排水泵性能曲线图。

（15）在检验过程中，各部件和系统不应有影响正常运行或起动的异常现象发生。

（16）供配电设备应与工作泵、备用泵和检修泵相适应，应能保证同时开动工作泵和备用泵。

6.1.2 矿井排水设施与设备

矿井排水系统主要包括水泵、水管、配电设备、排水沟、水仓和闸门等。以下是对有关主要的设施及设备的介绍。

6.1.2.1 水泵

水泵的配置和排水能力要求如下：

（1）必须有工作、备用和检修的水泵。水泵是矿井排水系统中最重要的设备，必须保证矿井 24 h 内有足够能力排出矿井涌水。工作水泵是指正在排水运转的水泵，它的能力必须符合规定要求；备用水泵是指检修完好，一旦需要即可投入运转的水泵；检修水泵是指正在检测维修的水泵。为保持水泵的正常运转必须经常检修，规定了检修水泵的能力不能小于工作水泵能力的 25%。

（2）水泵必须保证足够的排水能力。在正常涌水情况下，为不间断地排出矿井正常涌水量，工作水泵的排水能力必须大于矿井的正常涌水能力，应能在 20 h 内排出矿井 24 h 的正常涌水量（包括充填水和其他用水）。在最大涌水量情况下，为保证不被淹井，工作和备用水泵的总能力，应能在 20 h 内排出矿井 24 h 的最大涌水量。最大涌水量是指在雨季由于受大气降水的影响，矿井涌水量增加到最大程度时的水量，不包括大突水量。

6.1.2.2 水管

水管的配置和排水能力如下：

（1）水管必须有工作水管和备用水管，但不要求有检修水管，更不要求 1 台水泵配备

1 趟水管。如果水泵需要并联工作，1 趟管路宜并联 2 台水泵，即一管二泵，最多不宜超过一管三泵；有时为了控制管内水的流速，1 台水泵也可并联 2 趟管路运行。

（2）水管的过水能力必须与水泵的排水能力相适应。工作水管的能力应能配合工作水泵在 20 h 内排出矿井 24 h 的正常涌水量，工作水管和备用水管的总能力应能配合工作水泵和备用水泵在 20 h 内排出矿井 24 h 的最大涌水量。

选择排水干管管径时，应根据矿井涌水量大小和矿井规模及服务年限，进行技术经济比较，确定合理的流速和管径。

管径计算公式如下：

$$d_p = \left(\frac{Q}{900\pi v} \right)^{\frac{1}{2}} \tag{6-1}$$

式中　Q——流经管内流量（一管一泵时 $Q = Q_b$，一管二泵时 $Q = 2Q_b$，以此类推），m^3/h；

v——管内水流速度（一般排水管内 $v = 1.5 \sim 2.2$ m/s，当 $d_p > 200$ mm 时，可适当增大，但不宜超过 2.5 m/s），m/s。

（3）涌水量很少的矿井，为防止涌水量增大时能确保矿井正常生产，也必须设置备用水管（即至少有 2 趟水管）。

（4）在水文地质复杂、有突水危险的矿井，应在井筒及管道内预留备用排水管路位置。

（5）水管由于长期运行，水质污垢淤积，且水管断面缩小十分严重，设计管路时应考虑计入管路附加阻力系数（取 1.7）。

6.1.2.3　配电设备

配电设备是指用来连接电力线路、分配电能、控制电能的设备。配电设备应同工作、备用及检修的水泵相适应，并能同时开动工作和备用的水泵，主排水泵房的供电线路不得少于两条回路，每一条回路应能担负全部负荷的供电。

6.1.2.4　排水沟

在涌水量不大的矿井内，一般在运输巷道一侧挖排水沟排水。排水沟的断面取决于涌水量的大小，排水沟的坡度通常与运输巷道的坡度相同。当水中含沉淀物较多时，排水沟坡度应略大些；对于涌水量特大的矿井，需要设计专门的排水巷道。

6.1.2.5　水仓

水仓是井下排水系统的贮水巷道，同时还起着澄清污水的作用。对水仓有以下规定和要求：

（1）井下主要水仓应根据车场的形式、泵房位置和围岩条件布置，布置方式一般与井底车场设计同时确定。水仓入口一般应设在车场或大巷的最低点。

（2）水仓容量应根据矿井正常涌水量计算确定。

（3）主要水仓必须有主仓和副仓，以便清理一个水仓时，另一个水仓能正常使用。矿井涌水中带有大量泥沙、树皮和煤矸碎屑等杂质，很容易占据水仓的容水空间，并且常发生淤堵水泵的现象，因此必须经常清理。当清理水仓时，水仓不能正常进行排水，所以，水仓必须有两个，当一个水仓清理其积存的淤泥杂质时，另一个水仓能正常排水，这样互相倒换，平时至少保证有一个水仓能正常使用。此外，水仓巷道之间应互不渗水，间距一般为 10~25 cm。

（4）水仓的断面大小，应根据水仓容量、围岩及布置条件和清仓设备的需要确定，并应使水仓顶板标高不高于水仓入口水沟底板和低于泵房地面 1 m 以上。水仓高度一般不小于 2 m。容量大的水仓，应适当加大断面，以缩短水仓的长度。

（5）为有利于泥沙的沉淀和清理及清理时矿车的运输，水仓坡度采用 1‰~2‰ 的向吸水方向的上坡。水仓最低点（清仓斜巷下部）应设一集水水窝，以便清仓时排除积水。水仓平曲线半径一般取值为 12~15 m，或根据清仓设备要求确定。清仓斜巷的坡度一般不大于 20°，竖曲线半径为 9~12 cm。

（6）水仓一般采用机械清理，进口处应设算子。涌水中带有大量杂质的矿井，还应设置沉淀池。沉淀池应设两个，以便交替使用。

6.1.2.6　闸门

闸门是用于关闭和开放泄（放）水通道的控制设施，也是水工建筑物的重要组成部分，可用以拦截水流、控制水位、调节流量、排放泥沙和漂浮物等。闸门主要由三部分组成：（1）主体活动部分，用以封闭或开放孔口，通称闸门，也称门叶；（2）埋件部分；（3）启闭设备。

主体活动部分包括面板梁系等承重结构、支承行走部件、导向及止水装置和吊耳等。埋件部分包括主轨、导轨、铰座、门楣、底槛、止水座等，它们埋设在孔口周边，用锚筋与水工建筑物的混凝土牢固连接，分别形成与门叶上支承行走部件及止水面，以便将门叶结构所承受的水压力等荷载传递给水工建筑物，并获得良好的闸门止水性能。启闭机械与门叶吊耳连接，以操作控制活动部分的位置，但也有少数闸门借助水力自动控制操作启闭。

6.1.3　矿井水来源

在矿井生产过程中，矿区附近各水体均可能通过各种通道进入矿井，流入矿井的水统称为矿井（坑）水。矿井（坑）水的性质既取决于矿井所处的自然地理、地质和水文地质特征，也取决于矿井建设和生产过程中采矿活动对天然水文地质的改变，它是一系列自然因素和人为因素错综复杂影响的结果。

在我国不同的地区，不同地质、水文、气候和地形条件会具有不同类型的矿井水源。不同的水源具有不同的特点和影响因素，不同的水源也会形成不同的突水模式和灾害强度。因此，在生产过程中正确查明和判断矿井涌水来源，对计算矿井涌水量、建造排水系统和预测矿井突水等都具有重要意义。

矿井水的来源是多方面的，主要包括大气降水、地表水、地下水和采空区积水老空（窑）积水。

6.1.3.1　大气降水

大气降水是地下水的主要补给来源。因此，所有的矿井充水都直接或间接受大气降水的影响。大气降水主要指雨、雪融水，一般情况它们先渗入地下再进入矿井，但有时也可能直接灌入矿井。显然，大气降水是露天矿山的直接充水水源，其涌水量随季节变化很大，有的露天矿雨季平均涌水量可达 10000 m³/d 以上，其中 90% 以上是由大气降水直接补给的。对大多数矿井来说，大气降水首先渗入地下，补给充水含水层，然后再涌入矿井。它是一个间接的充水水源，对矿井生产的影响取决于降水量的大小和充水含水层接受大气降水的条件。矿区降水量是决定矿井充水程度的根本因素，它直接支配着矿井涌水量的大小。

6.1.3.2 地表水

地表水是指江、河流、湖泊、沟渠和池塘里的积水及融雪和山洪等，如果有巨大裂缝与井下沟通，地表水会顺裂缝灌至井下造成水灾。

6.1.3.3 地下水

地下水是指埋藏在地表以下含水层中赋存的水，是矿井最经常、最直接、最主要的充水水源。地下水包括岩层水、煤层水和采空区的水。地下水在开采过程中不断涌出，若与地表水相连通，将对矿井产生很大威胁，矿山排水设备的任务就是将矿井水及时排送至地面。岩层的空隙性是地下水存在的先决条件，也是地下水储存和运动的场所，所以空隙的大小、多少、形状、连通性和分布规律直接影响煤层中地下水的多少及循环运动。地下水根据含水岩层空隙性质的不同可分为孔隙水、裂隙水、岩溶水和老空（窑）积水。

A 孔隙水

松散岩层颗粒之间的空隙称为孔隙，赋存于其中的水称为孔隙水。这种水广泛分布在第四系松散沉积物中。孔隙水的存在条件和特征取决于孔隙发育状况，孔隙的大小不仅关系到透水性的好坏，也影响到地下水量的大小和水质。如果松散沉积物的颗粒大而均匀，则孔隙大、透水性好、水量大、运动快、水质好；反之，若颗粒大小不等相互混杂，则孔隙小、透水性差，地下水运动缓慢、水质差。孔隙水由于埋藏条件不同，可形成潜水和承压水。

B 裂隙水

坚硬岩石在各种地质作用下产生的破裂称为裂隙，赋存于其中的重力水称为裂隙水。裂隙水的赋存特征与裂隙性质和发育程度有关。根据裂隙的成因，可将其分为风化裂隙、成岩裂隙和构造裂隙。其中，构造裂隙对矿山生产影响最大。构造裂隙是指岩石经受构造变动后产生的裂缝。背斜的轴部、断裂带等部位，构造裂隙发育，富含裂隙水，而在褶曲的翼部裂隙水较少，显示裂隙水含水的不均匀性；砂岩层、页岩层经构造变动后，脆性岩石（砂岩）易产生裂隙，柔性岩石（页岩）易产生变形，故砂岩常形成裂隙含水层，而页岩则为隔水层，形成压裂隙水，其水量大小与补给条件有关。若无补给水源，涌水量小，且以静储量为主，易疏干；若有其他水源补给，水量大且稳定。

C 岩溶水

可溶性岩石（如石灰岩、白云岩）等被水溶蚀后产生的空隙称岩溶，赋存于其中的地下水称为岩溶水。岩溶的形态是多样的，小到溶孔、溶隙，大到溶洞、暗河。所以，岩溶发育是极不均匀的，岩溶水的不均性、集中性、方向性更加突出。

D 老空（窑）积水

古代的小煤窑和近代煤矿的采空区及废弃巷道由于长期停止排水而积存的地下水，称为老空（窑）积水。我国不少老矿井的开采深度为 $100 \sim 150 \, \text{m}$，还有废弃矿井的采空区与废巷星罗棋布，老空（窑）积水突水隐患十分严重。这些早已废弃的老空（窑）、废巷或采空区储存有大量地下水，这种地下水常以储存量为主，易于疏干。当生产矿井遇到或接近它们时，往往容易发生突水，而且来势凶猛，水中携带有煤块和石块，有时还可能含有有害气体，造成矿井涌水量突然增加，有时还造成淹井事故。

6.1.4 矿井涌水量

矿井水的大小可用绝对涌水量和相对涌水量表示。绝对涌水量是指单位时间内流入矿井水的水量。一个矿井在雨季或融雪季的最高涌水量称为最大涌水量，其他季节的涌水量为正常涌水量。相对涌水量是指各矿涌水量的相对大小，常用同时期内相对于单位煤炭产量的涌水量作为比较参数，称为含水系数。含水系数（K_S）的计算公式为：

$$K_S = \frac{24q}{T} \tag{6-2}$$

式中　K_S——含水系数，m^3/t；

q——绝对涌水量，m^3/h；

T——同期内煤炭日产量，t/d。

6.1.5 常见矿井排水方式

根据水泵吸水井的水位是否高于水泵吸水口位置，可将排水方式分为以下几种：

（1）压入式排水方式是指被排水的水面高于水泵的吸水口位置的排水方式。压入式排水时，被排水的水面高于水泵吸水口位置，水泵启动前，只需打开水泵吸水侧闸阀，水就会自动灌满泵体，水泵灌满水后，即可启动电动机，然后逐渐打开水泵排水侧的闸阀，水泵就可进行排水。

（2）吸入式排水方式是指被排水的水面低于水泵的吸水口位置的排水方式。与压入式排水方式相比，吸入式排水方式具有安全性高、工作可靠等优点，在供电系统可靠的情况下，一般不会造成淹井事故。目前，我国矿山井下大都采用吸入式排水方式。

（3）压、吸并存的排水方式是以泵房标高为准设上、下两个水仓，上部水仓水位的高度比水泵吸水口位置高，下部水仓的水位高度比水泵吸水口位置低，上部水仓的水采用压入式排水，下部水仓的水采用吸入式排水，这种排水方式称为压、吸并存的排水方式。这样，既可以发挥压入式排水的优点，又可以发挥吸入式排水的优点，从而保证泵房排水的安全。当压入式排水泵房发生故障时，还可以把上水仓的水放到下水仓，全部采用吸入式排水，一般不会造成淹井事故。

根据水泵位置是否移动，可将排水方式分为以下两类：

（1）移动式排水方式是指水泵的位置随工作面的移动或水位的变化而移动的排水方式，如排出立井、斜井掘进工作面的涌水，以及排干被淹没的矿井、水平或局部下山的积水。移动式排水方式一般情况下只为矿井的局部排水服务。

（2）固定式排水方式是指水泵的位置固定不变，矿井的涌水均由该泵房排出的排水方式。固定式排水方式是矿井的主要排水方式。固定式排水系统示意图如图6-1所示，吸水井内的水经底阀、吸水管进入水泵，经过水泵加压后，经由闸阀和逆止阀，再沿排水管路排至地面的水池。为减小底阀对水流的阻力损失，提高排水效率，目前大多数固定式排水系统中已不采用底阀排水。

矿井固定式排水方式还可分为集中式和分段式两种。其中，集中排水方式又分单水平开采和多水平开采两种情况。

在立井单水平开采时，可将全矿的涌水集中于主排水系统的水仓中，然后由主排水系

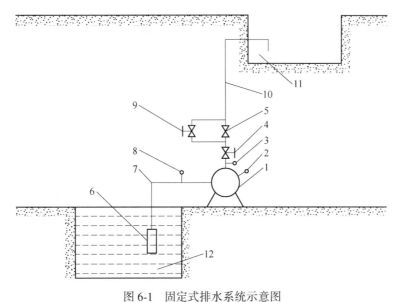

图 6-1　固定式排水系统示意图

1—水泵及电机；2—放气阀；3—压力表；4—闸阀；5—逆止阀；6—底阀；7—吸水管；
8—真空表；9—放水阀；10—排水管；11—水池；12—吸水井

统集中排至地面，如图 6-2（a）所示。在多水平开采时，如果上水平的涌水量不大，可将上水平的水放到下水平的主排水系统水仓中，再由下水平主排水系统集中排至地面，如图 6-2（b）所示。这样就可省去上水平的排水系统，从而节省上水平排水系统的投资费

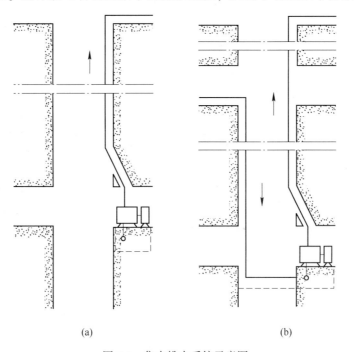

(a)　　　　　　　　　　　　　　(b)

图 6-2　集中排水系统示意图

（a）单水平开采；（b）多水平开采

（箭头方向为排水方向）

用，减少管理环节，便于集中管理。但由于把上水平的水放到下水平后，又需要将其向上排出，会浪费水的位能，增加排水耗电量。因此，多水平开采时，有时也将各水平的水分别直接排至地面。

进行深井单水平开采时，若井深高度超过了单台水泵可能的排水扬程，可在井筒中部开拓泵房和水仓，把井下的水先排至中部水仓，再由中部泵房排至地面。当矿井进行多水平开采时，可把下水平的水先排至上水平，然后再由上水平集中排至地面，如图 6-3 所示。

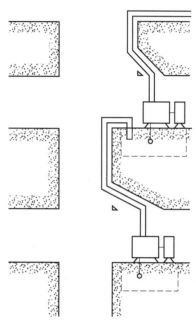

图 6-3　分段式排水系统示意图

6.1.6　矿山排水系统的维护

井下排水设施是矿井安全生产的重要设施，其中水泵、水管、闸阀排水用的配电设备和输电线路是排水设施的重要组成部分，必须经常进行检查和维修，以保证其正常运输和备用。

6.1.6.1　排水系统的维护

为保证矿井排水系统安全正常运转，充分发挥系统效能，对矿井的排水系统的检查与维修一般有以下几方面的要求：

（1）定期对矿井主要排水沟进行排查，发现淤泥过多或有堵塞时，及时安排人员处理。

（2）定期对排水设备进行检查，发现问题及时处理，保证设备完好，有足够的备用设备。

（3）每年进行一次排水演练，检查排水系统的能力是否达到要求。

（4）定期清理水仓淤泥，使水仓存水量达到设计要求。

（5）雨季期间要加强排水系统的检查和维护。雨季是一年中地表洪水泛滥、地下水含水层得到补充水量最丰富的时期，煤矿发生雨季洪水淹井的事故屡见不鲜。为确保雨季安全度汛，将可能产生的最大涌水量排出矿井，在雨季前必须对排水设施进行一次全面检修，同时对全部工作水泵和备用水泵进行一次联合排水试验，以便发现问题及时处理，确保矿井在汛期安全生产。

（6）排水设备要 24 h 有人值守。

6.1.6.2 配电设备

矿山供电系统是由矿山各级变电所的变压器配电装置、电力线路及用电设备按照一定的方式互相连接起来的一个整体。

配电设备在运转一定时间后也需要检修，故配电设备应同水泵的工作、备用和检修相适应，并能同时开动工作和备用水泵。开动工作和备用水泵时，必须保证水泵房的室温符合有关规定要求。当水泵房空气温度超过 30 ℃时，必须缩短水泵房工作人员的工作时间，并给予高温保健待遇；水泵房空气温度超过 34 ℃时，必须停止作业，进行处理。处理的方法是采取局部通风降温、增加专用回风巷道或人工制冰降温。若情况没有改善，就必须考虑另增设水泵房。

6.1.7 强排系统

矿井强排水系统（简称强排系统）可将事后救灾转变为事先预防，该排水系统始终运行在非事故状态，确保人身生命财产的安全。实践证明，该系统在已经出现的多次重、特大水害事故的抢救工作中发挥了关键性作用，达到了预期的目的，收到了很好的效果。

根据国家矿山相关规定，为确保矿区生命财产的安全，针对典型矿区特殊的、复杂的地质条件和生产环境或有突水淹井危险的矿井，应当建设规模相配套的，较其他正常排水系统更具独立的智能化、集成化的安全强排水系统。

矿井突水事故是危害最大、影响面最广、周期最长、难以施救的灾难性事故。煤矿、铁矿、有色金属矿、非金属矿矿区都是发生突水事故的高发区。国家安全监管总局及中国国家能源局极为重视矿山水灾的防治，在多年与矿井水灾的斗争中，总结并大力转换防灾治水和救灾的策略。把以抢险救灾事后处理策略转换为以事先预防治理、疏干排水为主的策略，提高对水灾的防治能力，增加水灾情况下人员逃生的机会，充分体现了以人为本的理念。做到"防治结合、预防为主"。即使在发生突水事故时，也有足够的时间撤退人员和挽救关键设备。同时要积极推广井下泵房无人值守和远程监控、集控的智能化安全排水系统。

矿井强排水系统的作用如下：

（1）在出现险情时可满足排水需求，有足够的时间撤退人员和挽救关键设备。能在地面启动水泵，监控水泵的状态。具有独立供电系统，与其他设备不干涉。

（2）通过光缆进行传输，实现水仓的自动化排水监测及报警。使水仓实现自动控制及运行，参数自动检测、远程控制、动态就地显示，并将数据信息传送到地面生产调度中心和生产设备控制中心，进行实时监测监控及报警、故障显示、历史查询和报表打印。

（3）系统通过检测电机电流、电机电压等参数，监视水泵工作状态，直观形象、实时地反映系统工作状态并能进行控制。

（4）实现水仓水位、水泵温度、排水管流量等参数接口接入及电动闸阀的控制接口输出。

被淹井巷的几种情况和处理措施如下：

（1）当采区或一个水平淹没时，可关闭水闸门，以控制事故的扩大。并根据已有永久排水系统的能力及增设的临时排水能力，有计划地开放水闸门上的放水管进行排水。

（2）当采区或大巷被淹时，关闭大巷水闸门，保证井底车场正常排水。当确认井底车场和泵房有被淹的可能时，应突击安装潜水泵，以便在撤出卧泵和全部工作人员后，潜水泵能继续排水。

（3）当全矿井被淹没后，应根据具体情况，经过技术经济比较，确定恢复被淹矿井的排水方案。一般可采用强行排水、先堵后排、放泄排水和钻孔排水四种方式。在条件允许时也可采用综合排水。

矿井强排水的准备资料包括：

（1）矿井的原有水量和新增水量。

（2）矿井原有的排水系统、安装地点及排水方式，可利用的排水设施。

（3）矿井的供电情况。

（4）静水量按标高分布的图表。

（5）预计动水量与排深有关的变化曲线。

（6）静水位、井底、井口及各水平标高。

（7）矿井总平面布置图及井上、下对照图。

（8）可供布置排水设备的井巷断面图。

（9）矿井瓦斯、二氧化碳和其他有害气体的涌出、分布情况和通风系统。

（10）水质分析资料，如水的酸碱度，水中的泥沙含量等。

6.2　矿区水文地质勘探应具备的基础资料

6.2.1　矿区水文地质调查与勘探

矿区水文地质类型可划分为简单、中等、复杂三种类型。水文地质条件发生变化的生产及改建、扩建矿山，应重新核实水文地质类型，委托相应资质机构研究矿区水文地质条件，编制相应的勘探或专项研究报告。矿区水文地质勘探或专项研究报告应主要包括下列内容：

（1）矿区所在位置、范围及邻近关系，自然地理等情况。

（2）矿区含水层分布规律和特征，补给、运输、排泄条件。

（3）矿区隔水层分布规律特征。

（4）矿坑充水因素分析，如矿坑及周边老空区分布及积水状况；矿坑涌水量构成及其变化规律分析。

（5）大气降雨对矿坑涌水量的关系及变化规律。

（6）矿区地表水体分布、汇水面积、地表水体与地下水的联系程度及联系通道。

（7）地表采矿冒落沉陷和岩溶塌陷的分布、特征及对矿坑涌水的影响分析。

（8）矿坑开采受水害影响程度和防治水工作难易程度。

（9）水文地质实测平面图和剖面图。

（10）水文地质类型划分及防治水工作建议。

水文地质调查与勘探中，除留作观测孔外，其他所有钻孔都应全孔段水泥封孔密实。在地质勘探报告中应提交封孔孔径、孔深及水泥用量。对穿越含水地段的钻孔、封孔应采取压水试验进行质量检查，应有 5%~10% 的取芯质量检查。

矿山发生重大透（突）水事故后，透（突）水稳定流量在 300 m³/h 以上的，应在一年内重新确定矿区水文地质类型。

矿坑涌水量计算主要方法有水文地质比拟法、数理统计法、水文分析法、水均衡法、解析法、数值模拟法等。矿井涌水量计算宜根据矿区水文地质条件，选择两种以上计算方法进行比较后确定。在水文地质边界条件复杂、涌水量较大的矿区，宜选择矿区地下水位降深较大、影响半径扩展较广的抽、放水试验资料，并应用经验公式法进行计算。生产期间的矿坑涌水量计算宜采用水均衡法。在进行矿坑涌水量计算时，应充分考虑矿床的不同开采方式、不同排水方式，以及同一地下水系统中其他矿坑和相邻矿区排水量的影响。改建、扩建矿山宜采用水文地质比拟法。

有条件的矿山，推荐建立整个地下水系统的水文地质模型和相应的数学模型。

应计算最低开拓阶段及以上排水阶段的涌水量。涌水量计算应包括正常涌水量和最大涌水量。矿体采动后，导水裂隙带波及地面时，还应计算错动区降雨径流渗入量。

需预先疏干的矿床，应计算疏干中段及以上的疏干工程量（包括疏干孔数、疏干孔位、疏干时间、疏干孔深、疏干水量）。可采用三维数值模拟法。

6.2.2 水文地质补充调查与勘探

当矿区现有水文地质资料不能满足生产建设需要时，应针对存在的问题进行专项水文地质补充调查。水文地质补充调查范围应覆盖一个相对独立补给、运输、排泄条件的水文地质单元。

水文地质补充调查宜采用钻探、物探、化探等传统方法，有条件的鼓励采用遥感、全球卫星定位、地理信息系统及适合本矿区地层物性的物探方法。

水文地质补充调查应包括以下内容：

（1）资料收集。收集降水量、蒸发量、气温、气压、相对湿度、风向、风速及其历年月平均值和近百年的极值，以及调查区内以往的勘查研究成果、动态观测资料、勘探钻孔、供水井钻探及抽水试验资料。

（2）地貌地质情况。调查由开采或地下水活动诱发的地面塌陷、崩塌、滑坡、人工湖等地貌变化、岩溶发育矿区的各种岩溶地貌形态；基本查明第四系松散覆盖层和基岩露头的时代、岩性、厚度、富水性及地下水的补给、排泄方式等，并划分含水层或相对隔水层；查明地质构造的形态、产状、性质、规模、有无泉水出露，以及破碎带的范围、充填物、胶结程度、导水性等情况；分析研究其对矿床开采的影响。

（3）地表水体情况。调查矿区河流、水渠、湖泊、积水区、山塘和水库等地表水体的历年汇水面积、水位、流量、积水量、最大洪水淹没范围、含泥沙量、水质和地表水体与下伏含水层的水力关系等；对可能渗漏补给地下水的地段要进行详细调查，并进行渗漏量监测。

（4）井泉情况。调查井泉的位置、标高、深度、出水层位、涌水量、水位、水质、水温、有无气体逸出、流出类型及其补给水源，并素描泉水出露的地形地质平面图和剖面图。

（5）废弃矿井情况。调查废弃矿井的位置及开采、充水、排水的资料及废弃矿井停采原因等情况；察看地形，圈出采空区，并估算积水量；对没有资料的老采空区应采用高精度物探方法探明其位置、规模及充水情况。

（6）生产矿井情况。调查矿区内生产矿井的充水因素、充水方式、突水层位、突水点的位置和突水量、矿坑涌水量的动态变化与开采水平、开采面积、地面塌陷错动区的关系，以及以往发生水害的观测研究资料和防治水措施及效果。

（7）岩溶情况。岩溶塌陷非常严重的矿区，应采用高精度岩溶探测方法，查明矿区岩溶发育情况和主要进水通道位置、规模，为制定防治水方案提供依据；有疏干岩溶塌陷的矿山，应详细调查开采或地下水活动诱发的岩溶塌陷发展的形态、规模、分布范围、对地下水运动有明显影响的补给和排泄通道，必要时进行连通试验和暗河、岩溶塌陷的测绘工作，并分析岩溶发育规律和地下水径流方向，圈定补给区，测定补给区内的渗漏情况，估算地下水径流量。

（8）周边矿井情况。调查周边矿井的位置、范围、开采层位、充水情况、地质构造、采矿方法、采出矿量、隔离矿柱及与相邻矿坑的空间关系，并收集系统完整的采掘工程平面图及有关资料。

凡属下列情况之一者，应进行水文地质补充勘探：

（1）矿区主要勘探目的层未开展过水文地质勘探工作。

（2）矿区原勘探工程量不足，水文地质条件未查清。

（3）经采掘揭露，水文地质条件比原勘探报告复杂。

（4）矿区水文地质条件因长期开采已发生较大变化，原勘探报告不能满足安全生产要求。

（5）矿坑开拓延深、开采新矿体，或扩大矿区范围设计需要。

（6）巷道顶板处于特殊地质条件部位或深部矿层下伏强含水层。

（7）井巷工程施工穿越强富水性含水层。

（8）地面水文地质勘探难以查清问题时，宜开展井下放水试验或连通（示踪）试验等。

（9）矿体顶板、底板有含水（流）砂层或岩溶含水层时，需进行疏水开采试验。

（10）受地表水体和地形限制或受开采塌陷影响，地面无施工条件。

（11）孔深或地下水位埋深过大，地面无法进行水文地质试验。

（12）深部矿床水文地质条件复杂，矿体位于侵蚀基准面以下，主要含水层富水性好，补给条件较好，水压高；构造破碎带发育，导水性强且沟通强含水层。

井下水文地质补充勘探主要采用井下物探、钻探、监测、测试、坑道放水试验等手段和井下与地面相结合的综合勘探方法。

6.3　水害预防

6.3.1　地面防治水

6.3.1.1　地表水防治

地表水防治措施包括：

（1）矿山应查清矿区及其附近地表水系的汇水、渗漏情况，排泄能力和有关水利工程等情况，掌握当地历年降水量和矿山布置永久建（构）筑物及井筒位置处的最高洪水位资料，以及建立的疏水、防水和排水系统情况。

（2）矿山应主动与气象、水利、防汛等部门联系，建立灾害性天气预警和预防机制。及时掌握可能危及矿山安全生产的暴雨洪水灾害和灾害性天气的预报预警信息，主动采取措施。并与周边相邻矿井互通信息，当矿坑出现异常情况时，立即向周边相邻矿井预警。

（3）矿山应对本矿区范围内及周边废弃老井、地面塌陷坑、岩溶裂缝、采动裂隙巡视检查，并建立与可能影响矿井（坑）安全生产的水库、湖泊、河流、涵闸、堤防工程主管部门通报机制，接到暴雨灾害预警信息和警报后，要实行 24 h 不间断巡查。每次降大到暴雨前、后，矿区应派专业人员及时观测矿坑涌水量变化。

（4）雨季前矿山应全面检查并防范暴雨洪水引发事故灾难措施的落实情况，对排查出的隐患，要落实责任，限定在汛期前完成整改。防治水工程要有专门的设计和施工方案，竣工后矿山应组织验收。

（5）井口附近或塌陷区内部和外部的地表水体可能溃入井下时，应采取措施并遵守下列规定：

1）矿区范围汇水面积较大的，应在采矿错动范围外修筑截洪沟，将降雨径流截出矿区，避免渗入井下。

2）严禁开采防隔水矿（岩）柱。

3）地表容易积水的地点应修筑沟渠，排泄积水。修筑沟渠时，应避开强含水层露头、裂隙和导水岩层。不能修筑沟渠排水时，应填平压实。范围太大无法填平时，应用水泵或建排洪站排水。

4）矿山受到河流、山洪威胁时，应修筑堤坝和泄洪渠。

5）应妥善处理排到地面的矿坑水，避免再渗入井下。

6）漏水的沟渠和河床，应及时堵漏或局部改道。

7）应填塞地面裂缝和塌陷，填塞前及填塞过程中应有防止人员陷入塌陷坑内的安全措施。具备条件时，清除塌陷体后用块石或混凝土封堵岩溶通道，再用黏土回填塌陷区。

8）位于频繁发生塌陷区的河道，具备改道条件时应改道；无法改道时，应采用物探探查、钻探验证的方法对河床下岩溶发育情况进行勘查，并采取有效措施治理河床。

9）有滑坡危险的地段，应加密观测，可能威胁矿山安全时，应采取防止滑坡措施。

10）影响矿区安全的落水洞、岩溶漏斗、溶洞等，均应采取填充或注浆等措施严密封闭。

（6）废石、矿石和其他堆积物等杂物严禁堆放在山洪、河流可能冲刷到的地段。

（7）报废的竖井应充填密实或浇注一个大于井筒断面的坚实钢筋混凝土盖板，且覆盖厚度为井口直径 2 倍的不透水黏土，并设栅栏和标志。井口封闭盖应达到防止地表水灌入的要求：

1）报废的斜井应充填密实或在井口以下斜长 20 m 处砌筑砖、石或混凝土墙，再填至井口并加砌封墙。

2）报废的平硐，应从硐口向里用泥土填实至少 20 m，再砌宽 600～800 mm 厚的混凝土封墙，封墙底部应留设直径不小于 150 mm 的泄水孔。有地面水影响的报废井口应设置排水沟。

3）封填报废的立井、斜井和平硐时，应做好隐蔽工程记录，并填图归档。

4）若报废已封闭的立井、斜井和平硐在矿山下一步采矿过程中受采动影响，应重新封闭严实，保证在矿山生产期间安全。

（8）使用中的钻孔应安装孔口保护装置，报废的钻孔应及时封孔。观测孔、注浆孔、电缆孔、与井下或含水层相通的钻孔，其孔口管应高出当地最高洪水位或具备防止地表水倒灌（下泄）装置。

6.3.1.2 疏干塌陷防治

疏干塌陷防治措施包括：

（1）疏干排水时，有地表沉降、塌陷的矿山应进行塌陷和沉降观测，分析塌陷和沉降的发展趋势，预测塌陷和沉降范围及灾害程度。裸露型岩溶、地面塌陷发育的矿区，应做好气象观测，降雨、洪水预报；封堵可能影响生产安全的井下揭露的主要岩溶进水通道；对已采区可构建挡水墙隔离；雨季应加密地下水的动态观测，并进行矿井涌水峰值的预报。

（2）应采取有效的物探方法查明塌陷区的岩溶裂隙、过水通道的分布情况及发展规律。

（3）矿山应建立矿区塌陷发生、发展趋势台账，内容包括塌陷个数、塌陷面积、裂缝位置、规模、时间、降雨量、矿坑排水量。

（4）露天转井下矿山应加强地面泥石流的监测和预防，采用地表地质测绘、钻探、山地工程、物探、试验和测试等方法，对可能存在地面泥石流的矿山进行长期动态监测和预测预报，并应制定应急和治理措施。

（5）疏干岩溶塌陷、滑坡、泥石流等地质灾害的评价、设计应由相关资质的单位完成。

6.3.1.3 矿区截流帷幕

矿区岩溶发育，矿坑疏排水引起地面岩溶塌陷，并对人民生命财产造成较大损失，且矿区具有以下水文地质条件时，应采用矿区帷幕截流防治水方案：

（1）距采矿冒落带 20 m 以外有相对狭窄且集中的地下水进水通道。

（2）有可靠的隔水边界（两端）。

（3）有可靠的隔水底板。

（4）包围式帷幕有可靠隔水底板即可。

确定矿区截流帷幕幕址应遵循下列程序和要求：

（1）采用矿区帷幕注浆方案前，宜在拟建帷幕线区域进行帷幕线勘查，利用物探、钻探、水文地质试验等方法查清岩溶裂隙、过水通道的分布位置和规模，确定矿区截流帷幕线位置，并对矿区帷幕截流方案进行可行性研究。

（2）开展矿区帷幕注浆试验，确定帷幕参数、注浆材料、制浆和注浆工艺、注浆过程控制、效果检测方法并预计帷幕效果。

（3）推荐采用数值模拟技术，从技术、经济、资源开发、堵水效果、环境等各方面对帷幕线幕址和方案进行综合比较，确定最终的幕址和深度。

帷幕线岩溶探测方法及野外工作装置要求：帷幕施工前，应采用合适的物探方法查明帷幕线岩溶等过水通道；帷幕注浆结束后，应采用同样的物探方法对注浆效果进行检测。

6.3.2 井下防治水

6.3.2.1 防隔水矿（岩）柱

相邻矿区的分界处，应留足防隔水矿（岩）柱。以断层分界的矿井（坑），应在断层两侧留足防隔水矿（岩）柱，矿柱尺寸由设计确定。

不采取疏干措施的受水害威胁的矿山，在特殊情况下应留设防隔水矿（岩）柱，并应事先制定防突水的安全措施。其情况为：

（1）在地表水体（江、河流、湖泊、海洋、沼泽等）、含水冲积层下和水淹区邻近地带。

（2）矿体与强含水层存在水力联系的断层、裂隙带或与强导水断层接触。

（3）有大量积水的旧井巷和采空区。

（4）导水、充水的岩溶溶洞、暗河、流沙层。

（5）有受保护的观测孔、注浆孔和电缆孔等。

各类防隔水矿（岩）柱的尺寸，应根据矿区（坑）的地质构造、水文地质条件、矿体赋存条件、围岩物理力学性质、开采方法及岩层移动规律等因素，参照式（6-3）确定，在设计规定的保留期内不应开采或破坏。

$$L = 0.5MK\sqrt{\frac{3p}{K_p}} \geq 20 \text{ m} \tag{6-3}$$

式中　L——留设的隔水矿（岩）柱宽度，m；

　　　M——矿体厚度或采高（取大值），m；

　　　K——安全系数（一般取 2~5）；

　　　p——岩层承受的静水压力，MPa；

　　　K_p——矿（岩）体的抗拉强度，MPa。

各类防隔水矿（岩）柱应符合设计要求，不得随意变动，水患消除前，严禁在各类防隔水矿（岩）柱中进行采掘活动。

开采水淹区下的防隔水矿（岩）柱时，应彻底疏放上部积水，严禁顶水作业。

对带水压开采的矿山，应分中段或分采区实行隔离开采。分区之间应留设防隔水矿（岩）柱并在关键部位建立防水闸门。

6.3.2.2 防水闸门、防水闸门硐室与防水闸墙

防水闸门、防水闸门硐室与防水闸墙的设置条件为：

（1）对水文地质条件复杂的矿山，应在井底车场周围、中央泵站的巷道两端或有突水危险的地段设置防水闸门硐室、建筑防水闸门。

（2）对有突水危险的采掘区域，宜在其附近设置防水闸门。不具备建筑防水闸门条件时，可不建防水闸门，但应制定严格的其他防治水措施。

（3）对露天转井下开采的矿山，宜根据其水文地质条件及露天坑渗漏情况，在井下露

天坑底附近中段的适当位置建筑防水闸门。

（4）防水闸门硐室和防水闸门技术要求：

1）防水闸门硐室应选在围岩稳定、岩层完整致密的单轨直线巷道内。门体采用定型设计，对非定型设计的产品需由有相应资质的单位设计。

2）防水闸门硐室由有相应资质的单位设计和施工，防水闸门竣工后，应按照设计要求验收合格后才能投入使用。

3）防水闸门硐室结构设计宜按照《采矿工程设计手册》选用。

4）防水闸门硐室前、后两端，应分别砌筑长度不小于 5 m 的混凝土护硐，硐后用混凝土填实，不得空帮、空顶。防水闸门硐室和护硐应用高标号水泥进行注浆加固，注浆压力须大于闸墙设计承压力。

5）酸性地下水则应采用防酸水泥，还应在来水方向的一侧做厚度为 20~30 mm 的防水砂浆抹面层。

6）距防水闸门来水一侧 15~25 m 处，应加设 1 道算子门。防水闸门与算子门之间应畅通无阻。来水时，先关算子门，后关防水闸门。若采用双向防水闸门，应在其两侧各设 1 道算子门。通过防水闸门的轨道、电机车架空线等应灵活易拆。通过防水闸门墙体的各种管路和闸门外侧的闸阀的耐压能力应与防水闸门设计压力一致。通过防水闸门墙体的电缆、管道时，应用堵头和阀门封堵严密，不得漏水。

7）设有防水闸门控制系统的电源控制硐室应高于巷道 0.5 m 以上。

8）防水闸门应安设观测水压的装置并有放水管和放水闸阀。

9）防水闸门开启时，预埋在硐室混凝土内的排水管和通过硐室两端巷道的排水沟的有效过水断面应满足通过硐室的最大涌水量。

（5）防水闸门应灵活可靠，应积极推广远程控制系统，并保证每年进行 2 次关闭试验，1 次应在雨季前。关闭闸门所用的工具和零配件应由专人保管，专门地点存放，不得挪用丢失。

（6）防水闸墙由有相应资质的单位设计和施工，防水闸墙竣工后，应按照设计要求进行验收，验收合格后才能投入使用。

（7）防水闸墙的设计与施工应遵循下列原则：

1）设计前应全面弄清闸墙预计承压力、闸墙所在断面支护形式、原掘进方法、混凝土标号、闸墙围岩性质、硬度及各种物理力学参数。

2）闸墙的形式根据水压情况选择，水压大，可选择楔形；水压特大，可构筑多级楔形。

3）水闸墙应布置在致密坚硬且无裂隙的岩石中。

4）水闸墙周边应掏槽嵌入岩石中并预埋注浆管，闸墙体完工后，再进行注浆，充填缝隙，使之与围岩构成一体。注浆压力应大于闸墙设计承压力。

5）永久水闸墙应留设泄水管路阀门，酸性水质巷道的阀门管路应进行防腐处理，长期封水的水闸墙管路阀门宜使用不锈钢材料。

6）永久水闸墙厚度应按照式（6-4）确定，再选用公式按剪应力对闸墙厚度进行验算。

$$B = \frac{KpS_2}{(2.57b + 2h_2)\tau} \tag{6-4}$$

式中　B——防水墙体厚度，m；

　　　K——混凝土结构抗剪设计安全系数；

　　　p——静水压力，MPa；

　　　S_2——背水面巷道净面积，m^2；

　　　b——背水面巷道净宽度，m；

　　　h_2——背水面巷道直墙高度，m；

　　　τ——混凝土的抗剪强度（如果围岩抗剪强度低则用围岩值）。

（8）报废的盲井和斜井下口的密闭水闸墙应留泄水孔，每月定期观测水压，雨季加密。

6.3.3　水体下采矿

水体下采矿的注意事项如下：

（1）在河流、湖泊、水库和海域等水体下采矿，应留足防隔水矿（岩）柱：

1）松散含水层下开采时，应按照水体采动等级留设不同类型的防隔水矿（岩）柱（防水、防砂或防塌矿岩柱）。

2）在基岩含水层（体）或含水断裂带下开采时，应对开采前、后覆岩的渗透性及含水层之间的水力联系进行分析评价，确定采用留设防隔水矿（岩）柱或者采用疏干方法保证安全开采。

（2）水体下采矿时，应由有相应资质机构编制可行性方案和开采设计，回采过程中要严格按照设计要求控制开采范围、开采高度和防隔水矿（岩）柱尺寸。

（3）开采过程中，发现地质条件有变化，需要缩小安全矿（岩）柱尺寸，提高开采上限时，应进行可行性研究，重新履行相关手续，经审查批准后，方可进行试采。

（4）设计水体下开采的防隔水矿（岩）柱尺寸时，覆岩崩落层、保护层尺寸可参考《建筑物、水体、铁路及主要井巷煤柱留设与压煤开采规范》中的公式进行计算，或根据类似地质条件下的经验数据，结合基于工程地质模型的力学分析、数值模拟等多种方法综合确定，同时还应结合覆岩原始导水情况和开采爆破影响带进行叠加分析，综合确定。涉及水体下开采的矿区，应开展覆岩崩落层和范围的实测工作，逐步积累经验，指导矿区水体下开采工作。

留设安全矿（岩）柱开采的，应结合上覆土层、风化带的临界水力坡度，进行抗渗透破坏评价，确保不发生溃水和溃砂事故。

（5）邻近水体下的采掘工作应遵循以下原则：

1）采矿方法应有效控制采高和开采范围。工作面范围内存在高角度断层时，应采取措施，防止断层导水或沿断层带冒顶破坏。

2）水体下开采缓倾斜及倾斜多层矿体时，宜采用分层充填法，并尽量减少第一、第二中段的采厚，相邻中段同一位置的回采间歇时间应不小于 4~6 个月，岩性坚硬顶板间歇时间应适当延长。相邻两个中段同时回采时，上中段回采工作面应比下中段回采工作面超前一个工作面斜长的距离，且应不小于 20 m，留设防砂和防塌矿（岩）柱。

3）水体下开采急倾斜矿体，应采用充填法采矿。

4）当地表水体或松散强含水层下无隔水层时，开采浅部矿体及含水层中等富水性以上的厚大矿体，应采用保护顶板的采矿方法。易于疏降的中等富水性以上松散层底部含水层，可采用疏降含水层水位或疏干等方法。

（6）采掘时应加强水情和水体底界面变形的监测。试采结束后，应向矿山提交试采总结报告，研究规律，指导水体下采矿。

6.3.4　露天转井下水害防治

露天转井下水害防治的注意事项如下：

（1）露天转井下开采，境界安全顶柱的留设应符合下列规定：

1）采用空场法回采时，露天坑底应留设境界安全顶柱，安全顶柱的厚度应通过岩石力学计算确定，但不应小于 10 m。

2）采用井下近矿体帷幕防治水方案的矿山，其安全顶柱的厚度应大于帷幕的有效厚度。

3）采用充填法回采时，可在露天坑底铺设钢筋混凝土假底作为地下开采的假顶。当采用进路式回采且进路宽度不大于 4 m 时，钢筋混凝土假顶厚度不应小于 1 m；当采用空场嗣后充填采矿法时，钢筋混凝土假顶厚度应按采场跨度参数通过岩石力学计算确定。

（2）排水方案设计时，应分析研究原露天坑的截排水能力及其对坑内排水的影响。

（3）露天坑底及边帮应做防渗防崩塌处理，宜首先采用注浆法加固防渗露天坑底及边帮，注浆孔深度不少于 10 m，宜采用改性黏土浆。注浆加固防渗后再铺设 1 m 钢筋混凝土，最后用水泥砂浆抹平。

（4）露天坑的截排水系统宜继续保留运行，不宜将露天坑内的水放入井下矿坑排出。

6.3.5　防治水工程设计与施工

防治水工程设计与施工注意事项如下：

（1）矿山防治水工程设计纳入初步设计中。水文地质条件简单与中等类型的防治水工程设计与采矿工程设计一并审核时，水文地质条件复杂的防治水工程设计应先进行水文审核，再与采矿设计一并审核。

（2）矿山防治水工程设计应与采矿工程设计紧密结合，充分考虑开拓方案、采矿方法。

（3）采用堵疏结合防治水方法的，应在完成堵水工程后再实施疏干放水工程。需要进行坑内放水试验的，放水巷应布置在隔水层中，放水试验结束后应使地下水位恢复原状再施工堵水工程。

6.4　水害治理

6.4.1　应急预案及实施要求

应急预案及实施要求如下：

（1）矿山应根据矿坑的主要水害类型和可能发生的水害事故进行分级管控，每年应按照国家相关规定对应急预案进行一次救灾演练，并修订完善。

（2）矿山安全管理人员和调度室人员应熟悉水害应急预案和现场处置方案。

（3）矿山应设置安全出口，规定避水灾路线，设置贴有反光膜的清晰路标，并确保全体职工熟悉，一旦发生突水事故，能够安全撤离，避免意外伤亡。

（4）现场发现水情的人员应立即向调度室或井下值班领导报告有关突水的地点及水情，并通知周围有关人员撤离到安全位置或升井。

（5）矿调度室接到水情报告后，应立即启动本矿井（坑）水害应急预案，根据来水方向、地点、水量等因素，确定人员安全撤离的路径，通知井下受水患影响地点的人员，立即撤离到安全位置或升井。同时向值班负责人和主要领导汇报，并将水患情况通报周边所有矿山。

（6）有突水征兆时，应立即做好关闭防水闸门的准备，在确认人员全部撤离后，方可关闭防水闸门。

（7）发生事故后，宜采用如下现场紧急处理、抢险应急技术措施：1）构筑临时水闸墙；2）紧急投入强排水设备（如竖、斜井卧泵，潜水泵群）等措施；3）水闸墙应留泄水管路；4）袋装水泥闸墙码砌到一定高度（0.5~1.0 m）后，应将闸墙中部的水泥袋划破。

（8）矿山应根据水患的影响程度，及时调整井下通风系统，避免风流紊乱、有害气体超限。对老采空区、硫化矿床氧化带的溶洞、深大断裂有关的含水构造进行探水，以及被淹井巷排水和放水作业时，应事先采取通风安全措施，并使用防爆照明灯具、便携式多功能气体检测仪。发现有害气体，应及时采取处置措施。

（9）矿山应将防范暴雨洪水引发矿山事故灾难作为一项重要内容纳入应急救援预案和现场处置方案。落实防范暴雨洪水所需的物资、设备和资金、时间及责任人。

（10）矿山应主动联系各级抢险救灾机构，掌握抢救技术装备情况，一旦发生水害事故，立即制定抢救方案，争取社会救援，实施事故抢救。

6.4.2 塌陷裂缝治理

塌陷裂缝治理包括：

（1）矿山生产过程中地面发生塌陷时，应根据已发生塌陷的分布及活跃程度，设计有效的塌陷防治方法对塌陷进行治理。常用的治理技术有分析地面塌陷成因、地面塌陷预防、塌陷回填法、一般注浆法、孔内造浆及注浆法、埋管注浆法、隐伏土洞探测及治理。

（2）塌陷位于河床时，可在漏水地段铺设不透水的人工河床。

（3）矿区地面出现塌陷裂缝时，应及时填塞。可沿缝挖沟，深度可设计为 0.4~0.8 m，裂缝边缘两侧各宽 0.5 m，缝内填入石块和片石，上部用灰土填塞夯实。

塌陷回填抢险时，一般采用如下应急措施：在底部架设废钢管、废钢轨、废钢丝绳，再连续投入柴把、草束、砂包、片石，当泄水量明显减小后，再填塞大量石块，最后在上部用水泥浆砌片石、灰土夯实。

6.4.3 应急响应安全技术措施

井下重大水灾发生时灾区人员的自救安全撤离措施为：

（1）工作面一旦发生重大水灾，若有可能，在场人员首先应在跟班队长或班组长的指挥下，尽可能就地取材，采取加固工作面等措施，堵住出水点，防止事故范围扩大；并立即向单位调度室或井下值班领导汇报水灾地点，初步判断涌水量和水灾发生时间等情况。

（2）若水势过猛，无法抢救，则凡受水灾威胁区域人员都应在本班班长带领下撤出危险区域，撤离时应有组织地避开压力水头，沿着规定的避灾路线迅速撤退；同时迅速通知可能受水害威胁区域的人员停止工作，切断电源，快速撤离。

救援措施包括：

（1）矿山调度室接到事故汇报后，应及时通知救护队前往救护。

（2）救护队员到达现场后，应先向事故附近区域工作的人员了解事故发生原因、事故前人员分布位置，并实地查看巷道状况，保证退路安全畅通。

（3）如果通风系统遭到破坏，应积极恢复事故发生地点的正常通风；如果暂时不能恢复，可利用水管、压风管路等向被水堵截区域的人员输送新鲜空气。当有害气体威胁到被抢救人员安全时，救护队应独立担负被抢救人员和恢复通风的工作。

（4）抢救人员时，要采用照明、呼喊、敲击等方法，判断遇险人员位置，与遇险人员保持联系，鼓励他们配合工作。必要时，可开掘通向遇险人员所在区域的专用巷道。

（5）恢复被水淹巷道时，应始终坚持由外向里、由高到低的原则，并由专人检查顶板情况，发现异常，应立即撤出人员，加强巷道支护。

——— 本 章 小 结 ———

本章介绍了矿井排水系统的安全问题，强调了在矿山井下作业中，排水系统作为主要的生产系统之一，其及时、安全、可靠、经济的运行对保障矿山井下作业人员的生命安全和矿井安全生产至关重要。本章还详细介绍了在矿井开采之前进行的必要矿区水文地质勘探，以及针对各种水害进行的防治措施，包括地面防治水、井下防治水、水体下采矿防治水和露天转井下水害防治等。通过这些手段，矿山生产才能满足相应的规章要求，最大限度地降低水患带来的风险。

通过学习本章，读者将全面了解矿山排水系统的关键作用和相应的安全管理，提高在实际工作中防范水患的能力，确保矿山生产的顺利进行。

复习思考题

6-1　金属非金属地下矿山主排水系统的基本要求有哪些？

6-2　检修水泵的能力不能小于工作水泵能力的百分之几？

6-3　工作水泵的排水能力要求必须在多少时限内排出矿井 24 h 的正常涌水量？

6-4　水仓是什么，起到什么作用？

6-5　常见的矿井排水方式有哪些？

6-6　矿山地表水应如何防治？

6-7　井下防治水应该怎样进行？

6-8　井下重大水灾发生时，灾区人员自救安全措施有哪些？

7 供气系统安全

本章提要

供气系统一般是指井下设备用风的系统，如凿岩机、风镐等设备，需要供风提供动力，是设备的动力系统之一。供风系统一般都是由地面站全矿集中供风的，在地上设置集中压缩空气站，让其可以经过管网对整个矿井的各个工作点供气。但是，供气系统也存在一些安全隐患，如氧气不足、燃气泄漏、人为操作错误。为确保矿山供气系统的安全，必须定期检查和维护供气设备，确保其正常运行。同时，矿山从业人员应接受供气系统安全操作培训，了解如何正确使用和处理供气设备，以及在紧急情况下采取适当的措施。综合管理措施和严格的安全标准是确保供气系统安全的关键。本章将介绍矿山供气系统的相关安全内容。

7.1 矿井压气设备

空气压缩设备是指为气动机械（如采掘工作面的气动凿岩机、气动装岩机），凿井使用的气动抓岩机，地面使用的空气锤等，提供压缩空气的整套设备。

在有瓦斯的矿井中，使用以压缩空气为动力的机械可避免产生电火花引起爆炸，容易实现气动凿岩机等冲击机械高速、往复、冲击强的要求，且比电力的过负荷能力大。其主要缺点是生产和使用压缩空气的效率较低，故这种动力比电力运行费用高。

7.1.1 空气压缩设备的组成及分类

7.1.1.1 矿山空气压缩设备的组成

如图 7-1 所示，矿山空气压缩设备包括空气压缩机（简称空压机）、电动机及电控设备、辅助设备（包括空气过滤器、风包、冷却水循环系统等）和输气管道等。

7.1.1.2 空压机的分类

按工作原理可将空压机分为容积型空压机和速度型空压机。

（1）容积型空压机是利用减少空气体积来提高气体压力的。容积型空压机又可分为活塞式空压机、螺杆式空压机、滑片式空压机。活塞式空压机按气缸中心线的相对位置可分为：

1）立式空压机。气缸中心线与地面垂直，如图 7-2（a）和（e）。

2）角度式空压机。气缸中心线之间成一定角度，按其角度不同又可分为 L 型（直角型）、V 型和 W 型，如图 7-2（d）（b）和（g）。

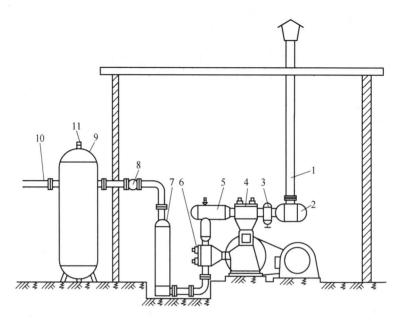

图 7-1　矿山空气压缩设备示意图

1—进气管；2—空气过滤器；3—调节装置；4—低压缸；5—中间冷却器；6—高压缸；

7—后冷却器；8—逆止阀；9—风包；10—压气管路；11—安全阀

3）卧式空压机。气缸中心线与地面平行，如图 7-2（c）和（f）。

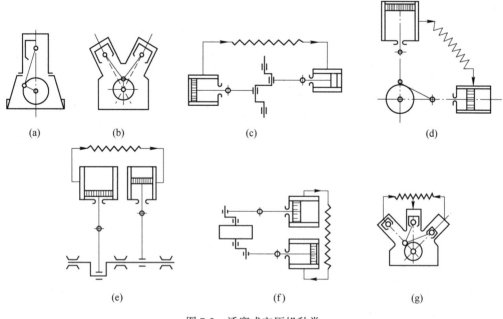

图 7-2　活塞式空压机种类

（2）速度型空压机是利用增加空气质点的速度来提高气体的压力的。速度型空压机又可分为离心式和轴流式。

按活塞往复一次的工作次数可将空压机分为：

（1）单作用式空压机。其活塞往复一次工作一次。

（2）双作用式空压机。其活塞往复一次工作两次。矿用空压机多数为双作用式。

按压缩级数可将空压机分为：

（1）单级压缩空压机，如图 7-2（a）。

（2）双级压缩空压机，如图 7-2（b）~（f）。

（3）多级压缩空压机，如图 7-2（g）。

按冷却方式可将空压机分为：

（1）水冷空压机。其排气量为 $18 \sim 100 \ m^3/min$ 的空压机。

（2）风冷空压机。其排气量小于 $10 \ m^3/min$，一般用空气冷却，称为风冷。

7.1.2 活塞式空气压机的原理

一个工作循环分别完成两次吸气和两次压缩、两次排气过程的活塞式空压机，称为双作用活塞式空压机。其工作循环过程为吸气→压缩→排气→吸气。双作用活塞式空压机工作原理示意图如图 7-3 所示。

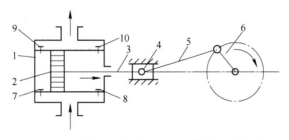

图 7-3 双作用活塞式空压机工作原理示意图

1—气缸；2—活塞；3—活塞杆；4—十字头；5—连杆；6—曲柄；7，8—吸气阀；9，10—排气阀

7.1.3 活塞式空压机的结构

常用活塞式空压机的规格型号代表含义为：

其组成部件按作用可分解为传动系统、气路系统、冷却系统、润滑系统、调节系统与控制保护系统。单级活塞式空压机结构示意图如图 7-4 所示。

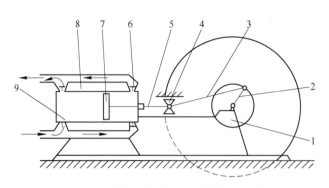

图 7-4　单级活塞式空压机结构示意图

1—曲轴箱；2—曲轴；3—连杆；4—十字头；5—活塞杆；6—排气阀；7—活塞；8—气缸；9—吸气阀

7.1.4　压气设备选型

7.1.4.1　压缩空气站容量的确定

在工业气动系统中，确定为整个系统供气的压缩空气站的总容量要受到两个互相矛盾的因素的影响。一方面，各种类型的恒速空压机都是在满负载下，即在额定排气量的条件下运行时效率最高。不同结构的空压机，在部分负载下的效率是大不相同的，但都是在满负载下运行的效率最高。因此，最有效的压缩空气站，应该根据系统的平均负载来选择其容量，并且使之经常处在满负载条件下运行。另一方面，这样确定容量的压缩空气站，不能适应系统负载的变化，不能满足负载高峰要求而导致减产和总的生产费用增加，压缩空气站容量太小会降低系统的工作压力，导致用气设备和系统的使用效率和产量的严重降低。

使用具有自动控制的并联多台空压机能解决这个问题，以满足负载和压缩空气站容量间较好的匹配要求。可用顺序控制电路在负载增加时启动空压机，在负载减少时停掉多余的空压机。较好的办法是采用恒压变量自动控制技术，利用 PLC（可编程逻辑控制器）工业控制计算机和大功率变频调速技术，按用气系统耗电量的变化自动控制空压机的转速和开机台数，使压缩空气的供求始终处于动态平衡状态，且基本保持供气压力不变。

并联多台空压机系统具有方便维修的备用空压机。其缺点是较小的空压机的满负载效率较低，且购置和安装多台较小空压机的费用要高于一台较大的空气压缩机。

7.1.4.2　空压机型号和台数的确定

在地面空压机站，选择台数时，一般所需空压机的总供气能力大于但尽可能接近矿井所需的供气量，空压机的台数一般不超过 5 台，同时还要考虑其中有 1 台备用空压机。在低沼气矿井井下的空压机站，可将其设在井下主要运输大巷中有新鲜风流通过的地方，但站内每台空压机的能力一般不大于 20 m³/min，台数不超过 3 台，空压机必须分别装设在两个硐室内。

为便于维修和管理，应尽可能选用同一型号、同一厂家的空压机。备用空压机一般为 1 台，备用供气量为总供气量的 20%～50%。如果选用不同型号的空压机，其备用量应按最大空压机检修时，其余各台空压机的总供气量仍能满足所需用气量的原则来确定。

7.1.4.3 空压机选择的基本原则

选择空压机时，要根据全矿或分区最大供气量所使用的压缩空气压力来确定空压机的具体型号，应选用同一型号、同一制造厂的空压机，以便于站房的合理布置和备品、配件的互换，有利于操作、管理和维修。对上述活塞式、离心式和螺杆式空压机，要根据矿山的具体条件确定，但要优先选择动力平衡好、结构紧凑、运转维修方便，并便于拆卸安装的空压机。此外，在选择空压机时要考虑以下原则：

（1）选用节能型空压机。近几年来，空压机的研究、设计和制造部门通过对空压机的节能改造，设计出新系列节能型空压机，其节能效果和可靠性比老系列产品有显著提升。老系列产品普遍存在用电单耗高、噪声大、油耗高、振动大、易损件、寿命短、机组可靠性差和自动化程度低等缺点。新系列产品采用新材料、新技术、新工艺，提高了空压机的综合经济指标，具有能耗低、耗电耗油高、噪声低、安全可靠和寿命长等优点。

（2）降低排气压力。在保证生产安全使用的前提下，尽量降低空压机的排气压力，可以实现节能。空压机排气压力的高低对压缩空气站的电耗有直接影响。当各种不同工作压力的用气设备数量很多时，根据各设备用气压力要求、供气条件及管网布置方式，经技术经济分析后，可采用两种压力级（如 0.5~0.7 MPa 的高压和 0.2~0.4 MPa 的低压）的气源压机的满负载管网分别供气，以实现节省能源。

7.1.4.4 输气管道的选择

输气管道的选择包括：

（1）管材的选择。输气管道从空压机站到采掘工作面，管路固定不动，一般选用焊接钢管或无缝钢管。因为在工作面时风动工具要经常移动，所以输气管道采用橡胶软管，然而胶管压力损失大，其长度一般不大于 15 m。

（2）管径的选择。根据输气管路的布置和各用气点的耗气量确定每一管段的流量，再计算各管段的直径，根据钢管规格表选取标准管径。

7.2 压气供气方式的选择

矿山压气供气方式分为集中供气和分区供气，主要取决于矿床赋存条件和开采特点。

7.2.1 集中供气

集中供气时，全矿只设立一个压气站供全矿各区域使用，如图 7-5 所示。这对于矿体集中、规模较小的矿山是适宜的。但对于高山地区矿体规模较大、矿点分散的矿山，会带来许多问题：

（1）管线过长，压力损失大。矿体规模较大，矿点分散，开采过程自上而下，资源会逐步消失，采矿中心不断下移，工作面也逐渐分散、下移。同时，管道也逐渐加长，管道阻力增大，压气压力损失不断增加，导致风动工具的风量和压力得不到保证。

（2）压气效率得不到改善。矿山开采总是由上而下，采矿中心总是在不断下移，但压气机仍处于高海拔位置，空气稀薄，压气效率仍然较低。

（3）管理复杂。集中供气时，由于管线长、范围大，给管网的维护、风量控制、信息反馈等管理带来许多困难。因此，高山地区矿体规模较大、矿点分散的矿山不宜采取集中供气方式。

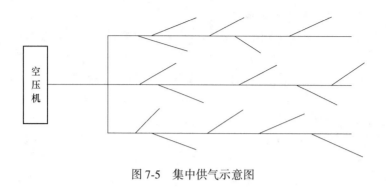

图 7-5　集中供气示意图

7.2.2　分区供气

分区供气时，将全矿划分为若干个用气区域，各个用气区域设立压气站，分别供给各区域用气。这对于高山地区矿体规模较大、矿点分散的矿山是适宜的。分区供气时，压气站的服务年限根据压气机的服务年限，一般约为 18 年。分区的开采期限尽可能与压气站的服务年限相适应，使得采矿区域下移与压气站报废同步，可取得较好的经济效益。分区划分一般以开采主要坑口水平为基准线，上、下水平供气量大致平衡，下水平供气量稍多一些。有时也可按生产区域划分，特殊情况时可按开采不同类型矿体单独划分。

分区大小要根据采掘计划、顺序和压气站供气能力统一考虑。分区供气又分为分区并联供气、分区独立供气和分区混合供气。

7.2.2.1　分区并联供气

分区并联供气是将各分区空压机站在站外的供气管道进行连接，其目的是使各空压机站的压气量互相补充，以解决有些区域压气不足的问题，分区并联供气存在以下严重的缺点：

（1）各区域用气互相干扰。如图 7-6 所示，A、B 两点间的压气流向取决于 A、B 两点之间的压力差。当 A 点的压力大于 B 点的压力时，压力由 A 流向 B；当 B 点的压力大于 A 点的压力时，压力由 B 流向 A；当 A 点的压力等于 B 点的压力时，则压气在 AB 段处于静止状态。由此可看出，如何控制压气流向，合理选择压气站间的连接点，就变得十分困难。分区并联后，往往不能取得各区压气互相补充的作用。供气不足的工作面得不到需要的风量和风压，造成各区域供气互相干扰。

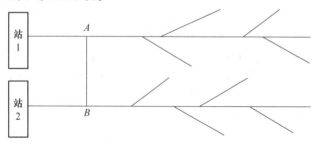

图 7-6　分区并联供气示意图

（2）充气时间长，耗电量增加。当全矿只有部分区段用气时，停开某一压气站，全矿整个管网系统都要充满压气，充气时间长，压气站用电量增加，加之有些工作面炮眼吹风和管网压气泄漏的影响，压气压力会大大下降，用气设备不能正常工作。若开动全矿压气站，则会大大增加耗电量，造成不必要的压气浪费。

7.2.2.2 分区独立供气

分区独立供气是指各分区用气区段单独设立压气站，单独供给各分区用气。它克服了分区并联供气的严重缺点：

（1）各分区用气互不干扰，工作面用气容易得到保证。

（2）采用独立分区供气，使供气范围缩小，供气比较集中，容易发现问题，便于维护，便于管理。

（3）管线相对缩短，压力损失较小。区域采矿工作面下移后，此区域管线不再加长，由下一个分区压气站的供气管线供气。

（4）压气效率得到改善。随着采矿中心下移，压气站的位置也由高海拔向低海拔下移，压气机效率得到逐步改善。

7.2.2.3 分区混合供气

分区混合供气是上述两种供气方式的混合，但实质上仍是分区并联供气，只是各压气站外互连管道设立控制阀。根据不同需要，有时打开控制阀，则为分区并联供气；有时关闭控制阀，则为分区独立供气。该方式可满足多种用气需要，但管理较为复杂，需要采用完善的自动控制装置，以实现信息的及时反馈。

综上所述，对于高山地区矿体规模较大、矿点分散的矿山，集中供气将带来管线变长、压损增大等诸多问题。在三种分区供气的方式中，分区独立供气克服了分区并联供气各区域用气相互干扰和混合供气管理复杂等缺点，使复杂的压气网络变得简单、灵活，且延伸方便。

7.3 供气管理措施

供气系统建成以后，压气系统的管理就是关键。矿山供气的合理化配置是一个系统工程，它要求在使用压气和管理的过程中，把供气系统当成一个整体来看待，全面掌握系统的运行情况，合理配置空压机站、管线和用气三者之间的位置，最终达到供气供给节能保质的最佳状态。

7.3.1 供气管理的重要性

在矿山开采设计及生产中，尽管供气占据着重要的作用，但作为矿山的辅助系统，人们往往忽视了供气的科学管理与合理应用，造成矿山开采成本的增加。

如前所述，诸多矿山供气系统不合理、压力存在严重浪费、工作面风量风压不能得到保证。然而，关于矿山供气管理的研究几乎没有，供气系统的研究更多侧重于空压机的节能设计和研究。矿山供气管理存在的问题包括：

（1）当设计先进的空压机投入矿山生产后，压气设备的性能不能得到有效发挥，严重的管网漏气使得其效率显著降低，有些矿山管网漏气可达40%，甚至更大，其根本原因在于压气日常管理不善，漏风严重，压气管道的破损和老化问题突出。在井巷某些地方甚至可以听到压气泄漏的声音。有些工作面的压气设备在不需工作的情况下，压气控制阀门仍处于开启状态。

（2）空压机在投入生产后，重在对其日常的管理和维修，保证其性能的正常发挥。除某些压气设备的服务年限过长外，空压机日常维护的缺乏及零部件的磨损导致压气设备的效率严重降低。此外，同时多台空压机的不合理开启也导致压气严重浪费。

（3）矿山建成生产后，完整的压气系统随之建立，但矿山压气管网随开采规模的逐步扩大和深度的增加将逐步延伸和复杂，因此压气管网的动态管理便显得非常重要。否则，即使是设计合理的管网系统也会在杂乱无章的管理面前失去全部意义。

综上所述，合理利用矿山压气的前提在于完善的压气管理。只有在制定完善的管理制度并严格执行及对管网进行动态维护的条件下，才能做到压缩空气的有效利用和压气设备性能的正常发挥。

7.3.2 供气管理的技术措施

供气管理的技术措施包括：

（1）建立科学的决策机制。决策论认为，一项系统工程的决策应具备3个层次，即战略决策、管理决策和执行决策，决策层、管理层和执行层各司其职，密切配合，缺一不可，尤其是执行层，获取翔实可靠的资料是保证上级作出正确决策的关键。

（2）运用系统分析理论，建立科学的决策程序。系统分析是研究相互影响因素的组成和运用情况的一种科学方法，其显著特点是完整而不是凌乱地看问题。其过程是在系统分析目标确定后，对系统诸因素进行充分调研，收集、分析和处理有关资料及数据，据此建立若干方案和必要的数学模型，经比较评价，以确定最优方案，为正确决策提供科学依据。供气系统管理是应用系统分析方法于压气设计、管理、控制、决策的一种综合方法。一般决策程序分为目标阶段、信息收集处理阶段、设计阶段、评估阶段、选择阶段、反馈阶段。

（3）建立有力的组织、物质保障体系，促进系统管理措施的具体执行。有力的组织、物质保障体系是实现系统总目标贯彻到企业各方面的必要条件。横向涉及企业各个职能部门，要求各部门密切合作、综合作用；纵向涉及生产各个工艺、车间及坑口、工区，要求其平衡不间断，由此形成纵横交错、专管成线、群管成网，多层次共同作用的体系。系统管理措施有如下几个方面：

1）压气设备管理方面。压气设备管理包括空压机、管道、气动工具的管理及维修。矿山需要通过长期的生产积累丰富的经验，制定一套完整的管理条例，并严格执行。

2）用气管理方面。执行三班均衡生产制度，限制队组工作面数，定日定时运转压气设备，大力推进"无泄漏坑口、车间"建设。

3）物质保障方面。空压机、零配件质量是系统运行的保障。管道接头的密封圈老化或质量差也会引起漏气。

4）大力宣传节能意识。增强节能意识，明白压气的珍贵。

（4）以动态的观点进行合理规划。由于生产系统是一个"动态"的系统，其辅助系统和供气系统往往也是"动态"的。因此，需要随生产区域发生较大的变化及管网逐步的延伸及时依据系统理论进行优化调整。

（5）促进系统协调发展。目前各矿山管理素质和水平较差，一方面各种计量、统计数据与实际相差较大，作为输入数据使模型计算偏差较大，另一方面表现为矿山应变能力和自身调节能力差，控制技能和手段不足，造成矿山难以采用较多决策变量、复杂的优化模型。因此，应努力促进矿山协调优化发展。

7.4 矿山压风自救系统安全

《煤矿安全规程》第六百八十七条中规定，采区避灾路线上应当设置压风管路，主管路直径不小于 100 mm，采掘工作面管路直径不小于 50 mm，压风管路上设置的供气阀门间隔不大于 200 m。水文地质条件复杂和极复杂的矿井，应当在各水平、采区和上山巷道最高处敷设压风管路，并设置供气阀门。

《煤矿安全规程》第六百九十一条规定，突出与冲击地压煤层，应当在距采掘工作面25~40 m 的巷道内、爆破地点、撤离人员与警戒人员所在位置、回风巷有人作业处等地点，至少设置 1 组压风自救装置；在长距离的掘进巷道中，应当根据实际情况增加压风自救装置的设置组数。每组压风自救装置应当可供 5~8 人使用，平均每人空气供给量不得少于 0.1 m³/min。其他矿井掘进工作面应敷设压风管路，并设置供气阀门。

7.4.1 矿山压风自救系统

压风自救系统又称为压风自救装置，是利用矿井已装备的压风系统构建的一种避灾设施。其作用是当采掘工作地点发现明显的煤与瓦斯突出预兆或发生煤与瓦斯突出而危及现场人员生命安全时，可迅速进入压风自救装置内或硐室内，打开压气阀安全避灾等待救护。压风自救系统示意图如图 7-7 所示。

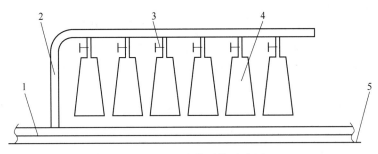

图 7-7　压风自救系统示意图
1—压风管；2—压风自救袋支管；3—减压阀；4—自救袋；5—巷道底板

压风自救系统主要由空压机、压风管路、开关、送气器及自救袋等组成。送气器是压风自救系统的关键，其作用是对压风进行减压、消除噪声、过滤和净化风流，保证输入的风流新鲜洁净，使避灾人员感到舒适，保持稳定的情绪。

压风自救系统是一种隔离式防护装置，其送气器供气量的大小是靠调节阀头和阀杆的位置来实现的。当采掘工作地点发现明显的煤与瓦斯突出预兆或发生煤与瓦斯突出无法撤离现场时，避灾人员可立即撤到自救装置处，解开自救袋、打开通气阀开关，然后迅速钻进自救袋内。压风管内的压风经减压阀节流减压后的新鲜空气充满自救袋，其压力可达 0.09 MPa，对袋外空气形成正压力，并将袋外的有害气体隔离，确保避灾人员不受到有害气体的侵害。

目前，国产的主要压风自救系统有 ZY-J 型、ZYK-4 型、ZY-M 型等。ZY-J 型压风自救系统是一种固定式永久性自救装备，主要由若干个自救装置组成，每组头数视作业场所的人员而定，一般每组头数不少于 3~5 个。ZY-J 型压风自救系统主要技术参数见表 7-1。

表 7-1　ZY-J 型压风自救系统主要技术参数

参数名称	范围及内容
压气源压力/MPa	0.3~0.7
输出压力调节范围/MPa	0.09
单个装置耗气量/L·min^{-1}	150~200
供气方式	连续压风系统或单独配风站（地面）
减压噪声/dB(A)	85
操作方式	手动调节操作
质量/kg	0.5

7.4.2　主要功能及建设要求

压风自救装置的主要功能包括：

（1）压风自救装置应符合《矿井压风自救装置技术条件》（MT 390—1995）的要求，并取得煤矿矿用产品安全标志。

（2）压风自救装置应具有减压、节流、消噪声、过滤和开关等功能，零部件的连接应牢固、可靠，不得存在无风、漏风或自救袋破损长度超过 5 mm 的现象。

（3）压风自救装置的操作应简单、快捷、可靠。避灾人员在使用压风自救装置时，应感到舒适、无刺痛和压迫感。

根据《金属非金属地下矿山压风自救系统建设规范》（AQ/T 2034—2023），金属非金属地下矿山压风自救系统的建设要求有：

（1）金属非金属地下矿山应根据安全避险的实际需要，建设完善的压风自救系统。压风自救系统可与生产压风系统共用。

（2）压风自救系统应进行设计，并按照设计要求进行建设。

（3）压风自救系统的空压机应安装在地面，并能在 10 min 内启动。空压机安装在地面难以保证对井下作业地点有效供风时，可安装在风源质量不受生产作业区域影响且围岩稳固、支护良好的井下地点。

（4）压风管道应采用钢质材料或其他具有同等强度的阻燃材料。

（5）压风管道敷设应牢固平直，并延伸到井下采掘作业场所、紧急避险设施、爆破时撤离人员集中地点等主要地点。

（6）各主要生产中段和分段进风巷道的压风管道上每隔 200~300 m 应安设一组三通及阀门。

（7）独头掘进巷道距掘进工作面不大于 100 m 处的压风管道上应安设一组三通及阀门，向外每隔 200~300 m 应安设一组三通及阀门。有毒有害气体涌出的独头掘进巷道距掘进工作面不大于 100 m 处的压风管道上应安设压风自救装置。

（8）爆破时撤离人员集中地点的压风管道上应安设一组三通及阀门。

（9）压风管道应接入紧急避险设施内，并设置供气阀门，接入的矿井压风管路应设减压、消声、过滤装置和控制阀，压风出口压力应为 0.1~0.3 MPa，供风量每人不低于 0.3 m³/min，连续噪声不大于 70 dB(A)。

（10）压风自救装置、三通及阀门安装地点应宽敞、稳固，安装位置应便于避灾人员使用；阀门应开关灵活。

（11）主压风管道中应安装油水分离器。

（12）压风自救系统的配套设备应符合相关标准规定，纳入安全标志管理的应取得矿用产品安全标志。

（13）压风自救系统安装完毕，经验收合格后方可投入使用。

7.4.3　日常维护与管理

根据《金属非金属地下矿山压风自救系统建设规范》（AQ/T 2034—2023），金属非金属地下矿山压风自救系统的维护与管理内容包括：

（1）应指定人员负责压风自救系统的日常检查与维护工作。

（2）应绘制压风自救系统布置图，并根据井下实际情况变化及时更新。布置图应标明压风自救装置、三通及阀门的位置，以及压风管道的走向等。

（3）应定期对压风自救系统进行巡视和检查，发现故障及时处理。

（4）应配备足够的备件，确保压风自救系统正常使用。

（5）应根据各类事故灾害特点，将压风自救系统的使用纳入相应事故应急预案中，并对入井人员进行压风自救系统使用的培训，确保每位入井人员都能正确使用。

（6）相关图纸、技术资料应归档保存。

—————— 本 章 小 结 ——————

本章介绍了矿山供气系统的安全问题，重点关注井下设备（如凿岩机、风镐等）用风的系统，这些设备依赖供气系统提供动力。供气系统燃气泄漏有潜在风险，本章介绍了几项关键的管理措施。首先，强调定期检查和维护供气设备，确保其正常运行。其次，矿山从业人员应接受供气系统安全操作的培训，了解如何正确使用和处理供气设备，以及在紧急情况下采取适当的措施。最后，本章强调了综合管理措施和严格的安全标准是确保供气系统安全的关键。

通过学习本章，读者将全面了解矿山供气系统的潜在风险和相应的安全措施，提高在实际工作中处理供气系统安全问题的能力，确保矿山供气系统的安全运行。

复习思考题

7-1　空压机是如何分类的，分为哪些种类？

7-2　活塞式空压机的规格型号代表的含义是什么（以 ZW-0.65/180-200 型氮氢气循环空压机为例）？

7-3　输气管道应如何选择？

7-4　集中供气适用于什么类型的矿山？

7-5　为什么要进行供气管理？

7-6　矿山压风自救系统建设要求有哪些？

8 供水系统安全

本章提要

矿山供水系统是指按一定质量要求供给矿山不同的用水部门所需的蓄水库、水泵、管道和其他工程的综合体。矿山供水系统是整个矿山系统安全生产的重要组成部分之一，也被称为井下的"生命线"。就供水体系的功能而言，整个供水体系应满足用户对水质、水量和水压的需求。此外，在整个基建进程和生产运转中还要求基建投资少，日常运转费用低，操作管理便利，无塔供水设备能安全生产及充分发挥整个供水体系的经济效益。因此，正确设计供水体系，对矿山正常生产运行具有十分重要的意义。本章将介绍矿山生产中排水系统的相关安全内容。

8.1 矿山供水系统的组成

矿山供水系统必须具备一套完整的为矿山提供所需水资源的设备和流程。系统的设计和运行旨在满足矿山的供水需求，包括人员饮用水、工业用水、冷却水等。以下是矿山供水系统中常见的组成部分：

（1）水源。矿山供水系统的首要考虑是确定可靠的水源。水源可以是地下水、地表水（如河流、湖泊）或蓄水池等。水源的选择通常取决于矿山所在地区的地质和水资源情况。

（2）水处理。矿山供水系统中的水源可能需要进行处理以满足使用要求。水处理过程主要包括悬浮物的去除、消毒、pH 调节、溶解氧控制等。水处理有助于提高水质，确保供水符合相关标准和要求。

（3）水泵站。水泵站用于将水从水源提升到所需位置，如矿山区域、生产设施或水箱。水泵站通常配备水泵、阀门、管道等设备，以实现水的输送和控制。

（4）水箱和储水池。水箱和储水池用于储存和调节供水系统中的水量和压力。水箱通常位于较高的位置，以利用重力提供足够的压力。储水池可用于平衡水泵的供水和需求之间的差异。

（5）管道网络。矿山供水系统包括一套管道网络，用于将水从水泵站或水箱输送到不同的使用点，如办公区、生产设施、洗车区等。管道网络中的阀门和流量控制设备可用于调节和控制水流。

（6）监测和控制系统。矿山供水系统通常配备水位监测设备、水质监测设备和自动控制系统。这些系统用于监测供水系统的运行状态，确保水源充足、水质合格，并实现自动化控制和调节。

矿山供水系统的设计和运行应考虑矿山的水资源需求、地质条件、水质要求及相关的法规和标准。灵活、可靠和高效是一套优质的矿山供水系统的关键特点。

8.2 矿井供水设备

8.2.1 水泵

矿用水泵是在矿山供水系统中常见的设备，用于将地下或地表水提升到所需位置，以满足矿山的供水需求。常见的矿用水泵有：

（1）离心泵。离心泵是最常见的矿用水泵类型之一。它通过离心力将水从进水口吸入泵体，然后通过旋转的叶轮将水流进行加速，并通过出水口排出。离心泵具有简单、可靠、高效的特点，适用于中小流量和中等扬程的供水系统。离心泵的结构如图 8-1 所示。

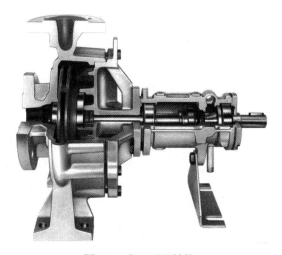

图 8-1 离心泵的结构

（2）柱塞泵。柱塞泵适用于高扬程和较小流量的供水系统。它通过柱塞在缸体中往复运动，使密封工作容腔的容积发生变化来实现吸油、压油。柱塞泵具有额定压力高、结构紧凑、效率高和流量调节方便等优点。柱塞泵在矿山中通常用于远距离水源输送、高地势地区供水及高压力喷射水。柱塞泵的结构如图 8-2 所示。

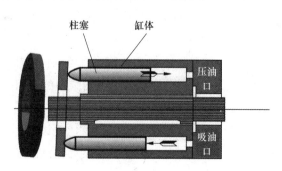

图 8-2 柱塞泵的结构

（3）自吸泵。自吸泵适用于较浅的水源或需要频繁启动的供水系统。其工作原理是水泵启动前先在泵壳内灌满水（或泵壳内自身存有水），启动后叶轮高速旋转使叶轮槽道中的水流向涡壳，这时入口形成真空，使进水逆止门打开，吸入管内的空气进入泵内，并经叶轮槽道到达外缘。自吸泵具有自吸功能，能够在启动时快速建立起吸水能力，不需要额外的吸水管道或泵送装置，它适用于对于水源位置变化较大或不稳定的矿山供水。自吸泵的结构如图 8-3 所示。

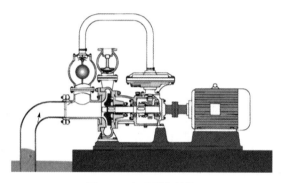

图 8-3　自吸泵的结构

（4）管道泵。管道泵是一种嵌入在供水管道中的水泵，可直接将水提升到所需位置。管道泵是单吸单级或多级离心泵的一种，属立式结构，因其进、出口在同一直线上，且进、出口口径相同，似一段管道，可安装在管道的任何位置，故称为管道泵（又名增压泵）。管道泵的结构如图 8-4 所示。它们通常用于将水源从地下或远离泵站的位置抽送到矿山的供水系统中。

（5）深井泵。深井泵适用于较深的井或地下水源。深井泵的最大特点是将电动机和泵制成一体，它是浸入地下水井中进行抽吸和输送水的一种泵，被广泛应用于农田排灌，工矿企业、城市给排水和污水处理等。深井泵的电动机要同时潜入水中，故对电动机的结构要求比一般电动机特殊。深井泵的电动机的结构形式分为干式、半干式、充油式、湿式。它们设计成能够承受较高的压力和提升水位，通常用于从深井或水井中抽水供应矿山系统。深井泵的结构如图 8-5 所示。

图 8-4　管道泵的结构

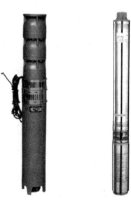

图 8-5　深井泵的结构

这些矿用水泵根据矿山供水的具体需求、水源深度和流量要求进行选择和配置。同时，选用合适的泵材质、密封方式和控制系统也是确保泵的可靠性和效率的重要因素。

8.2.2　水箱

矿用水箱是指在矿山环境中使用的储水设备，用于存储和供应矿山所需的水资源。矿用水箱通常具有以下特点和功能：

（1）储水容量。矿用水箱的容量可根据矿山的需求进行设计，通常会考虑到供水周期、用水量及预留的应急水源等因素。大容量的水箱可确保矿山在需要时有足够的水资源供应。

（2）结构材料。矿用水箱的结构材料通常选择耐腐蚀、耐磨损的材料，以适应矿山环境中的特殊要求。常见的材料包括钢板、玻璃钢、混凝土等。

（3）防渗漏设计。考虑到矿山环境中可能存在的地下水位、岩层渗透等因素，矿用水箱通常采用防渗漏设计，以确保储存的水资源不会因渗漏而浪费或污染周围环境。

（4）水位监测。矿用水箱通常配备水位监测装置，用于实时监测水箱中的水位情况。这有助于及时了解水量情况并采取相应的补充水源措施。

（5）进、出水系统。矿用水箱通常具备进出水系统，包括进水口和出水口。进水口用于将水源引入水箱，出水口用于连接管道网络，将水流供应到矿山不同的用水点。

（6）阀门和控制设备。矿用水箱的进出水口通常配备阀门和控制设备，以实现对水流的控制和调节。

（7）矿用水箱的设计和布置应根据矿山的具体情况进行规划，包括水资源供应情况、用水需求、矿山地形等因素。合理的矿用水箱设计可确保矿山在不同工作条件下有稳定可靠的水资源供应。

8.2.3　水处理设备

关键的矿山水处理设备起着至关重要的作用。使用水处理设备可确保从水源获取的水资源符合矿山的使用标准，提供清洁、安全的水源。其中，主要水处理设备包括：

（1）过滤器。过滤器用于去除水中的悬浮物、颗粒和杂质，以改善水质。过滤器由筒体、不锈钢滤网、排污部分、传动装置及电气控制部分组成。过滤机工作时，待过滤的水由进水口进入，流经滤网，通过出水口进入用户所需的管道进行工艺循环，水中的颗粒杂质被截留在滤网内部。常见的过滤器类型包括砂滤器、活性炭滤器和多介质滤器等。它们通过不同类型的滤材将水中的固体颗粒截留下来，提供相对清洁的水源。

（2）沉淀池。沉淀池用于去除水中的悬浮物、泥沙和重力沉降物。它通过将水慢速流动并停留在池中，使固体颗粒沉淀到底部。清澈的水从池的上部流出，而污泥则通过排泥管排出。

（3）消毒设备。消毒设备用于杀灭水中的细菌、病毒和其他微生物，以确保供水的卫生安全。常见的消毒方法包括氯消毒、紫外线消毒和臭氧消毒等。这些方法可有效消除水中的病原微生物，保证供水的卫生性。

（4）pH调节设备。pH调节设备用于调节水的酸碱度，使其符合矿山的用水要求。通过添加酸性或碱性化学品，可以调整水的 pH 值，以防止发生腐蚀或沉淀。

（5）除盐设备。对于需要淡化水源的矿山，除盐设备用于去除水中的盐分和矿物质，以减少水的硬度和溶解固体含量。常见的除盐方法包括反渗透和电离子交换等技术。

（6）水质监测设备。水质监测设备用于实时监测和检测水中的各种水质参数，如 pH 值、溶解氧、浊度、电导率等。这些设备可帮助矿山及时了解水质情况，进行必要的调整和控制措施。

这些水处理设备可根据矿山供水的具体要求和水质特点进行选择和组合使用，以确保提供清洁、安全的水源。同时，定期维护和监测水处理设备的运行状态也是确保供水系统有效运行的重要环节。

8.2.4 矿山供水管网

矿山服务年限较长，矿体集中，地势或中段水平高差悬殊，因此，有可能在地面设置供水构筑物（即水池或水箱）形成自然压头，这种供水池是井下唯一的直接水源，故称为集中供水。无论是露天或地下矿山均采用集中供水方式。

8.2.4.1 树枝状供水管网

干管和配水管布置形状似树枝，干线向供水区延伸，管线的管径随用水量的减少而逐渐缩小（见图 8-6）。它的优点在于管线总长度短，初期投资较省，适用于中小城镇和工矿地区及个别独立单位供水。缺点在于若管网任一段管线损坏，该管线下游的所有管线都将断水，供水可靠性低。

8.2.4.2 环状供水管网

管线间连接成环状（见图 8-7）。当任一段管线损坏时，可关闭附近的阀门使其和其余管线隔开，然后进行检修，水还可从其他管线供应用户，断水的地区小，从而增加了供水的可靠性。其优点在于供水的可靠性高，降低了水头损失，节省能量，缩小管径，有利于安全供水。一般在较大城市或供水要求较高不能断水的地区采用。缺点是环状管网管线长，需用较多材料，增加了建设投资，造价较高。

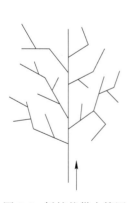

图 8-6 树枝状供水管网

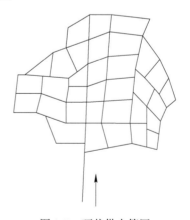

图 8-7 环状供水管网

8.2.4.3 井下供水管网系统

井下供水管网系统图如图 8-8 所示。

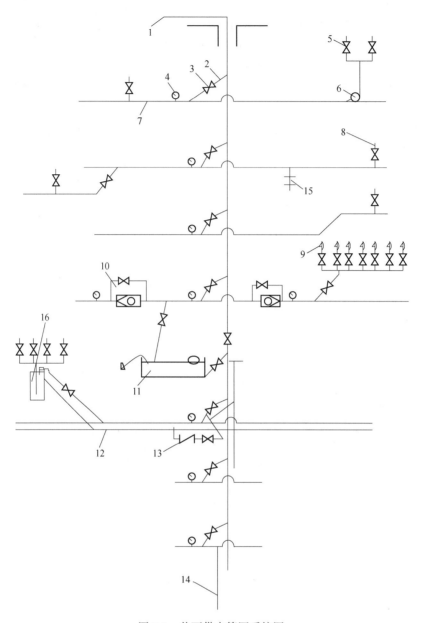

图 8-8 井下供水管网系统图

1—从地面来的供水主管；2—中段与主管的联络管；3—闸阀；4—水压表；5—采场工作面管；6—局部压力补偿水泵
（此泵宜配调速电机）；7—中段干线管；8—天井工作面管；9—孔板减压器；10—减压阀；11—减压水箱；12—压气管；
13—供水管与压气管为灭火紧急用的联结管上的逆止阀；14—下部装载硐室等用水的管道；15—消火栓；16—气压箱
（减压水箱通常放在中段马头门处，气压水箱则放在中段，天井或采场内）

8.3　矿山供水施救系统

　　《煤矿安全规程》第六百八十七条中规定，采区避灾路线上应当敷设供水管路，在供气阀门附近安装供水阀门。

矿山供水施救系统是指在矿井发生灾变时，为井下重点区域提供饮用水的系统，一般由清洁水源、供水管网、三通、阀门、过滤装置及监测供水管网系统等其他必要的设备组成。

8.3.1　主要功能及建设要求

8.3.1.1　主要功能

矿山供水施救系统的主要功能如下：

（1）具有基本的防尘供水功能。

（2）具有供水水源优化调度功能。

（3）具有在各采掘作业地点、主要硐室等人员集中地点在灾变期间能够实现应急供水功能。

（4）具有过滤水源功能。

（5）具有管网异常报警功能。

（6）具有水源、主干水管管网压力及流量等监测功能。

8.3.1.2　建设要求

矿山供水施救系统的建设要求如下：

根据《金属非金属矿山供水施救系统建设规范》（AQ/T 2035—2023），金属非金属地下矿山供水施救系统的建设要求包括：

（1）金属非金属地下矿山应根据安全避险的实际需要，建设完善供水施救系统。

（2）供水施救系统应进行设计，并按照设计要求进行建设。

（3）供水施救系统应优先采用静压供水；当不具备条件时，采用动压供水。

（4）供水施救系统可以与生产供水系统共用，施救时水源应满足生活饮用水的水质卫生要求。

（5）供水管道应采用钢质材料或其他具有同等强度的阻燃材料。

（6）供水管道敷设应牢固平直，并延伸到井下采掘作业场所、紧急避险设施、爆破时撤离人员集中地点等主要地点。

（7）各主要生产中段和分段进风巷道的供水管道上每隔 200~300 m 的距离应安设一组三通及阀门。

（8）独头掘进巷道距掘进工作面不大于 100 m 处的供水管道上应安设一组三通及阀门，向外每隔 200~300 m 的距离应安设一组三通及阀门。

（9）爆破时撤离人员集中地点的供水管道上应安设一组三通及阀门。

（10）供水管道应接入紧急避险设施内，并安设阀门及过滤装置，水量和水压应满足额定数量人员避灾时的需求。

（11）三通及阀门安装地点应宽敞、稳固，安装位置应便于避灾人员使用；阀门应开关灵活。

（12）供水施救系统的配套设备应符合相关标准的规定，纳入安全标志管理的应取得矿用产品安全标志。

（13）供水施救系统安装完毕，经验收合格后方可投入使用。

8.3.2 日常维护与管理

根据《金属非金属矿山供水施救系统建设规范》（AQ/T 2035—2023），金属非金属地下矿山供水施救系统的维护与管理内容包括：

（1）应指定人员负责供水施救系统的日常检查与维护工作。

（2）应绘制供水施救系统布置图，并根据井下实际情况的变化及时更新。布置图应标明三通及阀门的位置，以及供水管道的走向等。

（3）应定期对供水施救系统进行巡视和检查，发现故障及时处理。

（4）应配备足够的备件，确保供水施救系统正常使用。

（5）应根据各类事故灾害特点，将供水施救系统的使用纳入相应事故应急预案中，并对入井人员进行供水施救系统使用的培训，确保每位入井人员都能正确使用。

（6）相关图纸、技术资料应归档保存。

——— 本 章 小 结 ———

矿山供水系统按一定质量要求为矿山不同用水部门提供所需水资源，包括蓄水库、水泵、管道等工程设施。供水系统的正常运行直接关系到整个矿山的安全生产和人员的生活需求。除基本的供水功能外，矿山供水系统在建设和生产过程中还要求基建投资少，日常运转费用低，操作管理便利，无塔供水设备能够安全生产，并充分发挥整个供水体系的经济效益。最后，本章介绍了正确设计供水体系对矿山正常生产运行的重要意义。通过合理设计，可确保供水系统在满足各项需求的同时，经济高效地运行，为整个矿山的生产提供可靠的水源支持。

通过学习本章，读者将全面了解矿山供水系统的功能、要求和设计原则，从而在实际工作中保障矿山水资源的合理利用和系统安全运行。

复习思考题

8-1 矿山供水系统常见的组成部分包括哪些？

8-2 矿用水箱通常具有哪些特点？

8-3 矿山水处理设备包括哪些？

8-4 环状供水管网的优点是什么？

8-5 请简要阐述一下矿山供水施救系统的主要功能。

9 # 通风系统安全

本章提要

通风系统是矿井生产系统的重要组成部分，合理、可靠的通风系统能有效降低瓦斯突出、瓦斯爆炸、火灾及粉尘爆炸等灾害的发生风险。因此，通风系统设计合理与否对全矿井的安全生产及经济效益有长期而重要的影响。通风设计是矿井设计的主要内容之一，是反映矿井设计质量和水平的主要因素。本章将详细讲述矿山通风系统的相关安全内容。

9.1 矿井通风系统

矿井通风系统是向矿井各作业地点供给新鲜空气、排除污浊空气的通风网路、通风动力和通风控制设施的总称。

9.1.1 矿井通风方式及适用条件

矿井通风系统至少应有一个进风井和一个回风井。根据矿井进、回风井在井田内位置的不同，可将矿井通风方式分为中央式通风、对角式通风、区域式通风及混合式通风。

9.1.1.1 中央式通风

中央式通风是指矿井的进风井与回风井均位于井田走向的中央。根据进、回风井沿煤层倾斜方向相对位置的不同，又分为中央并列式通风和中央分列式（中央边界式）通风。

（1）中央并列式通风。进风井和回风井并列位于井田走向中央，如图9-1所示。

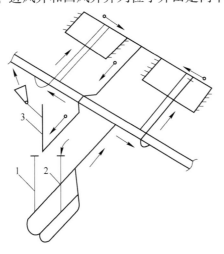

图 9-1 中央并列式通风

1—主井（提升）；2—副井（进风）；3—回风井

中央并列式通风方式主要优点有：建井工期较短，初期投资少、出煤快；两井底便于贯通，可开掘到第一水平，也可将回风井只掘至回风水平；矿井反风容易，便于管理。其主要缺点有：风流在井下的流动路线为折返式的，风流路线相对较长、阻力大；井底车场附近压差大，漏风难以控制；回风井排出的乏风容易污染附近的建筑与大气环境。中央并列式通风一般适用于煤层倾角大、埋藏深、井田走向长度较小、瓦斯与煤层自然发火都不严重的矿井。

（2）中央分列式（中央边界式）通风。进风井位于井田走向的中央，回风井位于井田沿边界走向的中部，如图9-2所示。在倾斜方向上两井相隔一段距离，一般回风井的井底高于进风井的井底。

中央分列式通风的主要优点有：矿井通风阻力较小，内部漏风较小；工业广场不受主要通风机噪声的影响及回风井乏风的污染。其主要缺点有：风流在井下的流动路线为折返式，风流路线长、阻力较大。中央分列式通风一般适用于煤层倾角较小、埋藏较浅、井田走向长度不大、瓦斯与煤层自然发火都较严重的矿井。

9.1.1.2　对角式通风

对角式通风可分为两翼对角式通风和分区对角式通风。

（1）两翼对角式通风。进风井位于井田中央，回风井位于两翼或回风井位于井田中央，进风井位于两翼，如图9-3所示。如果只有一个回风井，且进、回风井分别位于井田的两翼，则称为单翼对角式。

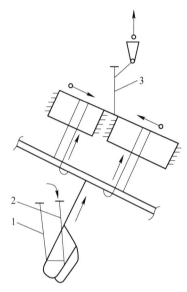

图 9-2　中央分列式通风

1—主井（提升）；2—副井（进风）；
3—回风井

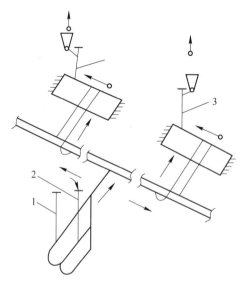

图 9-3　两翼对角式通风

1—主井（提升）；2—副井（进风）；3—回风井

两翼对角式通风的优点有：风流在井下的流动路线是直向式，风流线路短、阻力小、内部漏风少；安全出口多、抗灾能力强；便于进行矿井风量调节；矿井风压较稳定；工业广场不受回风污染和主要通风机噪声的危害。其缺点主要有：井筒安全煤柱压煤较多，初期投资大、投产较晚。两翼对角式通风适用于煤层走向大于 4 km、井型较大、瓦斯与自然发火严重的矿井或煤层走向较长、产量较大的低瓦斯矿井。

（2）分区对角式通风。进风井位于井田走向的中央，在各采区开掘一个不深的小回风井，无总回风巷，如图 9-4 所示。

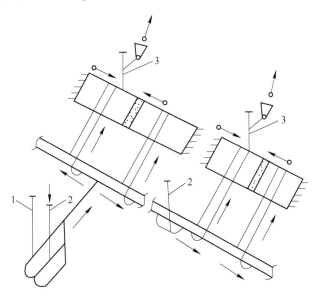

图 9-4　分区对角式通风
1—主井（提升）；2—副井（进风）；3—回风井

分区对角式通风的优点有：每个采区均有独立的通风系统，互不影响，便于风量调节；安全出口多、抗灾能力强；建井工期短；初期投资少、出煤快。其主要缺点有：占用设备多、管理分散、矿井反风困难。分区对角式通风适用于煤层埋藏浅或因地表高低起伏较大、无法开掘总回风巷的矿井。

9.1.1.3　区域式通风

区域式通风是指在井田的每一个生产区域开凿进、回风井，分别构成独立的通风系统。区域式通风的主要优点有：既可改善通风条件，又能利用风井准备采区，缩短建井工期；风流路线短、阻力小；漏风少、网络简单；风流易于控制，便于主要通风机的选择。其主要缺点有：通风设备多、管理分散。区域式通风适用于井田面积大、储量丰富或瓦斯含量高的大型矿井。

9.1.1.4　混合式通风

混合式通风是指井田中央和两翼边界均有进、回风井的通风方式。例如，中央分列与两翼对角混合式（见图 9-5（a））、中央并列与两翼对角混合式（见图 9-5（b））等。

混合式通风的优点有：回风井数量较多、通风能力强、布置较灵活、适应性强。其主要缺点是通风设备较多。混合式通风适用于井田范围大、地质和地面地形复杂或产量大、

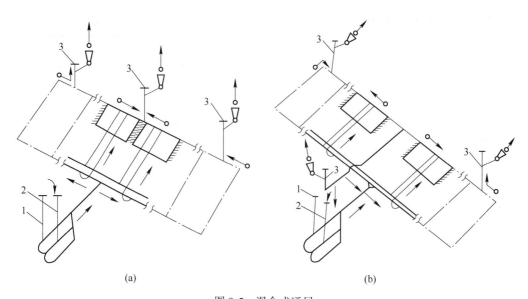

(a)   (b)

图 9-5　混合式通风

（a）中央分列与两翼对角混合式；（b）中央并列与两翼对角混合式

1—主井（提升）；2—副井（进风）；3—回风井

瓦斯涌出量大的矿井。

　　铀矿井除含有一般矿山常有的有害物质外，还存在镭衰变过程中产生的氡及其子体。世界卫生组织国际癌症研究机构已将氡列为致人类癌症的Ⅰ类致癌物，通风降氡是铀矿辐射防护的主要举措之一。在铀矿通风时通常采用机械通风，加大风量，并优先采取压入式通风和分区通风；主要风道尽量布置在脉外；留矿法和尾砂充填采矿法的采场尽可能采用下行通风；保证风量能将氡气与氡子体的浓度稀释至低于国家规定的导出空气浓度（DAC）相关标准。

9.1.2　主要通风机工作方法与安装地点

　　矿井主要通风机的工作方法（简称矿井通风方法）有抽出式通风、压入式通风和混合式通风。

9.1.2.1　抽出式通风

　　抽出式通风的主要通风机安装在回风井口。在抽出式主要通风机的作用下，整个矿井通风系统均处在低于当地大气压力的负压状态。当主要通风机因故停止运转时，井下风流的压力提高，对抑制瓦斯涌出等具有一定作用，因此比较安全。

9.1.2.2　压入式通风

　　压入式通风的主要通风机安装在进风井口。在压入式主要通风机的作用下，整个矿井通风系统处在高于当地大气压的正压状态。在垮落裂隙通达地面时，矿井采区内的有害气体可通过塌陷区向地表漏出。当主要通风机因故停止运转时，井下风流的压力降低，瓦斯涌出浓度增大，因此不太安全。

9.1.2.3　混合式通风

　　混合式通风是在进风井和回风井一侧都安装矿井主要通风机，新风经压入式主要通风机送入井下，污风经抽出式主要通风机排出井外的一种矿井通风方法。

混合式通风的特点是：

（1）进风井口地面附近安装压入式通风机，出风井口地面附近安装抽出式通风机。

（2）井下空气压力与地面空气压力相比，进风系统一侧为正压，回风系统一侧为负压。

混合式通风能适应较大的通风阻力，矿井内部漏风小。但也有部分局限性，通风设备多，动力消耗大，管理复杂。

9.1.3　矿井通风系统的选择

在拟定矿井通风系统时，应严格遵循安全可取、通风基建费用和经营费用之总和最低及便于管理的原则。矿井通风系统的选择依据如下：

（1）矿井通风网路结构合理：集中进、回风线路要短，通风总阻力要小，多阶段同时作业时，主要人行运输巷道和工作点上的污风不串联。

（2）内外部漏风少。

（3）通风构筑物和风流调节设施及辅扇要少。

（4）充分利用一切可用的通风井巷，使专用通风井巷工程量最小。

（5）通风动力消耗少，通风费用低。

矿井必须有完整独立的通风系统。两个及以上独立生产的矿井不允许有共用的主要通风机，进、回风井和通风通道。

每个生产矿井必须至少有两个能行人的、通达地面的安全出口，各个出口间的距离不得小于30 m。采用中央式通风系统的新建或改建、扩建矿井，设计中应规定井田边界附近的安全出口。当井田一翼走向较长、矿井发生灾害，不能保证人员安全撤出时，必须掘出井田边界附近的安全出口。

矿井进风井和回风井的位置应位于当地历年来最高洪水位以上。

根据矿井瓦斯涌出量、矿井设计生产能力、煤层赋存条件、表土层厚度、井田面积、地温、煤层自燃倾向性等条件，在确保矿井安全，兼顾中、后期生产需要的前提下，通过对多种可行的矿井通风系统方案进行优化或技术经济比较后，才能确定矿井通风系统的类型。

对于有煤与瓦斯突出危险的矿井、高瓦斯矿井、煤层易自燃的矿井及有热害的矿井，应采用对角式通风或分区式通风；当井田面积较大时，初期可采用中央式通风，逐步过渡为对角式通风或分区对角式通风。

矿井通风方法通常采用抽出式，当地形复杂、露头发育、老窑多，以及采用多风井通风有利时，可采用压入式通风。

9.1.4　通风控制设施

9.1.4.1　通风构筑物

通风构筑物（如风门、风桥、风窗和挡风墙等）的建筑应牢固、密闭性好，应由专人负责检查维护，保持严密完好状态。

9.1.4.2 风门

风门的安装要求包括：

（1）需设风门的主要运输巷道，应设两道风门，且其间距应大于一列车的最大长度。而无轨运输巷道，两风门的间距应大于运行设备最大长度的 1.5~2 倍。

（2）风门安装应严密，主要风门的墙垛应采用砖、石或混凝土砌筑。

（3）手动风门应顺风流方向有 80°~85° 的倾角，风门可由自重关闭；其开启方向应顶风流；在通风压差大的地段，风门上可设置易开启的小窗。

9.1.4.3 风桥

风桥的安装要求包括：

（1）当新风巷与污风巷交叉时应建筑风桥。

（2）风量超过 20 m³/s 时，应开凿绕道式风桥；风量为 10~20 m³/s 时，可用砖、石或混凝土砌筑；风量小于 10 m³/s 时，可用铁风筒。

（3）木制风桥只准临时使用。

（4）各种风桥与巷道的连接处要做成弧形。

9.1.4.4 空气幕（风幕）

空气幕（风幕）的安装要求包括：

（1）井下运输巷道需要调节风量或截断风流时，可在巷道内安设空气幕。

（2）空气幕应选择在巷道较平直且断面规整处安装。空气幕的供风器可固定在巷道横截面的顶部或一侧，供风器出风口应迎向巷道风流方向，使空气幕射流轴线与巷道轴线形成一个供风所需的夹角。

（3）空气幕形成的有效压力，取决于供风器出口风速、空气幕射流轴线与巷道轴线的夹角和巷道断面与供风器出口断面的比值。可根据调节风量所需的阻力来设计和选取。

9.2 矿井供风要求

9.2.1 通风系统的基本要求

通风系统的基本要求有：

（1）每个矿井至少要有两个通到地面的安全出口。

（2）进风井口要有利于防洪，不受粉尘、有害气体污染。

（3）北方矿井、井口需装供暖装备。

（4）总回风巷不得作为主要人行道。

（5）工业广场不得受扇风机噪声干扰。

（6）装有皮带机的井筒不得兼作回风井。

（7）装有箕斗的井筒不应作为主要进风井。

（8）可以独立通风的矿井，采区应尽量独立通风，不宜合并一个通风系统。

（9）通风系统要为防治瓦斯、火、尘、水及高温创造条件。

（10）通风系统要有利于适应深水平或后期通风系统的发展变化。

9.2.2 供风量要求

供风量要求包括：

（1）按井下同时工作的最多人数计算，每人供给的新鲜风量不得少于 4 m^3/min。

（2）按排尘风速计算，硐室型采场最低风速不得小于 0.15 m/s；巷道型采场和掘进巷道最低风速不得小于 0.25 m/s；装运机作业的工作面最低风速不得小于 0.4 m/s；电耙道和二次破碎巷道最低风速不得小于 0.5 m/s；箕斗硐室、破碎硐室等作业地点，可根据具体条件，在保证作业场所空气中有害物质的接触限值符合规定的前提下，分别采用计算风量的排尘风速。

（3）按同时爆破使用的最多炸药量计算，每千克炸药供给的新鲜风量不得少于 25 m^3/min 或按不同类型采掘工作面参照有关计算公式进行需风量计算。

（4）有柴油设备运行的作业场所，可按同时作业台数每千瓦供风量 4 m^3/min 计算。

（5）对高温矿床按降温风速计算，采掘工作面风速可取 0.5~1.0 m/s。

（6）矿井总风量等于矿井需风量乘以矿井风量备用系数 K。后者是考虑到漏风、风量不能完全按需分配和调整不及时等因素。K 值为 1.20~1.45，可根据矿井开采范围的大小、所用的采矿方法、设计通风系统中风机的布局等具体条件进行选取。

9.2.3 技术性要求

9.2.3.1 一般规定

技术性要求一般规定有：

（1）基建时期应采取有效的通风措施，确保井下气动设备获得足够的风量。在矿井通风系统形成前不得正式投产。

（2）进入矿井的空气不得受有毒有害物质的污染。从矿井排出的污风与主要供气设备噪声不得对矿区环境造成危害。

（3）矿井供气设备的有效风量率不得低于 60%。

（4）采场形成通风系统之前，不应进行回采作业。

（5）井下所有机电硐室都应供给新鲜空气。

（6）采空区应及时密闭。采场开采结束后，应封闭所有与采空区相通的影响正常通风的巷道。

9.2.3.2 通风控制设施

通风控制设施要求包括：

（1）通风构筑物（如风门、风桥、风窗和挡风墙等）的建筑应牢固，密闭性好，应由专人负责检查维护、保持严密完好状态。

（2）井下运输巷道需要调节风量或截断风流时，可在巷道内安设空气幕。

（3）空气幕形成的有效压力，取决于供风器出口风速、空气幕射流轴线与巷道轴线的夹角和巷道断面与供风器出口断面的比值。

9.2.3.3 主要供气设备要求

主要供气设备要求包括：

（1）供气设备应能在较大风量、风压范围内高效工作，尽量满足矿山不同开采时期的风量和风压要求。

（2）电动机的功率应满足风机运转期间所需的最大功率。轴流式电动机的功率备用系数应取 1.1~1.2，并须校核电动机的启动能力；离心式电动机的功率备用系数应取 1.2~1.3。

（3）高原地区供气设备特性曲线应按高原大气条件进行换算。

（4）对型号规格不同的主要通风机，应每台备用一台相同型号规格的电动机，并应设有能迅速调换电动机的装置。对有多台型号规格相同主要通风机工作的矿山，备用电动机数量可增加一台。

（5）正常生产情况下，主要供气设备应连续运转。

（6）主要供气设备硐室应设有测量风压、风量、电流、电压和轴承温度等的仪表，每班都应对设备运转情况进行检查，并填写运转记录。有自动监控及测试的主要供气设备，每两周应进行一次自控系统的检查。

（7）当主要供气设备在井下时，应确保井下值班室供给新鲜风流，并应有防止爆破危害及火灾烟气侵入的设施。

9.3　矿井通风系统安全管理

9.3.1　矿井通风安全信息化管理

9.3.1.1　日常通风安全管理业务

通风安全管理业务可根据矿井的地质条件、安全和开采技术条件的不同而有所不同。一般来说，有如下内容。

A　计划管理

在通风安全科学管理工作中预先的计划管理处于首要位置，其内容包括计划编制、计划落实、计划检查和计划调整等。

（1）计划编制。编制计划的主要依据是国家安全生产方针、矿井生产发展计划、技术装备技术水平及通风安全技术资料（主要包括在生产过程中统计、积累的资料和未来安全状况预测的资料）。计划可分为长期（长远）计划、年度计划、月计划和班计划。

各单位在编制年度和月生产计划的同时，必须根据矿井的实际条件，编制保证安全生产的通风、防治瓦斯、防火、防尘和降温等工作计划。内容应包括通风系统的调整和改造，专用通风巷道的掘进、维修，抽放钻场和钻孔工程，"一通三防"的管路铺设工程，开采保护层和各种防突工程、防灭火工程、防尘注水工程等。

（2）计划落实。根据计划要求合理分配资金、人力、物力，认真贯彻落实，无特殊条件变化时应确保计划实现。

（3）计划检查、总结和分析。每期计划执行中和结束时要进行检查、分析和总结，对隐患和问题及时解决，并对下期计划进行全面安排，提出保证计划完成的措施。

（4）计划调整。如果计划在实施的过程中遇到地质条件变化、资金或设备不能落实，采取措施后仍不能解决时，可适当调整计划，但必须满足安全生产需要。

B 技术管理

技术管理内容包括：

（1）技术文件和技术资料管理规定：

1）图纸齐全、正确，能反映实际情况。每个矿井必须有通风系统图、通风网路图和防尘管路布置图，对有监测系统、防火灌浆和瓦斯抽放系统的矿井，还应有监测系统图、防火灌浆和瓦斯抽放管路系统图等。各类图纸均应定期修改和及时补充，做到规范化，且与实际情况相符。

2）技术数据齐全。需要收集、储存的数据有：主要井巷的通风参数，如长度、断面、摩擦阻力系数；煤层瓦斯含量、瓦斯相对涌出量、瓦斯绝对涌出量、瓦斯地质资料、煤层的自燃倾向性鉴定资料、自然发火期统计资料、煤层的最短自然发火期等；主要通风机的性能曲线、局部通风机型号及其性能参数。各种报表应数据齐全、正确可靠，并上报及时。

3）技术文件齐全。施工应有安全技术措施，各工种有岗位责任制和技术操作规程，所有仪器应有说明书。

4）建立技术档案。各种报表应存档，各类台账（密闭墙台账、火区台账、局部通风机台账、盲巷台账、注水台账等）健全，各种检查记录（通风设施检查记录、反风设施检查记录、瓦斯检查记录和瓦斯涌出异常检查记录等）齐全。

（2）制定符合本公司、矿井的风量计算办法，矿井和采掘工作面配风合理。

（3）定期进行主要通风机性能测定和矿井通风系统阻力测定，以获得主要通风机性能实测曲线和关键阻力路线的阻力分布等资料。

（4）推广新技术和先进经验，开展通风安全的科学研究工作。

C 通风系统管理

井下一切通风设施，如风门、风眼、风窗、密闭墙、栅栏等，必须有专人维修、管理，使其保持完好状态。随工作面推进和迁移，应及时进行通风系统调整和风量调节；在改变通风系统时应预先制定计划和安全技术措施，严格履行审批手续。

D 通风仪表管理

矿井必须配备适量的通风安全检查仪表，并定期进行校准和维修，其完好率应达 90% 以上，下井仪器、传感器的合格率必须达 100%。

9.3.1.2 通风安全的计算机管理

从 20 世纪 50 年代至今，计算机用于管理已经历了三个阶段：电子数据处理（EDP）阶段、管理信息系统（MIS）阶段和决策支持系统（DSS）阶段。从 20 世纪 80 年代以来，煤炭工业部下属的各大矿务局及大型煤矿结合各自的具体情况，在有关学校和科研单位的协助下研制了一批有使用价值的应用软件，取得了一定的效益。计算机在通风安全管理的应用一般有以下三个方面：

（1）建立通风安全数据库。建立和使用好通风安全数据库、图库、模型库是矿井通风安全管理和煤矿企业管理现代化的标志，是利用计算机定期进行通风系统模拟和分析及进行现代化管理的依据。通风安全数据库主要有通风系统、通风报表、瓦斯管理、防火和防尘管理等。

（2）通风安全计算机辅助决策。借助 DSS 或专家系统（如火灾防治专家系统），可实现对矿井灾害的救灾方案预演、优化和科学决策。

（3）通风安全的计算机辅助设计。在通风设计、改变通风系统和进行风量调节时，借助计算机进行通风网络优化解算、通风机优选、模拟各方案结果，可使方案优化，提高工作效率和经济效益，也可实现计算机绘制通风系统平面图和立体图、通风动态图等。

9.3.2 掘进通风管理

在新建、扩建或生产矿井中，要经常开掘大量的井巷工程。掘进工作面是矿井事故多发地点，由掘进通风管理不善等造成瓦斯事故发生次数和死亡人数约占整个瓦斯事故的80%。因此，对掘进通风及安全进行科学管理不仅是提高掘进通风效果的重要环节，而且是防止瓦斯、煤尘爆炸事故的重要措施。

9.3.2.1 掘进通风管理的一般要求和措施

掘进通风管理的一般要求和措施包括：

（1）巷道掘进之前必须编制有关局部通风机和风筒的选择、安装及使用等的专门通风设计，并报矿总工程师批准。掘进巷道不得采用扩散通风，在突出煤层中不得采用混合式通风。

（2）局部通风机的安装和使用必须符合《煤矿安全规程》和《矿井通风质量标准与检查评定办法》的要求，杜绝不合理的串联通风。对通风距离超过 500 m 且停风不致形成瓦斯积聚的掘进工作面，应把过去按最远距离一次设计的方法改为分两次或三次设计，分期选择局部通风机，但所需要的风筒的规格按最远距离一次选定，这样有利于提高经济效益。

（3）局部通风机必须指定专人进行管理，不得随意停开。在高瓦斯矿井、煤与瓦斯突出矿井，所有掘进工作面的局部通风机都应装设"三专两闭锁"设施（"三专"指专用变压器、专用开关、专用供电电缆；"两闭锁"指风、电、瓦斯闭锁即停风或瓦斯超限时均要切断掘进工作面电气设备电源），保证局部通风机连续、可靠运转。在低瓦斯矿井中，掘进工作面与采煤工作面的电气设备可分开供电。

（4）局部通风机应装在专用台架上或采取吊挂，距巷道底板高度应大于 0.3 m 为宜，以防底板杂物粉尘飞扬起来，并提高入口流场的均匀性，减少入口局部阻力。掘进工作面的风筒吊挂必须符合通风质量要求，责任到人，严格管理，采掘工作面的生产班组要管好、用好局部通风设备。

（5）局部通风机和启动装置要安设在进风巷中，距回风流不得小于 10 m；局部通风机的吸风量要小于矿井总风压所供给该处的风量，以免产生循环风。

（6）使用局部通风机的掘进工作面，不准无故停风。因检修、停电等原因停风时，都要撤出人员，切断电源。在恢复通风工作前，必须检查瓦斯情况，距压入式局部通风机和开关地点附近 10 m 范围内，风流中的瓦斯浓度（体积分数）不超过 0.5% 时，方可开动局部通风机。

9.3.2.2 特殊情况下的通风管理

特殊情况下的通风管理措施包括：

（1）巷道贯通时的掘进通风管理。掘进巷道贯通时，应注意由于采取安全技术措施不及时而造成瓦斯爆炸、爆破崩人或冒顶事故，因而接到贯通书面通知后，通风区要编制并调整通风系统计划，做好通风设施与调风准备工作。贯通时通风部门指派主管通风人员统一指挥，贯通后按规定立即调整通风系统，防止瓦斯积聚。瓦斯浓度保持在 1% 以下时，方可恢复工作。

（2）在瓦斯大、无安全措施，又不能形成全负压通风系统，不采用局部通风机通风时，坚决禁止采用扩散通风、老塘通风等不安全的通风方式。

（3）无特殊情况，中途不得停止巷道掘进，非停不可的，短时间的停掘不得停风，长时间停掘的巷道要及时封闭。

（4）煤巷机械化掘进通风安全管理。综合机械化掘进煤巷时，除尘任务非常重要。喷雾洒水等综合防尘措施不符合综合机械化掘进的防尘要求，应采用混合式除尘通风。

（5）采用长压短抽掘进通风方式时，应注意下列问题：1）保证工作面的风速大于最低排尘风速（0.15 m/s）。2）压入式风筒出口应设在机组转载点后并距其有一定距离，以减少二次煤尘飞扬。当采用小直径风筒辅助通风时，其出风口距工作面不超过 5 m，抽出式的风筒吸入口距工作面不超过 5 m，而且吸入的风量要大，并配备除尘装置，以便及时吸入含尘风流，经除尘器降尘后再排出。3）加强风筒重叠段的瓦斯管理，在风筒重叠段巷道风速很小，在顶板附近易形成瓦斯层，故通常规定此处风速应大于 0.5 m/s，或采用康达风筒。同时，应安装瓦斯浓度的监测装置。

（6）风筒的安装与管理。我国煤矿在长距离独头巷道掘进通风技术管理方面积累了丰富的经验。可归纳如下：1）适当增加风筒节长，减少接头数目，降低风筒的局部风阻和漏风。2）改进接头连接方式。例如，淮北沈庄煤矿用铁圈压板接头代替插接，送风距离达 3033 m，工作面风量为 63.2 m³/min，风筒百米漏风率减少了 75%；枣庄矿区使用的螺圈接头，内壁光滑，接头局部风阻小，漏风也小，送风距离达 3795 m。3）风筒悬吊要平、直、稳、紧，逢环必吊，缺环必补，防止急拐弯。风机安装、悬吊也要与风筒保持平直。风机与风筒直径不同时，要用异径缓变接头连接。4）采用有接缝的柔性风筒时，应粘补或灌胶封堵所有的缝合针眼，防止漏风。5）在每隔一定距离风筒上安装放水嘴，随时放出风筒中凝结的积水。6）实行定期巡回检查制，加强维护，发现破漏时及时修补，悬吊不平直时及时调整。7）局部通风机启动时，要开、停几次，以防因突然升压而造成风筒胀裂或脱节。

9.3.3 井下调改风工作

井下调改风工作内容如下：

（1）井下调改风工作必须有专门的措施。巷道贯通、通风系统调整、初采初放、过地质构造、工作面缩短延长等特殊工作（环节）必须制定相应的通风安全技术措施，且必须有通风部门干部现场跟班协调指挥。

（2）执行调改风任务单审批制度，调改风工作必须提前通知调度室及各个有关部门，各有关部门必须协助完成调改风工作。巷道贯通、改变盘区通风系统及其他影响采掘工作面正常生产的大型调改风工作时，必须停止盘区内的一切作业。调改风过程必须由通风部、队干部现场指挥，保证作业安全。每次调改风必须对整个盘区的通风系统进行一次全面测定，测定结果报矿总工程师、通风部及有关单位。

（3）通风部必须按季度绘制通风系统图，并按月补充修改，矿井通风系统图必须标明巷道的风流、风向、风量及通风设施。

（4）通风部每 3 年进行 1 次通风阻力测定，每 5 年进行 1 次通风机性能测试，新安装的主要通风机在投运前必须进行性能测试。

（5）机电队要加强主要通风机的日常管理、维护工作，确保主要通风机的正常运转。出现异常时备用主要通风机必须在 10 min 内启动。

9.3.4 瓦斯管理

众所周知，瓦斯事故（如瓦斯爆炸事故等）是煤矿各类重大、特大事故中占比最大、死亡率最高、损失最严重的一种自然灾害，是当前煤矿安全的主要威胁。因此，加强矿井的瓦斯管理，能有效控制瓦斯事故，促使矿井安全状况实现根本好转。

9.3.4.1 矿井瓦斯管理的基本原则

矿井瓦斯管理的基本原则包括：

（1）矿井瓦斯分级管理原则。矿井瓦斯分级管理是矿井瓦斯管理的首要原则。分级管理是指依据矿井瓦斯等级的不同对矿井进行差异化的瓦斯管理，高瓦斯等级的管理要求更高。

（2）消除矿井瓦斯致灾条件原则。采取必要的组织、技术和管理措施消除矿井瓦斯造成灾害的条件，主要从防止瓦斯积聚、引燃、突出和瓦斯灾害事故扩大等方面进行，这也是矿井瓦斯管理的根本原则和主要目的。

（3）矿井瓦斯分源治理原则。根据矿井瓦斯来源在矿井（采区）瓦斯涌出量中所占的比重及其涌出规律而采取的相应的技术管理措施。

（4）矿井瓦斯的综合治理原则。从通风管理、机电设备防爆管理、火药和爆破管理、火区管理、隔爆设施管理、瓦斯监测、抽放及排放管理、瓦斯防灾减灾设备和技术开发等多方面和多环节上，对矿井瓦斯实行系统、全面治理。矿井瓦斯的综合治理能有效防治瓦斯灾害，是矿井瓦斯管理的重要举措和发展方向。

9.3.4.2 矿井瓦斯的基础管理

矿井瓦斯的基础管理包括：

（1）生产矿井必须全面掌握煤层的瓦斯情况和变化规律，如瓦斯地质、煤层的瓦斯含量、煤层的突出危险性等。

（2）定期进行瓦斯鉴定，掌握煤层的相对瓦斯涌出量和绝对瓦斯涌出量。

（3）进行瓦斯来源分析。测算采空区、采面、掘进工作面和巷道瓦斯涌出量占总涌出量的比重。

（4）对待开采煤层要进行瓦斯涌出量预测和突出危险性预测。

9.3.4.3 矿井瓦斯的分级管理

在采矿历史上有许多瓦斯爆炸事故是由矿井瓦斯量低而忽视管理造成的，因而要严格按照《煤矿安全规程》规定，对不同瓦斯等级的矿井采取相应的管理。依据瓦斯等级的不同，在矿井瓦斯检查制度及人员配备、通风安全监测装置配置、电气设备选用、掘进工作面安全技术装备系列化标准、矿用安全炸药选用要求和爆破管理等方面采取不同的管理制度、管理措施和管理手段。

针对突出矿井，防治煤与瓦斯突出的基本策略是"四位一体"的综合防突措施，即采取以防治突出措施为主，同时进行突出危险性预测、防治突出技术措施的效果检验，以及采取避免人身事故的安全防护措施。而且，以上四项措施必须按一定的管理程序实施。

严格瓦斯检查制度和管理对防止瓦斯事故至关重要。主要包括：（1）加强瓦斯检查队伍建设，应选拔高素质和责任心强的瓦斯检查员，并实行严格的奖惩制度。（2）建立区域巡回检查和连续监测的双重瓦斯检查系统。凡属高瓦斯和突出矿井的煤和半煤巷的掘进工作面都要配专职瓦斯检查员，并安设瓦斯自动报警断电装置。（3）瓦斯检查员应在井下工作岗位上交接班。井下瓦斯检查必须按规定的地点、路线和时间（次数）进行检查并向调度室汇报，严格履行检查员岗位责任。（4）所有高瓦斯和突出矿井应装备全矿井安全监测系统，并充分发挥监测设备的效能；低瓦斯矿井的采掘工作面必须配备便携式瓦检仪。

9.3.4.4 矿井瓦斯综合管理

实践证明，必须从煤矿安全生产工作的多方面、多环节对瓦斯采取综合治理和管理措施，才能达到控制井下瓦斯涌出、消除瓦斯灾害条件，基本控制瓦斯煤尘重大事故的目的。

A 系统综合治理的一般管理

系统综合治理的一般管理内容包括：

（1）加强对通风、瓦斯防治业务工作的指导，建立各级领导责任制。局、矿、区（队）长是安全生产的第一责任人，对防止瓦斯事故负有全面责任。局、矿领导和总工程师必须每日审阅通风瓦斯日报，发现问题要及时解决。

（2）采取得力措施防止瓦斯积聚。预防瓦斯积聚，一是加强通风管理；二是加强瓦斯检查，及时发现生产空间瓦斯超限和积聚，并及时处理；三是及时封闭非生产空间（如盲巷等），临时停工掘进工作面，要保持正常通风。

（3）加强矿井瓦斯监测，建立健全瓦斯报表、瓦斯台账和瓦斯记录制度。

（4）加强矿井通风管理，改善矿井通风系统，要保证矿井有足够的风量，通风系统合理；通风设施的位置要合理，通风设施的质量要合格。

（5）加强井下火源管理，消除引爆瓦斯的条件。管理工作的主要内容有：

1）加强机电设备管理，保证电气设备的防爆性能。采掘面电气设备的检修和维护要坚持执行包机、包片和定期检修制度。严禁带电作业。杜绝不合格的电缆接头。凡检修搬迁电气设备时，都必须检查瓦斯隐患。

2）加强爆破工作管理。必须配齐专职爆破工，严格按规定装药、填泥，进行"一炮三检"。在突出煤层的掘进工作面必须配专职爆破工。严格执行"三人连锁放炮制"。

3）加强井下烧焊、点火作业的管理。

（6）搞好矿井隔爆设施的管理。要加强对隔爆水棚、岩粉棚等隔爆设施的管理，充分发挥其作用，以防瓦斯煤尘爆炸事故的扩大，隔绝爆炸的传播。

（7）要大力推广使用瓦斯报警矿灯、便携式瓦检仪、移动式瓦斯抽放泵站和对旋式局部通风机等新型设备。

（8）要加强对低瓦斯矿井地质变化和高瓦斯矿井的瓦斯管理，严格按瓦斯矿井管理的各项规定要求执行。各项制度要落实到位，纵向到底，横向到边。

（9）认真贯彻《防治煤与瓦斯突出规定》，积极开展"四位一体"的综合防突措施，加强领导、充实队伍、健全机构、完善手段，坚持走瓦斯、地质、矿压相结合，科技与实践相结合的道路，进一步开展好防突工作。

（10）为防止采掘衔接过程中发生特大瓦斯、煤尘事故，要加强劳动组织和现场管理，要及时调整风流，进行统一指挥、协调工作。

B　排放瓦斯的安全技术及组织措施

停电停风的采掘面、施工单位或通风部门必须编制排放瓦斯的安全技术措施。安全技术措施的具体要求是：

（1）估算排瓦斯量、供风量和排放时间，采用正确的排放方法，严禁"一风吹"，确保排出风流和全风压风流混合处的瓦斯浓度不超过 1.5%。

（2）确定排放瓦斯的流经路线、方向及影响范围，必须绘制有关通风系统图和供电系统图，标明电气、通信、探头、通风设施的位置，做到文图齐全。

（3）明确停电撤人范围。凡排放瓦斯影响到的地点，必须停电撤人，停止作业，并指定警戒人员的位置，禁止其他人员进入。切断电源要由专人看管。

（4）排完瓦斯后，指定专人检查瓦斯浓度，供电系统、电气设备必须完好，只有排放瓦斯的巷道中瓦斯浓度不超过 1% 时，方准指定专人恢复供电。

C　瓦斯排放要实行分级管理

瓦斯排放要实行的分级管理内容包括：

（1）临时停风时间短，瓦斯浓度不超过 3% 的采掘工作面，由通风区和瓦斯检查员负责就地排放。

（2）巷道瓦斯浓度超过 3%，排放瓦斯风流途经路线短，直接进入回风系统，其安全管理措施必须由矿总工程师组织会审后批准，并报公司备案。

（3）巷道瓦斯积聚或贯通已经封闭的停风区，瓦斯浓度超过 3%、排放瓦斯路线长、影响范围大、排放瓦斯风流切断采掘面的安全出口时，其排放措施要由矿总工程师组织会审、公司总工程师批准，并报省煤炭管理局（厅）备案。

（4）贯彻落实与监督检查。瓦斯管理措施由矿总工程师组织，贯彻落实到人。安全监察人员要现场监督检查排放工作。严禁违章排放。

（5）掘进巷道排放瓦斯的方法有分段排放方法和一次排放方法。分段排放方法适用于瓦斯积聚浓度较高，长度较长的巷道。一次排放方法适用于瓦斯积聚浓度不高，积聚巷道不长的巷道。此外，还可使用自动瓦斯排放装置来排放瓦斯。

D　盲巷管理

井下凡是没有利用局部通风设备或其他手段进行通风且长度超过 6.0 m 的独头巷称为盲巷。它是引发瓦斯爆炸、窒息事故的严重隐患，必须加强管理。盲巷管理工作包括：

（1）必须把好设计、计划、施工关。要做到巷道设计和施工程序合理、准确，尽量杜绝出现盲巷。

（2）一旦出现盲巷，通风部门应按《煤矿安全规程》立即设置栅栏及时封闭。不得把带电设备、电缆封闭在盲巷内。栅栏位置应设在距巷道口 5 m 范围内。

（3）当临时停工区内的瓦斯或二氧化碳浓度（体积分数）达到 3.0%，或其他有害气体浓度超过《煤矿安全规程》中的规定而不能立即处理时，必须在 24 h 内封闭完毕。

（4）凡封闭或打开栅栏的盲巷，都要编号并建立台账，填入通风系统图或采掘平面图。要定期检查完好情况。井下停风地点栅栏外风流中的瓦斯浓度每天至少检查一次。贯通盲巷要严格按《煤矿安全规程》中的规定执行，只有采取措施并确认盲巷中瓦斯浓度（体积分数）小于 1.0% 后方可贯通。

E　矿井瓦斯监测监控设备和仪表管理

矿井瓦斯监测监控设备和仪表管理应包括以下几方面：

（1）矿井应建立通风安全监测队，负责矿井瓦斯监测监控设备和仪表的管理、安装、调试和维修，以提高设备、仪表的使用率。

（2）各类传感器的工作地点、安装数量、位置、报警范围必须符合设计说明要求和《煤矿安全规程》中的有关规定。同时，加强井下的检查、更换、维修、迁移的管理，建立仪器设备台账、记录、报表和绘制监测监控系统图。

（3）装备有监测监控系统的矿井应设置中心室、设备维修室、库房、仪器发放室，以便开展日常监测监控、维修和仪器发放工作。

（4）监测监控设备应经常进行检修，必须保持设备显示、打印、报警、存盘等各项功能的正常运行，仪器设备的完好率、待修率也要符合要求。

9.3.5　安全隐患管理

安全隐患是指作业场所及其周围空间环境存在的危险源、设备及设施存在的不安全状态、人存在的不安全行为和管理上存在的缺陷。

安全隐患是引发生产安全事故的直接原因。加强对重大事故隐患的控制管理，对预防各类事故发生有重要意义。1995 年劳动部颁布的《重大事故隐患管理规定》，对重大事故隐患的评估、组织管理、整改等要求做了具体规定；2005 年和 2008 年国家安全生产监督管理总局颁布实施了《煤矿重大安全隐患认定办法（试行）》和《安全生产事故安全隐患排查治理暂行规定》。安全隐患管理是安全管理的主要内容之一。

在煤矿生产过程中，安全隐患是客观存在的，它伴随煤矿的生产而产生和存在。隐患虽然不是事故，但它是导致事故的根源。如果能及时发现，并进行及时、有效治理，就可能避免事故发生和发展。因此，及时、全面地辨识安全隐患，并采取有效的治理措施，消除安全隐患，是预防事故的前提。《国务院关于预防煤矿生产安全事故的特别规定》中第九条规定：煤矿企业应当建立健全安全隐患排查、治理和报告制度，从而把煤矿安全隐患排查治理工作提高到法律层面。

安全隐患与危险源既有区别也有联系。危险源是指一个系统中具有潜在能量、在一定的触发因素作用下可释放、转化为事故的物质、设备、设施、生产工艺及其存在的空间、环境等。危险源存在于确定的系统中。一般来说，危险源可能存在安全隐患。安全隐患除危险源外，还包括其他要素，如人的不安全行为和管理上的缺陷等。把安全生产管理的重点由事故处理转到安全隐患治理上。安全隐患治理要建立"检查、辨识（发现）、报告、制定治理方案、处理（整改）、验收、备案存档"的闭合管理机制。

9.3.5.1　隐患分类

安全隐患按危害程度可分为一般安全隐患和重大安全隐患。一般安全隐患是指危害和整改难度较小，发现后能够立即整改排除的隐患。重大安全隐患是指可能导致人身伤亡或重大经济损失的安全隐患。

按其形成事故类型可将安全隐患分为瓦斯、火、煤尘、水、顶板、机电、运输等灾害事故安全隐患。

安全隐患应实施"分级、分类"管理。对于危害和整改难度较大的安全隐患，若不能及时处理，应停止受影响范围的作业。

9.3.5.2　安全隐患辨识与排查

安全隐患辨识的主要依据是现行的法律法规、规章、标准和规程，以及安全管理的经验和事故的教训。企业据此并结合本企业的生产特点、工作环境、生产工艺、设备设施的状况和人员操作内容等，制定安全隐患认定标准，编制安全隐患分类及其特征表，作为辨识操作的依据。安全隐患辨识方法主要是现场检查。

矿井要建立程序化、规范性排查机制。生产区队和班组每班应对作业范围安全隐患进行排查，煤矿各专业每旬组织对本专业的安全隐患排查，矿井每月组织一次重大安全隐患的专项排查，排查结果经筛选后报告隐患管理部门进行登记建档，按程序处理。

较常见的安全隐患主要有：

（1）矿井采掘工作面等主要用风地点风量不足。

（2）采掘工作面违反规定的串联通风。

（3）开采自燃煤层的工作面不能及时封闭且未采取有效的防火措施。

（4）在未采取有效防突措施的突出危险煤层中进行采掘活动。

（5）在瓦斯超限环境中进行作业。

（6）不按规定检查瓦斯隐患，存在漏检、假检；开采有自然发火危险的煤层时，未采取有效防火措施。

（7）开采有冲击地压危险煤层时，未采取有效预防措施。

（8）风门、密闭等通风设施构筑质量不符合标准、设置不能满足通风安全需要。

（9）煤巷、半煤岩巷和有瓦斯涌出的岩巷的掘进工作面未装备甲烷风电闭锁装置。

（10）煤矿"三违"作为行为隐患纳入安全隐患排查治理的工作范围。

9.3.5.3　安全隐患管理

成立安全隐患管理部门，并有专职人员负责安全隐患的具体工作，安全监管监察部门负责对安全隐患治理的全过程进行监督。

建立安全隐患报告和举报奖励制度，任何单位和个人发现安全隐患，均有权向安全监管监察部门和有关部门报告。

按照安全隐患的等级进行登记，建立安全隐患信息档案，并按照职责分工，实施监控和跟踪治理。重大安全隐患档案内容包括隐患的现状及其产生原因、隐患的危害程度和整改难易程度分析、隐患的治理方案，以及安全隐患治理完成后编写报告和进行统计分析。

在安全隐患治理过程中，要有管理人员和安全检查员跟班作业，采取相应的安全防范措施，防止事故发生。安全隐患排除前或排除过程中无法保证安全的，应当从危险区域内撤出作业人员，并疏散可能危及的其他人员，设置警戒标志，暂时停产停业或者停止使用；对暂时难以停产或者停止使用的相关生产储存装置、设施、设备，应当加强维护和保养，防止事故发生。

有条件时应建立和使用煤矿安全隐患管理系统，全面、准确地搜集各类安全隐患信息，以对隐患进行统计分析，提高安全隐患的管理和治理水平。

———— **本 章 小 结** ————

本章介绍了矿山通风系统，强调了通风系统在矿山安全生产中的关键作用。通风设计是矿井设计的主要内容之一，直接反映了矿井设计的质量和水平。良好的通风设计不仅关系到灾害防范，还关系到整个矿山的生产效益。本章还详细讲述了矿山通风系统的相关安全内容，包括通风系统的设计原则、运行管理、故障排查等，旨在帮助读者全面了解和掌握通风系统的安全管理知识。

通过学习本章，读者将具备深入理解矿山通风系统的能力，能够在实际工作中有效规划和管理通风系统，提高矿山安全生产水平。

复习思考题

9-1 根据矿井进、回风井在井田内位置的不同，可将矿井通风系统分为哪几类？

9-2 矿井通风方法有哪些？

9-3 矿井供风量有哪些要求？

9-4 请简要阐述掘进通风管理的一般要求与措施。

9-5 井下调改风工作应如何进行？

9-6 施工单位或通风部门必须编制排放瓦斯的安全技术措施，请阐述措施的具体要求。

10 充填系统安全

本章提要

充填系统是矿山的一个重要系统之一。矿山充填系统是指在矿山开采过程中，将采矿过程中产生的废弃物（如矿石中的无价值矿石、岩石碎屑等）经过处理后再次填充回采空间的系统。这个过程不但在回收高品质矿产资源时能使矿山获得更好的经济效益，而且能提高资源效率，有效地回收难采矿床资源，减少对环境的破坏，从而促进采矿工业与资源、环境安全、经济的协调发展。概括起来，矿山充填系统具有四大主要功能：提高资源利用率、贮备远景资源、防止地表塌陷和充分利用固体废物。

但是，矿山充填系统在实际运作中可能面临一些安全问题，如充填料浆质量不合格、充填料浆输送故障、人为操作错误等，这些问题需要得到重视和妥善处理。为确保矿山充填系统的安全，必须进行定期检查、维护和监测。矿山管理团队应培训矿山从业人员有关充填系统的安全操作和紧急情况处理，提高他们对潜在危险的认识，并确保他们知道如何应对可能出现的问题。合理的规划、高效的运作和严格的安全标准是确保充填系统安全的关键。本章将详细讲述矿山充填系统涉及的安全工作。

10.1 充 填 材 料

10.1.1 充填材料的组成与规范

10.1.1.1 充填材料的组成

充填材料的种类多种多样，其中充填骨料（或充填集料）可作为填充的主体，胶凝材料（如水泥或石灰）可用于固化充填骨料，水则在混合过程中与胶凝材料反应，以促使其固化。此外，充填材料还有可能使用外加剂，如在膏体充填中使用的絮凝剂和减水剂，这些外加剂有助于调整充填材料的性能。充填材料的种类和配比取决于矿山的地质特征、充填体的目标性能、环境要求等多个因素。充填材料的选择和掺配需要在严格的工程规范下进行，以确保充填体的稳定性、强度和可持续性，以及对矿山运营的安全性和环保性的贡献。充填材料的类型如下：

（1）充填骨料（或充填集料）。充填骨料作为充填体的主体，通常是矿石碎料、砂石等。充填骨料的物理性质、颗粒分布及矿石种类会影响充填体的工程性能。充填骨料要求具有足够的强度和稳定性，以保障充填体的结构完整性。

（2）胶凝材料（如水泥或石灰）。胶凝材料是胶结充填中不可或缺的成分，它与充填骨料发生化学反应，形成胶结物质，使充填体得以固化。水泥和石灰是常见的胶凝材料，其选择应考虑充填体的强度要求、硬化时间及对地下水质的影响。胶凝材料的种类和用量直接影响充填体的质量和性能。

（3）水。水在胶结充填过程中扮演着重要角色，它与胶凝材料混合反应，促使充填体固化。水的加入量和掺入顺序对充填体的均匀性和硬化时间产生影响。适量的水能够确保充填体的均匀性和强度，但过多的水可能会导致充填材料的强度下降。

（4）外加剂（如膏体充填中的絮凝剂、减水剂等）。外加剂是用于改善充填材料性能的辅助材料。例如，膏体充填中的絮凝剂能够控制料浆的流动性，使其适于输送和填充。减水剂可以调整充填材料的流动性和黏度，影响充填体的均匀性和质量。外加剂的选择要根据充填工艺和性能要求进行调配。

10.1.1.2　充填材料的一般规定

（1）充填材料应符合我国环保和安全相关要求，不应对人体、环境及充填体性能产生有害影响。

（2）充填骨料的选择应符合下列规定：

1）充填骨料应符合现行国家标准《一般工业固体废物贮存和填埋污染控制标准》（GB 18599—2020）的有关规定；

2）充填骨料宜采用尾砂、废石等矿山固体废弃物或一般工业固体废物；

3）含硫量超过8%的集料不宜用于胶结充填。

（3）胶凝材料应采用水泥或具有胶凝作用的其他材料。

（4）充填用水的水质要求：pH值不得小于5、SO_4^{2-} 含量不得超过 2700 mg/L。

（5）充填系统建设方案初步设计前，应完成充填材料试验。

（6）充填材料变更或性质发生变化时，应重新开展相应的充填材料试验。

10.1.2　充填材料的性能测试相关规定

充填材料的性能测试是确保矿山充填系统稳定、高效运行的关键环节。通过系统的性能测试，能够全面了解充填材料的物理、力学和化学特性，从而准确评估其在地下环境中的表现和可靠性。性能测试帮助确定充填材料的强度、稳定性、流变特性等关键指标，以及其在不同应力和环境下的响应。这种系统性的测试过程能够揭示充填材料在充填体结构支撑、地下压力分布、抗剪性能等方面的行为，为充填体的设计、施工和运营提供了科学依据。通过性能测试，能够保障充填体在地下环境中的稳定性和持久性，同时减少因材料性能不符合要求而导致的风险和不确定性。

10.1.2.1　充填材料取样的一般规定

充填材料取样的一般规定包括以下几方面：

（1）样品代表性。取样的关键是确保样品具有代表性，能够准确反映充填体的整体性能。取样应涵盖充填体的不同部位和条件，以避免出现偏差和误导性结果。

（2）选材合适性。根据充填材料的类型，选择合适的原料或产生物作为样品。例如，采用尾砂充填且尚未建成选厂的矿山，宜选取连选试验产生的尾砂，确保取样物料与实际应用接近。

（3）散状集料的取样。当充填材料为散状集料时，宜采用棋盘式取样法。这种方法能够保证取样的均匀性，避免因特定颗粒的集中取样导致样品不准确。

（4）取样数量。充填材料的取样数量应大于试验所需量的 1.5 倍。这样可以确保在试验中有充足的样品进行反复测试，以获取稳定和可靠的结果。

（5）胶凝材料的储存。对于胶凝材料，取样后在实验室储存凝胶材料时应注意防潮。胶凝材料容易受潮，从而影响其性能，因此应保证其在保质期内使用，以获取准确的性能测试结果。

10.1.2.2 实验室充填材料的制备

实验室充填材料的制备工序如下：

（1）干燥处理。尾砂浆等材料宜在自然晾干至气干状态后使用，以避免含水率对试验结果产生影响。

（2）混合方法。使用环锥法、移锥法或滚移法等混合方法，确保材料混合均匀。不同混合方法适用于不同类型的充填材料，选择合适的混合方法能够更好地模拟实际施工过程。

（3）封装分批。根据试验方案，将混合好的充填材料分批封装。分批封装能够保持材料的新鲜性和一致性，以确保每次试验的可比性。

（4）含水率测定。在试验前需测定充填骨料的含水率。因为含水率会影响充填材料的配比和性能，准确的含水率测定是必要的。

（5）质量计量。在实验室拌制充填材料时，材料的用量应以质量计。不同材料的称量允许偏差不同，这有助于准确控制材料用量。

（6）机械搅拌。实验室充填料浆宜采用机械搅拌，确保充填材料充分混合。搅拌时间一般不少于 3 min，以保证充填材料的均匀性和性能。

10.1.2.3 充填材料试验的一般规定

充填材料试验的一般规定有：

（1）不同类型充填材料试验执行标准应根据如下现行标准或有关规定进行：

1）水泥强度试验应按《水泥胶砂强度检验方法（ISO 法）》（GB/T 17671—2021）的有关规定执行；

2）集料物理性质测试参数应包括密度、粒径、孔隙率、渗透系数，测试方法应按现行国家标准《土工试验方法标准》（GB/T 50123—2019）的有关规定执行；

3）胶凝材料标准度用水量、凝结时间、安定性试验应按现行国家标准《水泥标准稠度用水量、凝结时间、安定性检验方法》（GB/T 1346—2011）的有关规定执行；

4）膏体料浆或含有废石、碎石等粗集料的水力充填料浆，宜开展充填料浆坍落度试验评价料浆流动性能，坍落度试验应按现行国家标准《普通混凝土拌合物性能试验方法标准》（GB/T 50080—2016）的有关规定执行。

（2）充填骨料试验时应检测化学成分及其含量。骨料粒级组成测试时，粒径大于 74 μm 的骨料宜采用筛分测试法，粒径小于或等于 74 μm 的骨料宜采用激光粒度分析测试法、湿筛法、水析法。

（3）采用重力沉降浓缩方式制备尾砂浆应开展尾砂沉降试验；分级尾砂充填应开展静态自然沉降试验，并应记录不同进料浓度下的沉降速度、固体通量和最大底流浓度；全尾砂充填应开展静态自然沉降试验、静态絮凝沉降试验。深锥浓密机浓缩宜补充开展动态絮凝沉降试验，并应记录不同进料浓度、不同絮凝剂及同种絮凝剂不同添加量条件下的沉降速度、固体通量、最大底流浓度和溢流水悬浮物浓度。

（4）充填料浆性能试验宜采用泌水试验、凝结时间试验、坍落度试验、扩展度试验、充填沉缩比试验、流变试验、管道输送试验。尾砂等细集料的水力充填料浆，宜开展充填料浆扩展度试验，评价料浆流动性能。

（5）胶结充填体强度宜通过单轴抗压强度试验测定。其试验模型宜采用直径 75 mm、高度 150 mm 的圆柱体试验模型；当充填骨料含有废石、碎石等粗集料时，圆柱体试验模型直径应大于粗集料最大粒径的 4 倍，试验模型高度应为试验模型直径的 2 倍。单轴抗压强度试验应按下列步骤进行：

1）试件到达养护龄期后，取出拆模，检查试件尺寸及形状，试件上端面应研磨整平。

2）试件高度不应低于直径的 1.8 倍，试件高度宜采用游标卡尺测量，测量结果应精确至 0.1 mm；试件直径应采用游标卡尺分别在试件上部、中部和下部相互垂直的两个位置上共测量 6 次，取测量的算术平均值作为测量结果，测量结果应精确至 0.1 mm。

3）将试件置于试验机上、下承压板之间，试件纵轴应与加压板中心对准。

4）开启试验机，试件表面与上、下承压板或钢垫板应均匀接触；试验机的加压板与试件端面之间应紧密接触，不得夹入异物。

5）应选择合适的速率连续加载，开始加载至试件破坏时间不应小于 2 min，然后记录破坏荷载。

10.2　充填系统设计

10.2.1　充填方式

充填采矿法在国内外金属矿山的应用历史悠久。目前，随着采矿技术的发展，全部机械化作业的充填采矿法已得到日益广泛的应用。新中国成立初期所采用的充填采矿方法基本上只有干式充填。一般认为，充填材料和充填工艺是选择充填采矿法回采方案的重要前提。因此，通常根据充填材料和充填工艺的特征，将充填采矿法分为干式充填、水力充填和胶结充填 3 种类型。

（1）干式充填。它是指将采集的块石、砂石、土壤、工业废渣等惰性材料，按规定的粒度组成进行破碎、筛分和混合，形成干式充填材料，用人力、重力或机械设备运送到待充填采空区，形成可压缩的松散充填体。

（2）水力充填。它是指以水为输送介质，利用自然压头或泵压，从制备站沿管道或与管道相连接的钻孔，将山砂、河砂、破碎砂、尾砂、碎矸石或水淬炉渣等水力充填材料输送和充填到采空区。充填时，使充填体脱水，并通过排水设施将水排出。水力充填的基本设备（施）包括分级脱泥设备、砂仓、砂制备设施、输送管道、采场脱水设施及井下排水和排泥设施。管道水力输送和充填管道是水力充填最重要的工艺和设施。砂浆在管道中流动的阻力要靠砂浆柱自然压头或砂浆泵产生管道输送压力克服。选择输送管道直径时，需要先按充填能力、砂浆的浓度和形态计算出砂浆的临界流速、合理流速和水力坡度等。

（3）胶结充填。它是指将采集和加工的细砂等惰性材料掺入适量的胶凝材料，加水混合搅拌制备成胶结充填料浆，再沿钻孔、管、槽等向采空区输送和堆放，然后使浆体在采空区中脱去多余的水（或不脱水），形成具有一定强度和整体性的充填体；或者将采集和加工好的砾石、块石、碎矸石等惰性材料，按照配比掺入适量的胶凝材料和细粒级（或不加细粒级）惰性材料，加水混合形成低强度混凝土；或者将地面制备成的水泥砂浆或净浆，与砾石、块石、碎矸石等分别送入井下，将砾石、块石、碎矸石等惰性材料先放入采空区，然后采用压注、自淋、喷洒等方式，将砂浆或净浆包裹在砾石、块石等的表面胶结形成具有自立性和较高强度的充填体。

充填方式的选择是矿山充填系统设计中的关键决策之一，将直接影响矿山的生产效率、经济效益、环境影响，以及长期的可持续性。

首先，充填材料的来源和性质直接影响充填方式的选择。不同的充填材料，如尾砂、废石或混合物，具有不同的物理特性、化学成分和流动性。根据这些特性，选择适当的充填方式能确保充填材料在输送和充填过程中的稳定性、均匀性和可控性。其次，采矿方法的要求对充填方式的决策至关重要。不同的采矿方法，如深部开采、块矿体开采等，可能涉及地下空间的布局、充填材料输送的距离，以及停采的区域管理等。选择合适的充填方式能很好地与采矿方法相匹配，提高充填的效率、安全性和适应性。此外，经济效益也是充填方式选择的重要考虑因素之一。不同的充填方式可能涉及不同的设备投资、能源消耗、操作成本等。综合评估经济效益，选择最具经济性的充填方式，降低运营成本，提高投资回报率。最重要的是，充填方式的选择要在可持续性的框架下进行。这意味着需要综合考虑环境影响、社会效益及长期的资源利用情况。选择对环境影响较小的充填方式，能减少资源浪费，降低对环境的损害，确保矿山运营在长期内能够持续进行。

充填方式的选择应是一个综合性的决策过程，需要考虑充填材料的特性、采矿方法的要求、经济效益及可持续性等多个方面。只有在全面权衡各种因素的基础上，选择最适合的充填方式，才能确保矿山充填系统的高效性、安全性和可持续性，为矿山运营的成功和长期发展提供坚实的基础。

10.2.2　充填能力计算与充填骨料制备

10.2.2.1　充填能力计算

充填能力计算在矿山充填系统设计与运营中尤为重要。通过准确计算系统在特定时间内能够处理和输送的充填材料量，有助于制定合理的生产计划、优化资源利用、提升生产效率和降低风险。充填能力计算的结果不仅能为设备投资、生产排程和系统优化提供依据，还可确保充填过程的高效性、稳定性和可持续性，为矿山的成功运营奠定坚实的基础。

（1）充填系统工作制度应符合下列规定：

1）年工作天数宜与采矿作业天数相同；

2）小型矿山宜为每天 1 班，大、中型矿山宜为每天 2~3 班，每班有效工作时间宜为 5~6 h。

（2）年平均充填实体量应按下式计算：

$$Q_a = Z \frac{P_a}{\gamma_k} \tag{10-1}$$

式中　Q_a——年平均充填实体量，m^3/a；

P_a——充填法年矿石产量，t/a；

γ_k——矿石密度，t/m³；

Z——采充比，宜取 0.8~1.0。

（3）日平均充填实体量应按下式计算：

$$Q_c = \frac{Q_a}{T} \qquad (10\text{-}2)$$

式中　Q_c——日平均充填实体量，m³/d；

Q_a——年平均充填实体量，m³/a；

T——年工作天数，d。

（4）日平均充填料浆量应按下式计算：

$$Q_s = K_1 K_2 Q_c \qquad (10\text{-}3)$$

式中　Q_s——日平均充填料浆量，m³/d；

K_1——充填沉缩比，宜取 1.05~1.2；

K_2——流失系数，宜取 1.02~1.05；

Q_c——日平均充填实体量，m³/d。

（5）日充填料浆制备能力应按下式计算：

$$Q_d = K_3 Q_s \qquad (10\text{-}4)$$

式中　Q_d——日充填料浆制备能力，m³/d；

K_3——充填作业不均衡系数，宜取 1.2~1.5；

Q_s——日平均充填料浆量，m³/d。

10.2.2.2　充填骨料制备

充填骨料制备是矿山充填系统中的关键环节，包括原料选择、物理处理、化学处理、混合和质量控制等多个步骤。首先，根据矿山地质特征和充填体要求，选择适宜的原料，如尾砂、废石等。其次，进行物理处理（如破碎、筛分），以获取符合颗粒大小分布的材料。部分情况下，可能需要进行化学处理（如添加胶凝材料或外加剂），以改善充填骨料的性能。再次，进行混合，通过机械搅拌等方式确保不同原料混合均匀。最后，通过实验室测试和分析，进行质量控制，确保充填骨料的颗粒分布、力学性能等满足充填体设计的要求，从而保障矿山充填系统的顺利运行。

充填骨料制备的一般规定如下：

（1）采用全尾砂或分级溢流尾砂充填时，宜选择膏体充填方式；采用分级尾砂作为充填骨料的水力充填方式时，尾砂渗透系数宜大于 8 cm/h。

（2）尾砂浓缩应采用重力沉降浓缩或过滤浓缩。沉降浓缩装置宜采用砂仓、深锥浓密机等，过滤浓缩装置宜采用真空过滤机、压滤机等。

（3）砂仓浓缩应符合下列规定：

1）立式砂仓或卧式砂仓不宜少于 2 个；

2）砂仓宜在顶部中心设置进料井，底部宜设置造浆装置；

3）砂仓放砂管路宜安装备用阀门；

4）立式砂仓顶部应设置溢流槽。

（4）制备废石集料应符合下列规定：

1）膏体充填的废石粗集料粒度不宜大于 20 mm；

2）废石胶结充填应采用水泥浆直浇与自淋混合方式，当废石集料粒径小于 5 mm 时，含量不宜大于 20%；

3）当地表废石集料通过重力或机械方式运输至井下进行废石充填时，废石块度不宜大于 150 mm；

4）当井下掘进废石不出坑，直接用于废石非胶结充填时，宜采用自然级配。

（5）水力充填料浆和膏体充填料浆混合搅拌应符合下列规定：

1）水力充填料浆宜采用一段搅拌，膏体充填料浆宜采用卧式—卧式或卧式—立式两段搅拌；

2）不含粗集料的膏体充填料浆二段搅拌宜选择高速活化搅拌机；

3）充填料浆搅拌装置的有效容积应满足 2~3 min 的输送流量；

4）立式搅拌装置的搅拌液位宜控制在搅拌桶高度的 2/3 至 3/4 处，卧式搅拌装置的搅拌液位不宜低于传动轴轴心位置。

（6）废石充填料混合应符合下列规定：

1）采用水泥浆浇淋废石进行废石胶结充填时，宜采用水泥浆直浇与自淋混合或水泥浆溜槽与自淋混合；

2）采用尾砂胶结充填料浆与废石混合充填时，废石在集料中的占比不宜大于 60%，废石与尾砂胶结充填料浆宜在采场内同步下料混合。

10.2.3　充填料浆输送

充填料浆输送是矿山充填系统中的关键环节，旨在将制备好的充填料浆从制备站点输送至井下工作区域，以填充空间并支撑地下结构。该过程需要考虑材料的流动性、浓度、稳定性及输送的距离和方式。充填料浆输送通常采用管道输送、重力输送或机械输送等方式，确保材料能安全、高效地到达充填目标地点，从而实现矿山充填工艺的顺利实施。

充填料浆垂直管道的重力势能按照下式计算：

$$W_p = \rho g H \tag{10-5}$$

式中　W_p——垂直管道的重力势能，Pa；

ρ——充填料浆密度，kg/m³；

g——重力加速度，m/s²；

H——垂直管道高度，m。

管道输送系统阻力损失宜按下式计算：

$$h_p = \xi i_p L \tag{10-6}$$

式中　h_p——系统阻力损失，kPa；

ξ——局部阻力系数，宜取 1.05~1.15；

i_p——单位长度管道的沿程阻力损失，kPa/m；

L——管道总长度，m。

水力充填料浆系统重力势能大于系统阻力损失的 1.2 倍时，宜采用自流输送；膏体充填料浆宜采用泵压输送。膏体充填料浆管道输送流速宜控制为 1~2 m/s，水力充填料浆工作流速应大于临界流速。

管道敷设选型及敷设相关规定:

(1) 主充填管竖直段和孔底弯管宜采用双金属复合管或耐磨性能不低于双金属复合管的其他管材。

(2) 主充填管水平段宜采用耐磨无缝钢管、共挤耐磨层增强塑料复合管等耐磨管材。

(3) 邻近采空区的充填管宜采用钢编复合管、聚乙烯塑料管等。

(4) 主充填竖直管不应设在提升井内,宜采用充填钻孔方式,服务年限长的大型矿山宜设专用充填井。

(5) 充填料浆管道及下料口应固定、牢靠。

(6) 充填管道连接件耐压等级不应低于连接管耐压等级,充填钻孔套管宜采用焊接或管箍连接,不经常拆卸的管段宜采用法兰盘连接,经常拆卸的水平管段宜采用沟槽式管接头。

废石充填料宜采用重力自流和机械运输相结合的输送方式,宜选择重力自流输送与铲运机输送、带式机输送、无轨运料车输送等方式组合的两段或三段输送流程。

10.2.4　充填系统安全设施

充填系统安全设施包括:

(1) 主充填管路沿线宜布设应急水源或气源。

(2) 充填制备站内应配置用于清洗充填管路的静压水源。

(3) 充填钻孔底部管道、主管道等关键位置宜进行压力监测。

(4) 使用含辐射设备应进行安全防护,并应设置隔离带。

(5) 深锥浓密机和充填工业泵用电等级宜为二级负荷。

(6) 充填制备站应配置事故池及事故池泵送系统,事故池有效容积不宜小于 2 h 充填料浆量。

(7) 充填钻孔底部宜设置管道应急排料装置及事故池,事故池有效容积不宜小于主充填竖直管段总体积。

(8) 对于寒冷地区砂仓、水池、事故池、架空管道等设施,应采取保温、防冻措施。

10.3　尾砂胶结充填系统安全

10.3.1　尾砂胶结充填概述

本节将以尾砂胶结充填为例,简要介绍充填材料贮存和料浆制备、输送和管道系统及采场充填等相关安全要求。

尾砂水力充填系统由充填材料贮存、制备、输送、采场充填、废水废渣处理五部分组成。尾砂水力充填系统与尾砂胶结充填系统的主要差别在于后者配有水泥供给系统及制浆部分。尾砂水力充填系统对制浆的浓度要求不严,而尾砂胶结充填系统则要求制备满足特定浓度的水泥砂浆,该特定浓度必须满足充填体强度要求。充填系统示意图如图 10-1 所示。

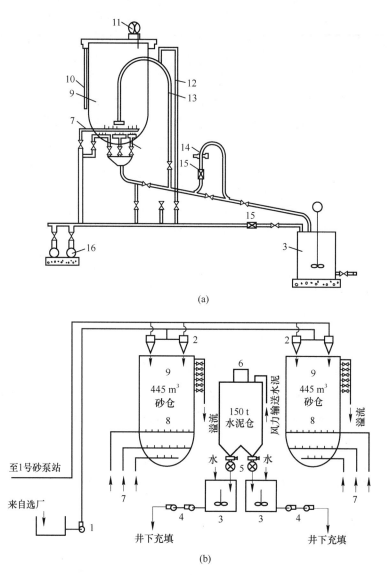

(a)

(b)

图 10-1　充填系统示意图

（a）尾砂水力充填系统；（b）尾砂胶结充填系统

1—选厂砂泵；2—水力旋流器；3—搅拌桶；4—井下充填砂泵；5—刚性叶轮给料机；6—仓顶收尘器；7—造浆压力水管；
8—造浆喷嘴；9—砂仓；10—溢流管；11—料位计；12—供水管；13—虹吸管；14—浓度计；15—流量计；16—水泵
（箭头方向指料浆的运输方向）

10.3.2　砂仓的相关安全要求

　　砂仓是尾砂水力充填系统或尾砂胶结充填系统中的主要构筑物之一，它既是贮存惰性材料的设施，又可调节选厂连续供砂和井下间断充填之间的不平衡，起到调节砂浆输送流量和浓度的作用，以便制备出不同配比的砂浆来满足充填工艺的需要。常见的砂仓形式有砂盆、圆形砂仓、矩形砂仓、卧式砂仓及立式砂仓。砂盆、圆形砂仓、矩形砂仓主要用于水砂充填时贮存河砂、山砂、棒磨砂等粒径较大的惰性材料，卧式砂仓和立式砂仓则主要用于尾砂、细粒级破碎砂等粒径较小的惰性材料的贮存。

图 10-2 为卧式砂仓制备站示意图。砂仓为长方形，主要贮砂部分的仓底有向排水孔方向呈 1%左右的坡度，仓底排水孔、溢流槽、电耙尾轮均布置在仓体的尾端。经分级脱泥后的粗尾砂浆在仓内脱水后，用电耙经仓底斜坡，从砂仓出料口进入螺旋输送机，定量送给搅拌桶。砂仓除在尾端设溢流槽溢流脱水外，在其两侧还应加设过滤脱水构筑物。尾砂给料量根据螺旋输送机的转速计量，水从螺旋输送机和搅拌桶两处加入，料浆流量和浓度采用搅拌桶下的流量计和浓度计来监测。

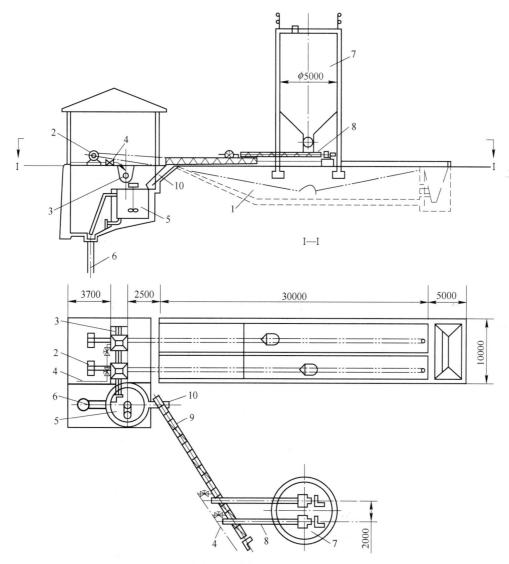

图 10-2　卧式砂仓制备站示意图（单位：mm）

1—450 m³ 尾砂仓；2—28 kW 电耙绞车；3，9—φ300 螺旋输送机；4—制浆供水管；5—搅拌桶（φ1600）；
6—充填钻孔；7—120 t 水泥库；8—6150 单管螺旋输送机（5 kW 直流调速电动机驱动）；10—溜槽

为确保砂仓的安全运行和充填工艺的有效实施，有关人员需要遵循以下安全和操作要求：

（1）定期检查与维护。砂仓作为重要的构筑物，必须定期进行检查和维护，以确保其结构完好，无渗漏和破损，防止因设施问题引发事故。

（2）砂仓压力控制。在砂仓运行过程中，要保持适当的砂仓压力，防止因压力过大或过小导致的砂仓失稳或充填工艺出现问题。

（3）砂仓液位监测。定期监测砂仓内的液位，防止砂仓溢流或液位过低导致供砂中断。

（4）砂仓配料控制。严格控制砂仓内的砂浆配料，确保按照规定比例配制砂浆，避免配比错误导致充填效果不佳。

（5）砂仓砂浆排空。在砂仓停用或更换砂浆类型时，必须彻底排空砂仓内的砂浆，避免不同类型砂浆混合。

（6）砂仓进、出口控制。严格控制砂仓的进、出口，防止未经授权的人员或设备进入砂仓区域，避免发生人为事故。

（7）砂仓安全标识。在砂仓周围设置明显的安全标识，包括警示标志、安全操作指南等，提醒工作人员注意安全。

（8）紧急处理预案。建立砂仓紧急处理预案，明确各种应急情况下的处理措施，保障人员安全撤离和应对事故。

（9）人员培训。确保相关工作人员熟知砂仓的操作要求和安全规程，进行定期培训，增强他们对安全事项的意识和应对能力。

10.3.3　充填料浆的制备及输送管道的安全要求

10.3.3.1　充填料浆的制备

尾砂胶结充填制备设施中要选用合理的计量设备。对水泥仓、尾砂仓及搅拌桶应分别设置料位计。水泥仓和尾砂仓的料位计应能在控制室连续指示和记录仓内的料位，并在近满仓与空仓两个预定的料位发出警告信号；搅拌桶的料位计除具有上述功能外，还能相应地控制给砂的速度，使搅拌桶的料位保持稳定。给料机、搅拌桶、砂泵及水泵上连接的电动机应均有各自的电压表、电流表。充填制备站与井下充填地点应设置通信系统，当出现井下充填料浆管路堵塞等事故时，应有报警提示等。

为确保制备过程的安全性和料浆质量，有以下涵盖用料和混合比例等方面的要求：

（1）原材料选择与质量控制。选用符合标准和规范要求的原材料，如水泥、砂、石灰等。确保原材料的质量和性能稳定，以防因原材料质量问题导致料浆制备质量不稳定或不符合要求。

（2）原材料的存储与管理。原材料存放区域要保持干燥、通风，避免潮湿和混杂杂物。严禁在原材料存放区域吸烟或进行明火作业，防止火灾和爆炸危险。

（3）混合设备的安全运行。确保料浆混合设备的安全运行，包括搅拌机、搅拌罐等设备的定期检查和维护，防止设备故障影响生产和工作人员安全。

（4）混合比例控制。严格按照规定的混合比例配制料浆，确保水泥、砂和水等原材料的配比准确，以保证料浆的质量和性能；水砂充填料的最大粒径不大于管径的1/4，胶结充填料的最大粒径不大于管径的1/5。

（5）混合设备操作人员培训。确保混合设备操作人员具备相关操作技能和安全意识，定期进行培训，提高他们对安全要求的认识和实践能力。

（6）禁止超负荷运转。严禁将混合设备超过其额定负荷运行，避免因超负荷运转导致设备损坏和事故发生。

（7）废料处理。废弃料浆、废弃原材料等废料要进行及时处理和清理，防止废料堆积带来安全隐患。

（8）现场清理与整理。制备完料浆后，要及时清理生产现场，整理设备和材料，保持生产现场的整洁和安全。

10.3.3.2 充填管道系统的管理

充填管道的安装与管理是尾砂水力充填和尾砂胶结充填的主要工作环节，安装和管理工作质量的提高，可减少管道阻力损失、防漏防堵、提高管道工作效率。如果安装管理不善，就可能造成管道的堵塞和破裂，或给充填管道的维修和更换工作带来不便，甚至影响其他井下作业。

A 充填管道敷设位置的选择

充填管道敷设的位置应便于安装、拆卸和检修、翻转；应尽可能使各管段保持直线，减少弯管数目和适当加大弯管的曲率半径；尽量避免直角拐弯和采用大曲率半径；尽量避免沿上坡敷设管道。沿管道适当位置应安装安全闸门，以便及时处理堵管等事故。

B 充填管道的安装

垂直管道的安装必须严格保持垂直，安装、拆卸时要使每节管道不向任何方向移动；用法兰盘连接的管道，一定要保证其密封良好，勿在接头处发生故障；在管道拐弯处要加强支撑，防止充填时因料浆冲击力过大而损坏管道；管道要用管座、立柱或横梁支撑，并用管卡牢牢固定在支撑上；全部管道安装完毕后，应进行送水试验。在日常充填工作中应配备专职人员检查管道的运行工作情况，保证充填的正常进行。

C 充填管道堵塞的原因及防治措施

充填管道堵塞是尾砂胶结充填中最大和最易发生的故障。充填管道堵塞故障发生后，不仅难以处理，而且会造成生产停顿，给企业带来巨大的经济损失。造成充填管道发生堵塞的原因是：

（1）木块、铁器、铁丝、不合格大块等杂物的混入。

（2）充填料中大块含量过多容易沉积在弯管处，引起管道堵塞。

（3）供砂不均会造成砂浓度过大或压头不够，使管道掺气，管道压力不稳，导致发生堵管。

（4）由于管道连接不严或不牢固，产生漏水、跑砂或发生崩管事故，极易诱发堵管。

（5）信号失灵，操作失误，若未认真冲洗管道放砂口关闭不严、井下不需供砂而继续供砂等，均会使管道堵塞。

充填管道堵塞时，对充填料浆的流量和压力应进行严格控制，为尽量避免堵管事故，一般认为料浆平均流速应达到 2.5 m/s，过高或过低的流量和压力可能导致管道破裂或充填效果不佳。要严格遵守规章制度，实行文明生产。可在容易堵塞的管段中每隔两节管设一个掏砂管或堵头三通管；在充填开始时，先下水，后下砂，在充填结束时，先停砂，后停水；在管道上安设一些安全阀门或报警信号装置，当管道内压力失常时，安全阀门自动打开或自动报警，制备站立即停止下砂，并用水冲洗管道。充填管道堵塞时，判断并找出堵塞严重的管段，拆下堵塞管段，向管道放水冲洗。

D　充填管道的磨损

影响充填管道磨损的因素有很多，如硬度大、密度大、粒径大、有尖锐棱角形状的充填料对管壁的磨损大；流速大、浓度高的充填料浆对管道的磨损大；管道弯曲度越大，则磨损越大；垂直管道、倾斜管道较水平管道磨损大；管道的安装质量也极大地影响着管道的磨损程度；若充填水中含有对管材起腐蚀作用的化学成分，也会增加管壁的磨损；管道材料的耐磨性等。总之，影响管道磨损的因素十分复杂，有待进一步研究。

预防充填管道磨损是确保充填系统稳定运行和延长管道使用寿命的关键措施。以下是一些常见措施：

（1）选择耐磨、耐腐蚀的管道材料，如高强度聚乙烯（HDPE）、耐磨陶瓷内衬等。避免使用易受磨损的材料，减少管道磨损风险。

（2）定期检查与维护。定期对充填管道进行检查，发现管道磨损和损坏情况及时处理和维修，避免磨损扩大和漏水。

（3）流量与流速控制。合理控制充填料浆的流量和流速，避免流速和流量过高导致管道内磨损加剧。

（4）避免含磨粒材料。在充填料浆中避免含有大颗粒或磨粒材料，以减少对管道的磨损。

（5）使用缓冲装置。在管道的弯道或转角处，可设置缓冲装置，减少流体对管道内壁的冲击和磨损。

（6）控制入口速度。合理控制充填料浆进入管道的速度，避免冲击和涡流现象，减少管道磨损。

（7）管道清洗与维护。定期对管道进行清洗和维护，保持管道内壁光滑和干净，减少磨损的可能性。

（8）选用耐磨衬里。对于特别易受磨损的管道部位，可采用耐磨陶瓷内衬或其他耐磨材料进行衬里，提高管道的耐磨性。

10.3.4　充填系统的监测与控制

充填系统的监测与控制要求有：

（1）充填监控系统应具有监测、自动控制、生产报表、设备运行报表和故障报警等功能。

（2）充填系统的监测与控制应符合下列规定：

1）宜对供料仓料位、水池液位、搅拌装置液位进行监测与控制；

2）应对尾砂浆进料浓度、尾砂浆底流浓度、充填料浆浓度进行监测与控制；

3）应对尾砂浆进料流量、尾砂浆底流流量、充填料浆流量、调浓水流量、其他添加料进行监测与控制；

4）应对散状集料计量、胶凝材料计量进行监测与控制；

5）应对风压、水压、泵送压力进行监测与控制。

（3）充填监控系统报警应符合供料仓料位，水池液位，搅拌装置液位宜设置上、下限报警；充填系统设备发生故障时，应自动报警。

（4）充填制备站内关键设备位置宜有配套视频监控系统。

（5）充填监控系统应配置隔离器、熔断器等电气保护元器件。

（6）充填监控系统宜具有可扩展性及冗余功能。

10.3.5 采场充填工作

采场充填的准备工作主要包括采场设备的吊搬、充填管路的架设、顺路溜矿井、顺路人行泄水井的架设等。在有的采矿工艺过程中还包括砌筑密闭墙、安装脱水设施、构建隔离壁（边墙）、分层铺面（上向分层水力充填回采方案）、构筑假顶（下向分层充填回采方案）等。采场充填根据回采工作的要求可分为分层充填、嗣后一次充填（阶段充填）、壁式充填及接顶充填。各充填方案的详细介绍如下：

（1）分层充填。用于上向分层充填采矿、下向分层充填采矿。

（2）嗣后一次充填。用于矿岩稳固的富矿或稀贵矿种，应用空场法或浅孔留矿法采矿后留下的空区，几乎都要进行嗣后一次充填。

（3）壁式充填。对于缓倾斜矿床，可用壁式充填采矿的回采方案。

（4）接顶充填。按上述方式充填一段时间后，由于充填料的自重、爆破动力作用、矿山压力、胶结充填料浆的体积收缩等原因，充填体会发生体积缩小和沉缩，造成充填体和采场顶板间形成悬空。为使充填体能起到支撑围岩和限制地表下沉的作用，必须对空顶实行二次回填，可称为接顶充填。接顶充填的方法有加压注浆法、抛掷充填法、充填膨胀材料、人工分条堆垒等。

采场充填工作应注意以下事项：

（1）根据采场的具体情况及脱水设施的位置，合理确定充填顺序，如自充填天井前进式或后退式充填。每一分层回采后要及时充填，确保充填质量。最后一个分层回采完成后应接顶严密。

（2）采场充填管路要架牢、平直，出料管口应安设能转动活结的短管，以便任意改变采场中水平管段的排料方向。

（3）采场充填采用多点投料充填，以使充填物料均匀分布，分层充填面基本保持平整，使料浆不致产生离析。

（4）必须保持充填过程的通信联络畅通，对充填管道及采场加强巡回检查，发现跑浆及时处理。若有可能，最好事先测出采空区的体积量，根据充填能力计算出充填时间，以保证充填工作的顺利进行。

（5）充填开始和停止时的管道清洗水，应直接排至充填采场的外部。采场充填体上的溢流水也应排出采场外。

（6）采场充填实行分段出矿、分段充填时，出矿段与充填段之间用草袋、砂包临时隔开。

（7）采场必须保持两个出口，并设有照明设备。顺路行人井、溜矿井、泄水井（水砂充填用）和通风井都应保持畅通。

（8）在上向分层充填采场，必须先施工充填井及其联络道，然后施工底部结构及拉底巷道，以便尽快形成良好的通风条件。当采用脉内布置溜矿井和顺路行人井时，严禁整个分层一次爆破落矿。

（9）采场凿岩时，炮眼布置要均匀，沿顶板构成拱形。装药要适当，以控制矿石块度。

（10）禁止人员在充填井下方停留和通行。充填时，各工序间应有通信联系。

（11）顺路人行井、溜矿井应有可靠的防止充填料泄漏的背垫材料，以防堵塞及形成悬空；采场下部巷道及水沟堆积的充填料应及时清理。

（12）在下向胶结充填的采场，两帮底角的矿石要清理干净。

（13）用组合式钢筒作顺路天井（行人、滤水、放矿）时，在钢筒组装作业前，应在井口悬挂安全网。

（14）采用人工间柱上向分层充填法采矿时，相邻采场应超前一定距离。

（15）采场放矿要设格筛，防止人员坠落和堵塞。人行井、溜矿井、泄水井、充填井应错开布置。

（16）干式充填时，每个作业点均应有良好的通风、除尘措施，并加强个体防护。

（17）禁止在采场内同时进行凿岩和处理浮石。

（18）搞好接顶充填。

10.3.6　充填管理

充填管理内容包括：

（1）充填计划编制宜符合下列规定：

1）宜绘制采空区实测图及相邻采场工程实测图；

2）宜计算采空区总充填量、充填次数和单次充填量；

3）宜编制充填管路、封闭挡墙、脱水、接顶等施工方案。

（2）充填制备站与充填工作面之间应保持通信畅通。

（3）充填管道引流和清洗应符合下列规定：

1）充填作业开始前，应对充填管道进行引流；

2）充填作业完毕后，应对充填管道进行清洗，管道清洗宜采用水或高压风；

3）引流水、洗管水应通过三通阀门排放至充填空区外的集水设施内。

（4）充填作业时，应巡视管路和封闭挡墙，发现跑浆、漏浆等异常情况应及时处理。

10.4　充填采矿法安全评价

充填采矿法是用各种适当的充填料对矿石采出后在地下形成的空硐（回采空间或采空区）实行充填的一种采矿方法。对地下空硐实行充填时，可随回采工作面的推进采一层充填一层，即分层充填；也可采几层或将整个矿块采完后再集中一次充填，即多分层充填或事后一次充填。矿山生产实践的经验表明，嗣后充填的主要目的是处理采空区，加强对采空区围岩的矿柱的维护，提高矿柱的承载能力，防止采空区发生大量冒落，避免产生冲击地压，以及减少围岩和地表的移动和沉陷等。

根据充填采矿法生产工艺流程（采准工程、凿岩爆破、通风、出矿、充填、采场顶板和上盘维护），充填采矿安全评价系统包括开拓系统、爆破、通风系统、回采、供电与通信、提升与运输、安全管理制度等因素。根据安全系统的工程原理及理论，对充填采矿法进行安全性分析和评价，应以"人-机-环境"为基础，故充填采矿法安全评价体系的内容应包括系统安全管理、设施安全性和系统本身的环境因素。此外，系统因素众多、关系复杂，生产环境的偶然因素也是系统安全性的关键，所以应把易发事故情况作为考察系统安全的一个方面。综合矿山地下生产环境及各方面因素，建立充填采矿法安全评价因素体系，如图 10-3 所示。

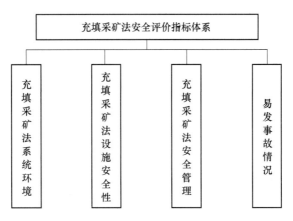

图 10-3　充填采矿法安全评价因素一级划分

　　该体系中的易发事故情况在事故树分析中再进行说明，其他三项指标的因素组成情况按照《金属非金属矿山安全规程》（GB 16423—2020）和充填采矿法理论要求，将一级划分中的四个子系统进行进一步分析，分析结果分别如图 10-4～图 10-6 所示。

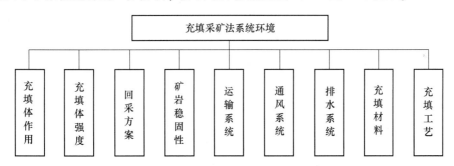

图 10-4　充填采矿法系统环境子系统组成

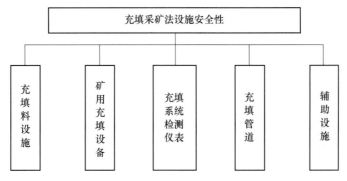

图 10-5　充填采矿法设施安全性子系统组成

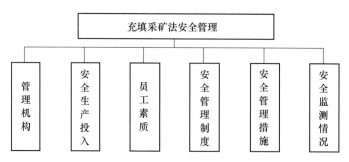
图 10-6　充填采矿法安全管理子系统组成

　　充填采矿法过程主要包括充填体、回采方案、充填材料和充填工艺。在生产实践中，若不能正确认识充填体的作用，往往对这种采矿法的效果估计过高；若回采方案选择不当，与充填体的强度或矿石围岩的稳固性不相适应，便达不到预定目的；若没有完善的充填系统和可靠的输送工艺，便不能实现采充平衡，会影响开采强度和产量的增加。辩证解决三者之间的关系，才能保障充填采矿法系统环境的安全，实现系统安全。以充填体、回采方案、充填材料和充填工艺为基础，与支持充填过程的其他系统可一并构成系统环境要素。

——— 本 章 小 结 ———

　　本章介绍了矿山充填系统的含义，即在矿山开采过程中，对产生的废弃物进行处理后再次填充回采空间的系统。首先，本章强调了矿山充填系统的四大主要功能：提高资源利用率、贮备远景资源、防止地表塌陷和充分利用固体废物。其次，明确了充填系统在实际运作中可能面临的一些安全问题，如充填料浆质量不合格、充填料浆输送故障、人为操作错误等。这些问题需要得到重视和妥善处理，为此，必须进行定期检查、维护和监测。最后，介绍了确保矿山充填系统安全的关键措施。综上所述，合理的规划、高效的运作和严格的安全标准是确保充填系统安全的关键。

　　通过学习本章，读者能深入了解矿山充填系统的运作原理、功能及其在矿山安全生产中的关键作用，为实际工作中的安全管理提供有力支持。

复习思考题

10-1　充填材料的类型有哪些？

10-2　选择充填骨料应符合哪些规定？

10-3　实验室制备充填材料须遵循哪些规定？

10-4　充填能力如何计算？

10-5　充填料浆输送管道敷设及选型有哪些规定？

10-6　砂仓有哪些安全要求？

10-7　充填管道堵塞应如何处理？

10-8　充填计划编制有哪些规定？

11 矿山尾矿安全

本章提要

金属或非金属矿山开采出的矿石，经选矿厂选出有价值的精矿产生砂一样的"废渣"，称为尾矿。将选矿厂排出的尾矿送往指定地点堆存或利用的过程称为尾矿处理，为尾矿处理所建造的设施系统称为尾矿设施。尾矿库是一个由尾砂堆积形成的、具有高势能的危险源，一旦发生溃坝会产生泥石流，可能对其下游居民和设施安全造成严重的威胁，容易导致重大人员伤亡和财产损失。由于矿山尾矿设施下游大都有稠密的居民区且多与交通要道和大江湖泊相邻，部分还位于地震区，如果管理不善，一旦溃坝，后果不堪设想。因此，对有尾矿设施的矿山必须高度重视，加强管理，确保尾矿设施的安全运行。本章将讲述矿山生产尾矿库管理的相关安全规定。

11.1 尾矿库概述

11.1.1 尾矿库

11.1.1.1 尾矿库类型

A 山谷型尾矿库

山谷型尾矿库是在山谷谷口处筑坝形成的尾矿库，如图11-1所示。它的特点是初期坝相对较短、坝体工程量较小，后期尾矿堆坝较易管理、维护；库区纵深较长，尾矿水澄清距离及干滩长度易满足设计要求。我国现有的大、中型尾矿库大多属于这种类型。

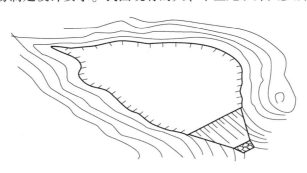

图11-1 山谷型尾矿库

B 傍山型尾矿库

傍山型尾矿库是在山坡脚下依山筑坝围成的尾矿库，如图11-2所示。它的特点是初期坝相对较长，初期坝和后期尾矿堆坝工程量较大；汇水面积较小，但调洪能力较低，库区纵深较短，尾矿水澄清距离及干滩长度受限制，堆积坝的高度和库容一般较小。国内低山丘陵地区中、小型矿山的尾矿库多属于这种类型。

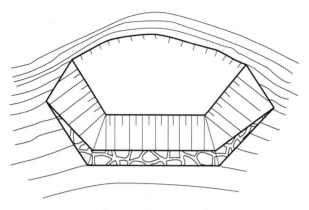

图 11-2　傍山型尾矿库

C　平地型尾矿库

平地型尾矿库是在平缓地形周边筑坝围成的尾矿库，如图 11-3 所示。其特点是初期坝和后期尾矿堆坝工程量大；堆坝高度受限制，一般不高；但汇水面积小，排水构筑物相对较小。国内平原或沙漠戈壁地区的尾矿库多属于这种类型。

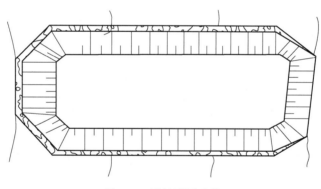

图 11-3　平地型尾矿库

D　截河型尾矿库

截河型尾矿库是截取一段河床，在其上、下游两端分别筑坝形成的尾矿库，如图 11-4 所示。它的特点是库区汇水面积不大，但尾矿库上游的汇水面积通常很大，库内和库上游都要设置排洪系统，配置较复杂。截河型尾矿库的维护和管理比较复杂，国内很少采用。

11.1.1.2　尾矿库等级、构筑物级别

尾矿库根据坝高和库容的大小分为五个等级。尾矿库各使用期的设计级别应根据该期的全库容和坝高，可参考表 11-1。当全库容和坝高的等级相差为一个级别时，以等级高者为准；当其等级相差大于一个级别时，按等级高者降低一个级别。尾矿库失事将使下游重要城镇、工矿企业或铁路干线遭受严重灾害者，其设计级别可提高一个等级。

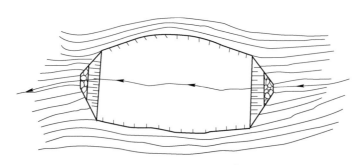

图 11-4　截河型尾矿库

表 11-1　尾矿库等级

等级	全库容 V/m^3	坝高 H/m
一级	二等库具备提高等级条件者	
二级	$V \geqslant 10000$	$H \geqslant 100$
三级	$1000 \leqslant V < 10000$	$60 \leqslant H < 100$
四级	$100 \leqslant V < 1000$	$30 \leqslant H < 60$
五级	$V < 100$	$H < 30$

构筑物级别划分见表 11-2。

表 11-2　构筑物级别

尾矿库等级	构筑物的级别		
	主要构筑物	次要构筑物	临时构筑物
一级	1	3	4
二级	2	3	4
三级	3	5	5
四级	4	5	5
五级	5	5	5

注：主要构筑物指尾矿坝、排水构筑物等失事后造成下游灾害的构筑物；次要构筑物指除主要构筑物外的永久性构筑物；临时构筑物指施工期临时使用的构筑物。

11.1.2　尾矿坝

11.1.2.1　尾矿坝的定义

尾矿坝是指挡尾矿和水的尾矿库外围构筑物，常泛指尾矿库初期坝和堆积坝的总体。尾矿坝示意图如图 11-5 所示。

11.1.2.2　初期坝

初期坝是指基建中用作支撑后期尾矿堆存体的坝。初期坝的类型有：

（1）不透水初期坝。其是指用透水性较小的材料筑成的初期坝。因其透水性差，不利于后期坝的稳定。这种坝型适用于挡水式尾矿坝或尾矿堆坝不高的尾矿坝。

（2）透水初期坝。其是指用透水性较好的材料筑成的初期坝。因其透水性强，有利于

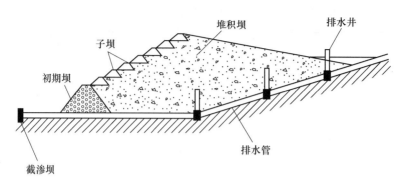

图 11-5 尾矿坝示意图

后期坝的稳定性。它是比较合理的初期坝坝型。

常用初期坝包括均质土坝、透水堆石坝、废石坝、砌石坝、混凝土坝。

11.1.2.3 堆积坝

堆积坝是指生产过程中在初期坝坝顶以上用尾矿充填堆筑而成的坝。堆积坝实质上是尾矿沉积体，这种水力充填沉积的砂性土边坡稳定性能较差。大、中型尾矿堆积坝最终的高度往往比初期坝高得多，是尾矿坝的主体部分。堆积坝一旦失稳，灾害惨重。所以，如何确保堆积坝的安全历来是设计和生产部门十分重视的工作，也是安全生产管理和安全监督管理工作的重点之一。

11.1.3 尾矿库安全度

尾矿库安全度主要根据尾矿库防洪能力和尾矿坝坝体稳定性确定，分为危库、险库、病库、正常库。详细内容如下：

（1）危库是指安全没有保障，随时可能发生垮坝事故的尾矿库。危库必须停止生产并采取应急措施。

（2）险库是指安全设施存在严重隐患，若不及时处理将会导致垮坝事故的尾矿库。险库必须立即停产，排除险情。

（3）病库是指安全设施不完全符合设计规定，但符合基本安全生产条件的尾矿库。病库应限期整改。

（4）尾矿库同时满足下列工况的为正常库：

1）尾矿库在设计洪水位时能同时满足设计规定的安全超高和最小干滩长度的要求；

2）排水系统各构筑物符合设计要求，工况正常；

3）尾矿坝的轮廓尺寸符合设计要求，稳定安全系数满足设计要求；

4）坝体渗流控制满足要求，运行工况正常。

正常库应运行工况正常、管理规范、资料齐全，完全具备安全生产条件，按规定每3~5年进行一次安全现状评价。

尾矿库安全度划分的主要依据是尾矿库防洪能力和尾矿坝体稳定性的安全程度。尾矿库防洪能力的安全程度或可靠程度主要指防洪标准、调洪排洪能力及排洪设施安全可靠性是否符合安全规定及符合程度。尾矿坝稳定性安全程度主要指坝体在规定的工况条件下静力、动力和渗流稳定性是否符合安全规定及符合程度。

11.1.4 尾矿设施的重要性

尾矿设施的重要性在于：

（1）尾矿设施是维持矿山生产的重要设施。为保护环境、保护资源、节约用水、维持矿山正常生产，矿山必须设有完善的尾矿库处理设施。尾矿库作为堆存尾矿的设施，是矿山不可缺少的生产设施。

（2）尾矿设施是重要的污染源。尾矿库堆存的尾矿和尾矿水都是重要的污染物，若得不到妥善处理，必然会对周围环境造成严重污染，因此尾矿库是矿山的重要污染源。

（3）尾矿设施是重要的危险源。尾矿库是一个具有高势能的人造泥石流的危险源。在长达十多年甚至数十年的时间里，各种自然的和人为的不利因素都会直接威胁着它的安全。事实一再表明，尾矿库一旦失事，必将对下游人民的生命财产造成严重损失。

11.1.5 我国尾矿库现状

2023 年全国尾矿产出总量近 15 亿吨，而截至 2020 年，我国共有尾矿库约 8000 座。尾矿库分布不均，主要集中在华北、东北、华中地区，尾矿库数量居前 10 位的省（区）分别为河北、辽宁、云南、湖南、河南、内蒙古、江西、山西、陕西、甘肃。其中，"头顶库"（初期坝坡脚起至下游尾矿流经路径 1 km 范围内有居民或重要设施的尾矿库）约 1000 座（其中约 200 座已停用），数量排前 10 位的省份分别为湖南、河北、河南、辽宁、云南、江西、湖北、甘肃、山西、山东，占尾矿库总数的 73.9%。我国现有无生产经营主体的尾矿库约 700 座（不含"头顶库"），现有长期停用（截至 2021 年底停用时间已超过 3 年）尾矿库约 1900 座。全国尾矿库按行业划分有冶金、有色、黄金、建材、化工、核工业等行业，其中有色、冶金和黄金行业约占 90%。

根据我国现行尾矿库等级划分标准，大、中型（三等及以上）尾矿库数量约占尾矿库总量的 12.6%，而小型尾矿库（四、五等级）占尾矿库总量的 87.4%。"多、小、散"的特点十分明显。

11.2　尾矿库环境安全监管

11.2.1　理论与现实必然性

11.2.1.1　尾矿库环境安全监管的理论必要性

基于环境安全，要尽可能减少对环境的危害。矿山企业在开采矿石的过程中，会把经过选矿之后的数量巨大的矿石剩余物（即尾矿），通过建立尾矿库区进行妥善处理，以保护环境和矿产资源，尽可能减少随意处置尾矿造成的环境污染和生态破坏。同时，尾矿库也因为储存了大量的对环境有害的废水、废渣，成为重大的危险源，加强对尾矿库的环境安全监管十分有必要。尾矿库对环境的危害包括：

（1）对水环境的危害。在金属矿山和非金属矿山的开采过程中会产生大量的工业废水，这些废水中含有大量的有毒有害物质，直接排放进入环境后，不仅会污染地表水，也会经过地表沉降、渗漏等方式对地下水产生破坏。此外，尾矿在自然规律的作用下，在风化、侵蚀、降雨之后，溶解了污染物，形成了含有高金属盐、高酸、硫化物等有害物质的渗滤液，这些渗滤液既具有自身的危害性，也会溶解其他的尾矿，通过渗漏等污染地下水。

（2）对土壤的危害。在原有的生态系统中，物质循环和能量的输出，已经形成一个稳定有序的逻辑关系，在尾矿库建立的过程中，人为隔断生物之间、生物与土壤之间的物质和能量交换，使原有土地丧失了其原本的功能，破坏了生态，打乱了生态平衡。在尾矿库的建设过程中，其对土地及其附着植被的直接破坏也会造成水土流失等生态环境问题。在尾矿库的使用过程中，尾矿的堆积在自然规律下形成的渗漏液会随渗漏等方式进入土壤，在土壤中蓄积，降低土壤环境质量，影响土壤的利用功能。

（3）引发环境地质灾害，破坏生态环境。尾矿库内储各种矿业生产过程中的剩余物，经过挥发、复合作用等形成对环境有毒有害的危险物质，相对矿山生产过程中的其他阶段来讲，其应为处置阶段，为尽可能降低环境风险而设立。但在长期的存在过程中，种种因素（如自然灾害、人为管理疏忽等）都威胁着尾矿库的安全，而尾矿库一旦发生事故，会给经济生产带来严重的威胁，对环境造成严重的，甚至是不可逆转的影响。

因此尾矿库的长期存在，时刻威胁环境安全，加强环境安全监管十分有必要。

11.2.1.2 尾矿库环境安全监管的现实必然性

尾矿库环境安全监管的现实必然性在于：

（1）小规模、数量多、分散性强，没有有效的利用空间。尾矿库是每个矿山企业生产的必要组成部分，但矿山企业之间缺乏良好的协同、衔接，重复建设较严重，没有形成规模效应，极大浪费了有限的土地资源。在尾矿库的建设过程中，大部分尾矿库未经有资质设计部门正规设计，管理不规范，安全度较低。近年来，屡次发生的尾矿库事故多属于这类尾矿库，给环境安全带来严重的威胁。

（2）无证运营，安全度较低。根据《尾矿库安全监督管理规定》，尾矿库生产经营单位的主要负责人员要具有安全资格证书，尾矿库生产经营单位必须取得生产经营许可证方可开工建设，尚未取得许可证的尾矿库禁止生产。当前，全国的尾矿库中仍有许多库址建设没有取得生产经营许可证，却仍在进行非法生产。

近几年，随着对尾矿库危害认识的加深，有关部门加强了对尾矿库环境安全的监督管理。从全国范围来看，危险库和病库的数量有所下降，正常库的数量开始显著增加。但是不应忽视的是，当前仍有为数不少的尾矿库处于不安全状态。即使在正常库的运营中，库址建设和长期存续需要大量资金和人力投入，容易放松警惕，麻痹管理，在生产和监管上有所松懈，降低了尾矿库的安全系数。

（3）无正规设计，存在先天隐患。尾矿库的勘察、设计、安全评价和监理等工作根据尾矿库的级别不同，也要求有相应的资质。我国《尾矿库监督管理规定》对尾矿库的勘察、设计、安全评价、施工和监理的资质进行了明确规定。

我国部分尾矿库因缺乏正规设计存在先天隐患，而且这些隐患随尾矿库的正式使用被无限扩大，在尾矿库坝体稳定性和尾矿库防洪能力方面埋下了重大的安全隐患，可能会给后期的改建工作带来麻烦。

（4）安全评价和环境评价不到位，存在安全隐患。尾矿库事关环境安全、经济安全、人身安全等重大问题，是矿山企业重大的危险源，是安全评价和环境评价的重要环节。根据《尾矿库安全监管管理规定》第十条第二款的规定,安全评价要由有资格的机构进行,不同的级别对应不同的资质等级;其第十九条规定了尾矿库进行安全现状评价的年限、安全评价应达到的标准、安全评价的要求的技术条件,以及尾矿坝进行全面勘测并附加稳定性专项评价的原因。

11.2.2　制度内容

在尾矿库环境安全监管的过程中,按照事前、事中、事后三个阶段和综合生态管理的理念,形成了事前预防、事中管控和事后救济的一系列法律制度。

11.2.2.1　事前预防阶段

事前预防是指预先做好事物发展过程中可能出现偏离主观预期或客观普遍规律的应对措施。全过程管理和综合管理理念不同于末端治理理念,要把控制的阶段向事前延伸,从源头开始预防损害的发生。尾矿库的环境安全监管,不仅体现在尾矿库生产运营的过程中,更重要的是预防尾矿库溃坝、渗漏等危及环境安全的事故发生。在预防阶段,行政监管制度主要为规划和许可等。行政管理制度包括矿山环境的专项规划制度、环境影响评价制度、行政许可制度等。

11.2.2.2　事中管控阶段

事中管控是指在事物发展变化中,行政主体对行政相对人就某一事项采取强制措施或处罚措施,使该事项能够顺利进行。在尾矿库的环境安全监管过程中,从尾矿库开始建设直至尾矿库投入生产运营,再到尾矿库最终废止之前,行政主体对行政相对人的监管制度主要为强制和处罚等行政管理制度,包括"三同时"制度、限期治理制度、现场检查制度等。这些制度应当构成一个逻辑关系紧密的制度链,对尾矿库的生产运营进行监管,预防事故的发生,保障尾矿库在存续期间有序运营。

11.2.2.3　事后救济阶段

按照事物的发展进程来看,监管可分为事前、事中、事后三个阶段,在尾矿库的存续期间,其安全受多种因素影响,有人为因素,也有自然因素。即使事前和事中监管制度都能够得到严格的执行,仍然不能完全排除环境安全事故的发生。因此,在事故发生后,需要根据事故发生的原因,追究相关责任人的法律责任。虽然责任的追究不能阻止事故的发生,但是承担责任的意义在于使责任人更加谨慎小心地履行自己的义务,对事项进行管理,避免环境安全事故的发生。当前通过司法途径和行政途径可知,责任体系由民事法律责任、行政法律责任和刑事法律责任构成。

11.2.3　制度体系

基于尾矿库环境安全监管制度的内容和我国关于尾矿库的法律规范,按照综合生态管理系统的要求,我国尾矿库环境安全监管形成了"事前预防—事中管控—事后救济"的法律制度体系。

11.2.3.1　事前预防制度

事前预防制度包括:

(1)矿山环境保护的专项规划制度。《矿产资源规划管理规定暂行办法》第十一条、

第十二条、第十三条、第十四条、第十五条规定了矿产资源环境保护专项规划的编制机关是各级人民政府地质矿产主管部门，其内容主要有环境保护的专项研究报告和有关论证材料，编制环境保护专项规划的任务包括：1）在矿山企业开发利用的过程中对生态环境进行保护；2）处理经济生产经营活动的"三废"事项；3）进行矿山环境恢复治理，进行土地复垦；4）统筹规划矿山环境治理活动与矿区地质灾害的检测活动。尾矿库是矿山企业建设的必备设施，同时，尾矿库更是一个重要的污染风险源，必须将其环境保护问题纳入规划之中。

（2）环境影响评价制度。依照《中华人民共和国环境保护法》（以下简称《环境保护法》）第十九条和《中华人民共和国环境影响评价法》（以下简称《环境影响评价法》）的规定，尾矿库对环境有着重大影响，其开工建设必须依法进行环境影响评价。

（3）行政许可制度。《尾矿库安全监督管理规定》第十三条规定了尾矿库开工的条件：1）进行安全设施设计；2）该安全设计需要经过安全生产管理部门的批准，在验收合格后，获取安全生产许可证。

11.2.3.2 事中管控制度

事中管控制度包括：

（1）"三同时"制度：《环境保护法》第四十一条对"三同时"制度的运用进行了原则性的规定，尾矿库作为矿山企业的环境保护项目，其建设也要遵循与矿山主体工程同时设计、同时建设、同时投产使用的规定。《矿山安全法》也明确规定矿山建设工程的辅助安全设施必须和主体工程进行同时设计、同时施工、同时投入生产使用。

（2）检查和检举制度：《尾矿库安全监督管理规定》第三十四条、第三十五条、第三十六条分别规定了尾矿库安全生产监督检查档案制度、检查监督制度和举报制度等，通过设计这些检查和检举制度，尽可能发现尾矿库的安全隐患，防患于未然。

11.2.3.3 事后救济制度

事后救济制度包括：

（1）闭库后土地复垦制度。我国法律在对矿山环境保护的法律规定中，十分重视对矿山土地复垦工作的监管。我国的《矿产资源法》《水土保持法》等都规定了矿山企业对矿山土地进行复垦的责任，环境保护行政主管部门对矿山企业的复垦工作要进行检查、验收，通过检查、验收来监管矿山企业的环境恢复工作，而且对不按照法律规定履行土地复垦义务的企业主体，规定了相应的处罚措施。

（2）尾矿库恢复保证金制度。建立矿山环境治理恢复保证金，专款专用，用于矿山环境的恢复和治理。此外，根据我国有关法律规定，围绕尾矿库的环境安全监管设立的法律制度还有责任制度、重大事故应急处理制度等。

11.3 尾矿溃坝案例分析

11.3.1 事故案例一

11.3.1.1 尾矿坝基本情况

镇安金矿位于陕西省商洛市镇安县，选矿厂日处理量450 t。尾矿库为山谷型，原设计初期坝高为 20 m，后期坝采用上游法尾矿筑坝，尾矿较细，粒径小于 0.074 mm 的占 90% 以上。堆积坡比为 1：5，并设排渗设施。堆积高度为 16 m，总坝高为 36 m，总库容为 28 万立方米。1993 年投入运行，在生产中改为土石料堆筑后期坝至标高为 735 m 时，已接近设计最终堆积标高（736 m），下游坡比为 1：1.5。此后，未经论证、设计，擅自进行加高扩容，采用土石料按 1：1.5 的坡比向上游推进实施了 3 次加高扩容工程，总坝高为 50 m，总库容约为 105 万立方米。2006 年 4 月又开始进行第四次（六期坝）加高扩容，采用土石料向库内推进 10 m 加筑 1 道高度为 4 m 的子坝，截至 2006 年 4 月 30 日 18 时 24 分，子坝施工至最大坝高处突发坝体失稳溃决，流失尾矿浆约 15 万立方米，造成 17 人失踪，伤 5 人，摧毁民房 76 间，同时流失的尾矿浆还含有超标氰化物，污染了环境，经采取应急措施，情况得到控制。

11.3.1.2 事故过程

2006 年 4 月 30 日下午，镇安县黄金矿业有限责任公司（以下简称镇安黄金矿业公司）组织 1 台推土机和 1 台自卸汽车及 4 名作业人员在尾矿库进行坝体加高施工作业。当日 18 时 24 分左右，在第四期坝体外坡，坝面出现蠕动变形，并向坝外移动，随后产生剪切破坏，沿剪切口有泥浆喷出，瞬间发生溃坝，形成泥石流，冲向坝下游的左山坡，然后转向右侧，约 12 万立方米尾矿渣下泄到距坝脚约 200 m 处，其中绝大部分尾矿渣滞留在坝脚下方 200 m×70 m 范围内，少部分尾矿渣及污水流入米粮河。正在施工的 1 台推土机和 1 台自卸汽车及 4 名作业人员随溃坝尾矿渣滑下。下泄的尾矿渣造成 15 人死亡、2 人失踪、5 人受伤、76 间房屋淹没的特大尾矿库溃坝事故。

11.3.1.3 尾矿库四次加高扩容情况

1992 年 12 月，镇安黄金矿业公司尾矿库由兰州有色冶金设计研究院有限公司提供初步设计，初期坝的坝顶标高为 +720 m，坝高为 20 m，坝顶长为 56 m；5 年后坝顶标高为 +734 m（企业称为后期坝或二期坝，下同），坝高为 34 m，坝顶长为 68 m，总库容为 27.11 万立方米。当时工程发包给当地村民进行施工。

1997 年 7 月、2000 年 5 月、2002 年 7 月，在初步设计坝顶标高为 +734 m 的基础上，镇安黄金矿业公司又分别三次组织对尾矿库坝体加高扩容（企业称为三期坝、四期坝和五期坝，下同），工程发出承包任务给当地村民进行施工。三次坝体加高扩容使尾矿库实际库容达到 105 万立方米，坝高达 50 m，坝顶长为 164 m，坝顶标高为 +750 m。

2006 年 4 月，镇安黄金矿业公司又第四次组织对尾矿库坝体加高扩容（企业称为六期坝，下同），子坝高为 4 m，施工由尾矿库坝体的左岸向右岸至约 83 m 处时发生溃坝。

11.3.1.4 尾矿库安全评价情况

2005 年 5 月 20 日，受镇安黄金矿业公司委托，陕西旭田安全技术服务有限公司对镇安黄金矿业公司尾矿库安全生产现状进行评价，并于 2005 年 7 月出具安全评价报告，评价结论为"该尾矿库是由具有资质的单位设计，通过对镇安黄金矿业公司尾矿库现场查看及安全管理分析，初期坝是稳定的，子坝高度与外坡比、安全超高及坡比构成符合设计要求，后期坝的坝面未发现塌陷、流土、管涌及冲刷现象，坝体总体稳定，本次评价认定该尾矿库运行正常"。

11.3.1.5 事故原因分析

A 总体原因分析

(1) 多次违规加高扩容，尾矿库坝体超高并形成高陡边坡。1997 年 7 月、2000 年 5 月和 2002 年 7 月，镇安黄金矿业公司在没有勘探资料、没有进行安全条件论证、没有正规设计的情况下擅自实施了三期坝、四期坝和五期坝加高扩容工程，使尾矿库实际坝顶标高达+750 m，实际坝高达 50 m，均超过原设计 16 m；下游坡比实为 1∶1.5，低于安全稳定的坡比，形成高陡边坡，造成尾矿库坝体处于临界危险状态。

(2) 不按规程规定排放尾矿，尾矿库最小干滩长度和最小安全超高不符合安全规定。该矿山矿石属氧化矿，经选矿后，尾矿渣颗粒较细，在排放的尾矿渣粒度发生变化后，镇安黄金矿业公司没有采取相应的筑坝和放矿方式，并且超量排放尾矿渣，造成库内尾矿渣升高过快、尾矿渣固结时间缩短、坝体稳定性变差。

(3) 擅自组织尾矿库坝体加高扩容工程。由于尾矿库坝体稳定性处于临界危险状态，2006 年 4 月，镇安黄金矿业公司又在未报经安监部门审查批准的情况下进行六期坝加高扩容施工，将 1 台推土机和 1 台自卸汽车开上坝顶作业，使总坝顶标高达+754 m，实际坝高达 54 m，加大了坝体承受的动静载荷，加大了高陡边坡的坝体滑动力，加速了坝体失稳。

(4) 当坝体下滑力大于极限抗滑强度，导致圆弧形滑坡破坏。与溃坝事故现场目测的滑坡现状吻合。同时由于垂直高度达 50~54 m，势能较大，滑坡体本身呈饱和状态，加上库内水体的迅速下泄、补给，滑坡体迅速转变为黏性泥石流，形成冲击力，导致尾矿库溃坝。

B 事故直接原因

经分析认定，造成此次尾矿库特大溃坝伤亡事故的直接原因是：镇安黄金矿业公司在尾矿库坝体达到最终设计坝高后，未进行安全论证和正规设计，而擅自进行三次加高扩容，形成了实际坝高为 50 m、下游坡比为 1∶1.5 的临界危险状态的坝体。更为严重的是，在 2006 年 4 月，该公司未进行安全论证、环境影响评价和正规设计，又违规组织对尾矿库坝体加高扩容，致使坝体下滑力大于极限抗滑强度，导致坝体失稳，发生溃坝事故。

C 事故间接原因

经分析认定，造成此次尾矿库特大溃坝伤亡事故的间接原因是：(1) 西安有色冶金设计研究院有限公司矿山分院工程师王建军私自为镇安黄金矿业公司提供了不符合工程建设强制性标准和行业技术规范的扩容加坝设计图，传真给该矿，对该矿决定并组织实施扩容加坝起到误导作用，是造成事故的主要原因。(2) 陕西旭田安全技术服务有限公司没有对镇安黄金矿业公司尾矿库实际坝高已经超过设计坝高和企业擅自三次加高扩容而使该尾矿库已成危库的实际状况作出符合现状的、正确的安全评价。评价报告的内容与尾矿库实际现状不符，作出该尾矿库属运行正常库的结论错误，对继续使用危库和实施第四次坝体加高起到误导作用，是造成事故的主要原因。

11.3.2 事故案例二

11.3.2.1 尾矿坝基本情况

新塔公司生产矿区原属临钢公司塔儿山铁矿，该公司法人竞拍取得塔儿山铁矿固定资产和采矿经营权后，山西省国土资源厅将临钢公司塔儿山铁矿的《采矿许可证》变更为新塔公司的《采矿许可证》，有效期自 2007 年 6 月 4 日至 8 月 4 日，批准生产规模为年产铁矿石 25 万吨。该公司未办理《安全生产许可证》。新塔公司选矿采用临钢公司原选矿厂，选矿工艺为破碎—球磨—磁选，处理能力为年产铁矿石 35 万吨，于 2007 年 9 月 16 日正式开始生产。

980 沟尾矿库是 1977 年临钢公司为与年处理 5 万吨铁矿的简易小选厂相配套而建设，位于山西省临汾市襄汾县陶寺乡云合村 980 沟。2007 年 9 月，新塔公司擅自在停用的 980 沟尾矿库上筑坝放矿，尾矿堆坝的下游坡比为（1∶1.3）～（1∶1.4）。从 2008 年初以来，尾矿坝子坝脚多次出现渗水现象，新塔公司采取在子坝外坡用黄土贴坡的方法防止渗水并加大坝坡宽度，并用塑料膜铺于沉积滩面上，阻止尾矿水外渗，使库内水边线直逼坝前，无法形成干滩。事故发生前，尾矿坝总坝高约为 50.7 m，总库容约为 36.8 万立方米，储存尾砂约为 29.4 万立方米。

11.3.2.2 事故发生经过及抢险救援情况

2008 年 9 月 8 日 7 时 58 分，980 沟尾矿库左岸的坝顶下方约 10 m 处，坝坡出现向外拱动现象，伴随几声连续的巨响，数十秒内坝体绝大部分溃塌，库内约 19 万立方米的尾砂浆体倾盆而泻，吞没了下游的宿舍区、集贸市场和办公楼等设施，波及范围约 35 公顷（525 亩），最远影响距离约 2.5 km。

事故发生后，山西省委、省政府组织民兵预备役、公安干警、武警消防救援人员，集结大型装载机、救护车开展抢险救援。9 月 10 日，国务委员兼国务院秘书长亲临事故现场指导抢险救援工作；国家安全监管总局、国土资源部、监察部、工业和信息化部、全国总工会和山西省委、省政府有关负责同志先后赶到现场指导事故抢险救援工作。在抢险救援过程中，参加现场抢险人员共 25530 人次、出动大型抢险搜救机械 1445 台次、开挖泥土160 余万立方米、找到遇难者遗体 277 具、抢救受伤人员 33 人。此外，群众报告并经襄汾县人民政府核实，有 4 人在事故中失踪。

11.3.2.3 事故原因及性质

A 事故直接原因

新塔公司非法违规建设、生产，致使尾矿堆积坝坡过陡。同时，采用库内铺设塑料防水膜防止尾矿水下渗和黄土贴坡阻挡坝内水外渗等错误方法，导致坝体发生局部渗透破坏，引起处于极限状态的坝体失去平衡、整体滑动，造成溃坝。

B 事故间接原因

（1）新塔公司无视国家法律法规，非法违规建设尾矿库并长期非法生产，安全生产管理混乱。其非法违规的做法有：

1）非法违规建设尾矿库。在未经尾矿库重新启用设计论证、有关部门审批，也未办理用地手续、未由有资质单位施工等情况下，擅自在已闭库的尾矿库上再筑坝建设并排放尾矿；未取得尾矿库《安全生产许可证》、未进行环境影响评价，就大量进行排放生产。

2）长期非法采矿选矿。新塔公司一直在相关证照不全的情况下非法开采铁矿石，非法购买、使用民爆物品。2007 年 9 月以来，新塔公司在未取得相关证照、未办理相关手续情况下，非法进行选矿生产。

3）长期超范围经营，违法生产销售。新塔公司注册的经营范围为经销铁矿石，但实际从事铁矿石开采、选矿作业、矿产品销售。

4）企业内部安全生产管理混乱。新塔公司安全管理规章制度严重缺失，日常安全管理流于形式，安全生产隐患排查工作不落实，采矿作业基本处于无制度、无管理的失控状态，安全生产隐患严重。尾矿库毫无任何监测、监控措施，也不进行安全检查和评价，冒险蛮干贴坡，尾矿库在事故发生前已为危库。

5）无视和对抗政府有关部门的监管。2007 年 7 月至事故发生前，当地政府及有关部门多次向新塔公司下达执法文书，要求停止一切非法生产活动。但直至事故发生，该公司未停止非法生产，并在公安部门查获其非法使用民爆物品后，围攻、打伤民警，堵住派出所大门，切断水电气，砸坏办公设施。

（2）地方各级政府有关部门不依法履行职责，对新塔公司长期非法采矿、非法建设尾矿库和非法生产运营等问题监管不力，少数工作人员失职渎职、玩忽职守。

（3）地方各级政府贯彻执行国家安全生产方针政策和法律法规不力，未依法履行职责，有关领导干部存在失职渎职、玩忽职守问题。

C 事故性质

山西省襄汾县新塔矿业公司"9·8"特别重大尾矿库溃坝事故造成重大人员伤亡。根据国务院事故调查组初步调查，这是一起特别重大责任事故，在社会上造成了特别恶劣的影响。

11.4 尾矿库综合利用

11.4.1 铁尾矿综合利用

铁尾矿是通过粉碎、浮选等工艺处理后剩余的废料。目前，国内外对铁尾砂的综合利用方法包括回收有价组分、制作混凝土填料、路基材料、建筑材料、充填材料、高分子复合材料、肥料和土壤改良剂等。

有学者提出了一种预富集—深度还原法，先提高炉温，再经高温入炉还原，以提高还原铁精粉的质量，使其回收率提高。通过对尾矿、尾渣的处理，实现了对铁尾矿的资源化和综合利用。还有学者在巴西铁尾矿中添加了多种无机结合剂，改善了铁尾矿路用特性，并通过击实试验和加州承载能力测试，得出最佳工艺条件下达到路基材料使用的要求。

国内铁矿资源十分丰富，尤其是华北地区，铁尾矿储量大，因此，铁尾矿被广泛应用于矿山的露天充填和地下充填，不仅节约了生产成本，而且还能有效地解决部分生态安全问题。对已关闭的露天矿山，可采取尾矿充填，并在其上覆一层耕作土壤，从而降低了尾矿的占用和生态环境。许多矿井都是采用地下充填法，即在采空区附近填满铁尾矿，这样既节省了运输和粉碎的费用，又节约了生产成本。

结合上述方法，可根据自身的经济状况和市场需求，选择相应的途径，并通过多种方式进行混合开采，实现经济、社会和环境效益的最大化。

11.4.2 有色金属尾矿综合利用

我国的有色金属年产量在世界上名列前茅，但由于技术、经济发展等原因，无法完全回收这些金属，所以在提炼出有用材料后，剩下的细粉经过脱水处理会变成大量的金属尾渣，这对资源的消耗是巨大的。这些有色金属尾矿中的金属元素含量一般比较高，具有微细的微粒和高流动性；尾矿中的主要成分是硫化物，容易发生氧化形成酸性废水，对环境造成严重的污染；另外，部分有色金属尾矿中也存在重金属和其他有害物质，是矿山环境治理的一个难题。如果有色金属尾矿能得到资源化和综合利用，可以有效减少对环境的损害，弥补已消耗的矿产资源，是十分有利的发展方向。目前，我国有色金属尾矿的资源化利用方法主要有：回收有价值的金属或有用组分，回填、土地复垦采空区，以及制备建筑材料和新的功能材料等。

与铁尾矿一样，有色金属尾矿也是由二氧化硅、氧化钙、氧化镁等组成，其组成与市面上的建材基本相同，可用来制造建材，从而减少生产成本和能源消耗。

11.4.3 金尾矿综合利用

金尾矿是指将金矿石粉碎、研磨、分选后丢弃的一种对环境有很大影响的矿渣。一般情况下，金尾矿石是碱性的，含有大量的二氧化硅，部分氧化铝、氧化镁、铁，以及其他的金属，如铜、铅、银等。根据调查，我国大多数金尾矿未得到充分利用，大量堆存于尾矿库，不仅占用了大量的土地，而且对环境造成了严重的污染，并有较大的安全风险。金尾矿的综合利用方法包括有价金属的回收、硅矿石的回收、建材的回收、矿山的充填等。硅质金尾矿的化学组成主要是二氧化硅，还包含一些酸性的氧化物，如氧化铁、氧化铝等，与火山岩的矿物十分类似，因此可以采用金尾矿石掺和在水泥中。

经过多年探索与实践，可将金尾矿的综合利用分为三个方面：一是采空区的填充，使尾矿的排放总量超过 50%；二是利用尾矿进行土地复垦，种植农作物，使生态环境得到改善，效益得到提升；三是采用黄金尾砂代替黏土、石子和砂子，生产轻质钢板系列建材，实现对废料的再利用。这些变废为宝的资源化处理方式，在环保、节约成本、实现可持续发展方面有着广泛的应用前景。

11.4.4 金属尾矿资源化利用建议

我国矿山资源日益枯竭，环境保护意识日益提高，必须大力发展尾矿资源。二次利用金属尾矿，既解决了尾矿的堆存和占用土地的问题，又可以实现资源的再利用，提高经济效益。根据金属矿山尾矿资源的综合利用状况，可为今后我国金属矿资源可持续利用提出以下建议：

（1）健全法律制度。金属矿物是一种不可再生资源，要有一套完整的法律、法规和管理制度，才能使这些资源得到有效的利用。

（2）建立矿产资源的综合利用档案。摸底调查、整理各个矿山企业的尾矿综合利用状况，并将其整理成一个完整的数据库，在全国范围内广泛应用，从而起到带头和示范的作用，同时也为各矿山企业的尾矿资源化利用工作提供了参考。

（3）强化政策导向的金属尾砂综合利用。目前，要提高企业的综合利用意识，加大宣传力度。国家有关部门要支持和鼓励矿业公司加大对金属尾矿的回收利用力度，并在政策上给予一定的支持，如给予一定的资金扶持、减免税收、出台一系列的优惠政策，同时也要加大对二次资源的开发力度，使其得到充分的关注，促进矿业公司的可持续发展。

——— 本 章 小 结 ———

本章详细介绍了矿山中尾矿处理的重要性和尾矿库管理的相关安全规定。首先，本章强调了尾矿处理的重要性。尾矿不仅是矿山生产的产物，更是一个潜在的危险源。合理、安全的尾矿处理是确保矿山安全生产的重要环节。其次，本章明确了尾矿库管理的关键。尾矿库的管理涉及多个方面，包括安全规定、设施运行、事故应对等。管理团队必须高度重视，确保尾矿设施的安全运行。本章通过对两个尾矿库事故案例进行深入分析，为读者提供了实际问题的参考，强调了管理不善可能导致的严重后果。通过案例学习，读者能够更好地理解尾矿安全管理的重要性。最后，简要介绍了各种类型的尾矿综合利用情况。

通过学习本章，读者将了解矿山尾矿处理的重要性，明确尾矿库管理的关键环节，以及如何通过案例分析提升尾矿安全管理水平。

复习思考题

11-1 尾矿库分为哪些类型？

11-2 现有一全库容为 5000 m^3、坝高为 50 m 的尾矿库，其级别为多少？

11-3 尾矿库和尾矿坝有什么区别？

11-4 请简要阐述尾矿设施的重要性。

11-5 请你结合所学知识，提出尾矿资源化利用的相关建议。

12 矿山爆破安全

本章提要

矿山爆破是一种较复杂且极具安全隐患的工作任务。当爆破作业受外部环境、作业条件影响及爆破质量受岩体结构影响时，应根据岩性特点及构造状况，从爆破作业入手，按照爆破作业安全规定，正确进行矿山爆破，保障爆破安全。本章将详细介绍矿山爆破及其相关安全要求。

12.1 矿山爆破概述

12.1.1 爆炸的基本理论

矿山爆破采用的是工业炸药，其原理是使药物爆炸以破碎、压实、疏松被爆物体，属化学爆炸。形成化学爆炸必须同时具备4个条件：爆炸反应过程中必须放出大量的热能，化学反应过程必须是高速的，化学反应过程应能生成大量的气体产物，反应能自行传播。

炸药的化学反应有热分解、燃烧、爆炸、爆轰4种基本形式。这4种基本形式之间有密切的联系，在一定条件下可以相互转化，人们可以控制外界条件，按需要来"驾驭"炸药的化学反应。

12.1.2 矿山常用炸药

炸药是在一定条件下，能够发生快速化学反应，释放大量热量，生成大量气体，因而对周围介质产生强烈的机械作用，呈现爆炸效应的化合物或混合物。例如，1000 g硝铵炸药完成爆炸反应的时间只需 3×10^{-4} s，能产生 4.18 MJ 的热量，爆炸时的温度达 2000~3000 ℃。在爆炸瞬间，固体状态的炸药迅速变为气体，其体积比原体积增加 850~950 倍。这种气体在高温影响下急剧膨胀，产生的压力约高达 10 GPa。

炸药按照组成结构可分为单体炸药和混合炸药，按照用途及其特性可分为起爆药、猛炸药、火药及烟火剂等几类。我国矿山使用的炸药有硝铵类炸药、硝化甘油炸药，以及乳化油炸药等。硝铵类炸药是以硝酸铵为主要成分的混合炸药。常用的硝铵类混合炸药有铵梯炸药、铵油炸药、铵松蜡炸药，以及含水硝铵类炸药。

12.1.3 起爆器材及起爆方法

爆破起爆是指通过起爆器材的引爆能引起炸药的爆炸。根据起爆器材的种类不同，可将起爆方法分为火雷管起爆法、电雷管起爆法、导爆索起爆法和导爆管起爆法。

12.1.3.1 起爆器材

常用的起爆器材有雷管（火雷管、电雷管）、导爆索及导爆管。雷管是主要的起爆器材，可用来起爆炸药和导爆索及导爆管。

火雷管是工业雷管中最基本的一个品种，由火焰直接引爆。电雷管可分为瞬发电雷管及延期电雷管，延期电雷管又可分为秒或半秒延期电雷管与毫秒延期电雷管。

12.1.3.2　起爆方法

炸药的起爆方法有如下几种：

（1）火雷管起爆。其是利用导火索传递火焰引爆雷管，进而引爆炸药。这种起爆方法的操作过程包括加工起爆雷管、加工起爆药包、装药、点火起爆。

（2）电雷管起爆法。在装完药后进行连线，并用导通仪检验网路是否导通。使用的电雷管应事先用导通仪检测，电阻误差过大者不能使用。

（3）导爆索起爆法（又称无雷管起爆法）。导爆索起爆法可分普通导爆索起爆法和低能导爆索起爆法，非煤矿山使用最多的是普通导爆索起爆法。

（4）导爆管起爆法。其是用起爆枪或雷管起爆导爆管，引爆起爆药包中的非电毫秒雷管，进而引爆炸药。

12.1.4　爆破工程分级

爆破工程分级有如下规定：

（1）爆破工程按工程类别、一次爆破总药量、爆破环境复杂程度和爆破物特征，可将爆破工程分为 A、B、C、D 4 个级别，实行分级管理。爆破工程分级见表 12-1。

表 12-1　爆破工程分级

作业范围	分级计量标准	级　别			
		A 级	B 级	C 级	D 级
岩土爆破[①]	一次爆破药量 $Q^{①}$/t	$100 \leqslant Q$	$10 \leqslant Q < 100$	$0.5 \leqslant Q < 10$	$Q < 0.5$
拆除爆破	高度 $H^{②}$/m	$50 \leqslant H$	$30 \leqslant H < 50$	$20 \leqslant H < 30$	$H < 20$
	一次爆破药量 $Q^{③}$/t	$0.5 \leqslant Q$	$0.2 \leqslant Q < 0.5$	$0.05 \leqslant Q < 0.2$	$Q < 0.05$
特种爆破	单张复合板使用药量 Q/t	$0.4 \leqslant Q$	$0.2 \leqslant Q < 0.4$	$Q < 0.2$	—

① 表中药量对应的级别指露天深孔爆破。其他岩土爆破相应级别对应的药量系数：地下爆破为 0.5；复杂环境深孔爆破为 0.25；露天硐室爆破为 5.0；地下硐室爆破为 2.0；水下钻孔爆破为 0.1，水下炸礁及清淤、挤淤爆破为 0.2。

② 表中高度对应的级别指楼房、厂房及水塔的拆除爆破；烟囱和冷却塔拆除爆破相应级别对应的高度系数为 2和 1.5。

③ 拆除爆破按一次爆破药量进行分级的工程类别包括：桥梁、支撑、基础、地坪、单体结构等；城镇浅孔爆破也按此标准分级；围堰拆除爆破相应级别对应的药量系数为 20。

（2）B、C、D 级一般岩土爆破工程，遇下列情况应相应提高一个工程级别：

1）距爆区 1000 m 范围内有国家一、二级文物或特别重要的建（构）筑物、设施；

2）距爆区 500 m 范围内有国家三级文物、风景名胜区及重要的建（构）筑物、设施；

3）距爆区 300 m 范围内有省级文物、医院、学校、居民楼、办公楼等重要保护对象。

（3）B、C、D 级拆除爆破及城镇浅孔爆破工程，遇下列情况应相应提高一个工程级别：

1）距爆破拆除物或爆区 5 m 范围内有相邻建（构）筑物或需重点保护的地表、地下管线；

2）爆破拆除物倒塌方向安全长度不够，需用折叠爆破时；

3）爆破拆除物或爆区处于闹市区，风景名胜区时。

（4）矿山内部且对外部环境无安全危害的爆破工程不实行分级管理。

（5）爆炸复合工程遇表 12-2 所列情况时，按表 12-2 调整管理等级。

表 12-2　爆炸复合工程管理级别调整表

爆炸复合工程类别	调级计量标准	级　别		
		A 级	B 级	C 级
不锈钢（钢）、镍（钢）爆炸复合板	面积 S/m^2	$S \geqslant 20$	$12 \leqslant S < 20$	$S < 12$
	宽度 W/m	$W \geqslant 3$	$2 \leqslant W < 3$	$W < 2$
	复层厚度 δ/mm 及面积 S'/m^2	$\delta \geqslant 12,\ S' \geqslant 8$	$8 \leqslant \delta < 12,\ 6 \leqslant S' < 8$	$\delta < 8,\ S' < 6$
钛、钢、铝爆炸复合板	面积 S/m^2	$S \geqslant 15$	$8 \leqslant S < 15$	$S < 8$
	宽度 W/m	$W \geqslant 2.5$	$1.5 \leqslant W < 2.5$	$W < 1.5$
	复层厚度 δ/mm 及面积 S'/m^2	$\delta \geqslant 10,\ S' \geqslant 8$	$6 \leqslant \delta < 10,\ 5 \leqslant S' < 8$	$\delta < 6,\ S' < 5$
超厚爆炸复合板	总厚 δ/mm	$\delta \geqslant 100$	$60 \leqslant \delta < 100$	$\delta < 60$
	总重量 G/t	$G \geqslant 10$	$8 \leqslant G < 10$	$G < 8$

12.1.5　常见问题

目前，我国矿山爆破过程中具有很严重的安全隐患问题，非常容易导致各种安全事故的发生，甚至会影响工作人员的生命健康，极大影响了矿山爆破过程的安全性。我国矿山爆破过程中常见的问题主要包括：

（1）安全意识薄弱。目前，我国经济水平快速发展对矿山产业的快速发展起到明显的促进作用，所以矿山开采需求也日益增长。在高频次的矿山开采中，常常可以见到各种安全事故，究其原因，和工作人员的安全意识密切相关。在实际施工过程中，如果工作人员忽视矿山采掘的安全控制和安全管理工作，那么就会存在严重的安全隐患，增加人员伤亡发生的概率。

（2）矿山爆破防护措施需要完善。矿山爆破工作通常要在较高的爆破平台实现，我国的矿山爆破防护措施需进一步完善，以对矿山爆破人员的人身安全进行有效保护。

（3）不合理的设置警报装置。在矿山爆破过程中，仍然存在警报装置设置不合理的现象，导致依然存在很多监控死角，不利于全面确保矿山爆破过程的安全性。

（4）存在作业环境较差的问题。在一些矿山地区，爆破场地往往堆放着其他非必需的物品，这严重影响了矿山爆破所需的作业空间。此外，这些堆放的物品经常缺少防水和防火措施，给矿山爆破作业增加了安全隐患。

（5）爆破技术落后。目前，先进的科学技术已经被广泛地应用于矿山开采施工过程中，但现在仍然有一些矿山企业使用落后的爆破技术，忽视其安全性能。

12.2　矿山爆破安全技术

12.2.1　起爆安全技术

12.2.1.1　火雷管起爆及其事故预防

A　火雷管起爆的早爆与预防

导火索可能产生的快燃或爆燃会导致火雷管产生早爆现象，从而引发伤亡事故。加强导火索及雷管的制造、存储、运输等的管理工作，提高导火索和雷管的质量，可以大大减少导火索速燃、缓燃、拒燃和雷管的拒爆现象。

预防火雷管早爆事故的发生，除严格保证导火索的质量外，还应采用安全点火方法起爆火雷管。《爆破安全规程》（GB 6722—2014）规定，火雷管起爆时，必须采用一次集中点火法点火。集中点火可使用母子导火索、点火筒等点火工具点火。

B　火雷管起爆的延迟爆炸及其预防

当导火索有断药或缺药等缺陷及受外力作用导致导火索似断非断时，会引起延迟爆炸事故。延迟爆炸事故的危害很大，要想预防延迟爆炸事故的发生，除了要加强导火索、雷管和炸药的质量管理，建立健全检验制度外，还要在操作中避免过度弯曲或折断导火索，由专人听炮响声并数炮，或由数炮器数炮。有瞎炮或可能有瞎炮时，应加倍延长进入炮区的时间。

C　火雷管起爆的拒爆及预防

完全消除火雷管起爆的拒爆现象是不可能的，但应采取积极措施将拒爆率降到最低限度。首先，要认真选购和检查导火索和雷管。其次，妥善保存导火索及雷管，防止其受潮变质。同时，加强爆破员的培训，提高其专业知识水平，改进操作技术。

12.2.1.2　电雷管起爆及其事故预防

A　电雷管的早爆及其预防

杂散电流、雷电和静电是引起电雷管起爆早爆事故的主要因素。

预防杂散电流的主要措施有：采用防杂散电流的电爆网路；采用抗杂散电流的电雷管；采用非电起爆；加强爆破线路的绝缘，不用裸线连接。雷电可通过直接雷击、静电感应或电磁感应的方式引爆电雷管，其中以电磁感应为主。预防雷电引起早爆应采取的措施包括：禁止在雷雨天气进行电雷管爆破；在爆破区内设立避雷系统；采用屏蔽线爆破；采用非电起爆系统起爆。

预防静电产生早爆事故应采取的措施包括：增加炸药水分，采用抗静电雷管，采用非电起爆方法。

B　电雷管的拒爆、延迟爆炸及其预防

电雷管拒爆的原因：一是雷管本身有缺陷，而且有的缺陷用导通仪检验时不易被发现；二是起爆网路的设计及操作中有失误。

为减少拒爆现象的发生，除要严格检测雷管、保证雷管质量外，还要采取准确、可靠的起爆网路，消除网路设计方面的差错，同时严格执行操作规程。要防止延迟爆炸事故，必须加强爆破器材的检验，不合格的爆破器材应严禁使用。

C 导爆管起爆的安全问题

导爆管起爆系统中，雷管和传爆雷管同普通雷管一样含有高热感度和机械感度的起爆药，使用时要防止冲击和摩擦。导爆管传爆的延时作用比电雷管起爆系统大得多，所以在设计导爆管起爆网路时，不能采用环形网路，即传爆的初始位置与终了位置不能相隔太近。有瓦斯时，禁止使用导爆管。

D 导爆索起爆的安全问题

导爆索网路最主要的安全问题是拒爆事故。出现拒爆问题的主要原因是连接方法不正确，因此应特别注意采用正确的连接方法，防止拒爆事故的发生。

12.2.2 安全标准和安全距离

12.2.2.1 地震安全距离

地震安全距离往往是决定爆破工程规模、方式的重要因素，有些爆破设计在报批中遇到麻烦也往往发生在地震效应的控制上。控制标准、计算方法均不甚严格，被保护建（构）筑物的结构和状况又十分复杂，如何较准确地预估地震强度、控制建（构）筑物的损坏程度经常成为有争议的问题。《爆破安全规程》（GB 6722—2014）规定一般建筑物和构筑物的爆破地震安全应满足安全震动速度的要求。

12.2.2.2 空气冲击波的安全距离

空气冲击波安全距离的确定主要依据包括对地面建筑物的安全距离、空气冲击波超压值计算和控制标准、爆破噪声、空气冲击波的方向效应与大气效应。

12.2.2.3 爆破飞石的安全距离

爆破飞石的飞散距离受地形、风向和风力、堵塞质量、爆破参数等影响，爆破飞石的安全距离应根据硐室爆破、非抛掷爆破、抛掷爆破等情况考虑。

12.2.2.4 电力起爆的安全距离

电力起爆的安全距离主要考虑爆区与高压线、广播电台和电视台等发射源的安全距离。

12.2.2.5 爆破有害气体扩散安全距离

爆破有害气体主要有 CO、NO、NO_2、N_2O_5、SO_2、H_2S、NH_3 等，可引起窒息及血液中毒。大量爆破后必须进行取样检测。有害气体浓度低于允许指标才能下井作业。

减少爆破有害气体的措施有：使用合格炸药；做好起爆器材及炸药防水、炮孔堵塞等工作，避免半爆和爆燃；井下加强通风，尤其要注意通风死角、盲区；人员进入前必须进行通风，并取样检测空气中的毒气浓度。

12.2.2.6 瓦斯、煤尘的安全标准及防爆措施

防止瓦斯引燃和爆炸的措施有：防止瓦斯聚积、保证通风、坚持监测，严格按规定，该停则停、该撤则撤；封闭采空区，尽可能减少氧气进入；按规程要求布孔、装药、堵塞、起爆，正确操作；放炮引爆瓦斯；电器设施应采用防爆型并加强管理，严格控制杂散电流。

煤尘爆炸的防范措施有：综合防尘，如回采面煤层注水；用水封爆破技术，设置喷

水、喷雾装置，采用湿式打眼，经常洗刷井壁、巷壁，控制通风风速，煤仓、溜眼不得放空，运输过程防止漏煤，运输洒水，运输巷道、回风巷道铺岩粉等。用这些综合措施来降低空气中的煤尘浓度；防止放炮明火、机械火花引发煤尘爆炸；注意防止瓦斯、煤尘混合爆炸，防止瓦斯爆炸的措施对防止混合爆炸同样有效。

12.3 爆破作业安全规定

12.3.1 爆破安全规程

《爆破安全规程》（GB 6722—2014）规定了爆破作业、爆破施工和爆破器材的储存、运输、加工、检验与销毁的安全技术要求及其管理工作要求，适用于各种民用工程爆破和中国人民解放军、武装警察部队从事的非军事目的的工程爆破。该规程以保障人员、设备和环境安全为首要目标，要求从作业计划到现场实施都符合严格的标准。通过许可和审批、作业计划设计、安全防护、监测预警、通信协调及事故应急等措施，确保了作业的透明度、可控性和可预测性。然而，规程的有效执行需要强化监管和执法力度，以及培养从业人员的安全意识和技能。《爆破安全规程》（GB 6722—2014）的内容包括爆破作业的基本规定、各类爆破作业的安全规定、安全允许距离与环境影响评价和爆破器材的安全管理等几部分内容。

12.3.2 爆破作业环境

爆破作业环境要求：

（1）爆破前应对爆区周围的自然条件和环境状况进行调查，了解危及安全的不利环境因素，并采取必要的安全防范措施。

（2）爆破作业场所有下列情形之一时，不应进行爆破作业：

1）距工作面 20 m 以内的风流中瓦斯含量达到 1%或有瓦斯突出征兆的；

2）岩体有冒顶或边坡滑落危险的；

3）硐室、炮孔温度异常的；

4）爆破可能危及建（构）筑物、公共设施或人员的安全而无有效防护措施的；

5）支护规格与支护说明书的规定不符或工作面支护损坏的；

6）危险区边界未设警戒的；

7）光线不足且无照明或照明不符合规定的。

（3）在有关法规不允许进行常规爆破作业的场合，但又必须进行爆破时，应先与有关部门协调一致，做好安全防护，制定应急预案。

（4）采用电爆网路时，应对高压电、射频电等进行调查，对杂散电流进行测试。发现存在危险，应立即采取预防或排除措施。

（5）浅孔爆破应采用湿式凿岩，深孔爆破凿岩机应配收尘设备；在残孔附近钻孔时应避免凿穿残留炮孔，在任何情况下均不许钻残孔。

12.3.3　爆破工程施工准备

12.3.3.1　施工现场清理与准备

爆破工程施工前，应根据爆破设计文件要求和场地条件对施工场地进行规划，并开展施工现场清理与准备工作。施工场地规划内容应包括：

（1）爆破施工区段或爆破作业面划分及其程序编排。

（2）爆破与清运交叉循环作业时，应制定相关的安全措施。

（3）有碍爆破作业的障碍物或废旧建（构）筑物的拆除与处理方案。

（4）现场施工机械配置方案及其安全防护措施。

（5）进出场主通道及各作业面临时通道布置。

（6）夜间施工照明与施工用风、水、电供给系统敷设方案，施工器材、机械维修场地布置。

（7）施工用爆破器材现场临时保管、施工用药包现场制作与临时存放场所安排及其安全保卫措施。

（8）施工现场安全警戒岗哨、避炮防护设施与工地警卫值班设施布置。

（9）施工现场防洪与排水措施。

12.3.3.2　通信联络

爆破指挥部应与爆破施工现场、起爆站、主要警戒哨建立并保持通信联络；没有成立指挥部的爆破工程，在爆破组（人）、起爆站和警戒哨间应建立通信联络，保持畅通。

通信联络制度联络方法应由指挥长或指挥组（人）决定。装药前应对炮孔、硐室、爆炸处理构件逐个进行测量验收，做好记录并保存。

凡需经公安机关审批的爆破作业项目施工验收，应有爆破设计人员参加。对验收不合格的炮孔、硐室、构件，应按设计要求进行施工纠正，或报告爆破技术负责人进行设计修改。

12.3.4　爆破器材的贮存、运输安全

12.3.4.1　爆破器材的贮存

A　永久性地面库

永久性地面库应为平房、砖混结构，墙体应坚固、密实、隔热、耐腐蚀。宜采用钢筋混凝土屋盖，房顶应有隔热层；若采用木屋顶，必须经防火处理。贮存烟火药、硝化甘油炸药的库房，必须采用轻型屋顶。地面地板应平整、坚实、无裂缝、防潮、防腐蚀，不得有铁器露于地表。

贮存硝化甘油类炸药、雷管和继爆管，必须放在货架上，箱（袋）禁止叠放，箱子距货架上层板的距离不得小于 4 cm，货架宽度不得超过两个包装箱（袋）的宽度，货架之间的距离不得小于 1.3 m，货架离墙的距离不得小于 20 cm。其他爆破器材应堆放在垫木上，各堆间距不小于 1.3 m，堆离墙不小于 20 cm，堆高不超过 1.6 m。库房内不得存放与管理工作无关的工具和杂物；库内必须整洁、防潮，通风良好，杜绝鼠害。

警戒库区必须昼夜设警卫，加强巡逻，严禁无关人员进入库区。报警装置和消防、通

信、防雷装置应每季度检查一次，发现爆破器材丢失、被盗，必须及时报告所在地的公安机关。

B　永久性隧道式硐库

永久性隧道式硐库的库房高度必须大于联通巷道高度，联通巷道底板坡度由里向外下斜5%，并设有带盖的排水沟。必须有通风巷道或通风井，通风巷道和通风井的入口和通风设备必须设围墙围栏。支护一般为喷混凝土支护加离壁式拱，如用木结构支护时，应涂防火漆。永久性隧道式硐库的爆破器材的贮存、警戒与地表炸药库的贮存、警戒相同。

C　井下分库和发放站

井下分库和发放站结构无特殊要求，只要求贮存硝化甘油类炸药和雷管的硐室和壁槽应设金属丝网门，出、入口处设防火铁门。

发放站在多中段开采的矿井里，爆破器材分库与工作面距离超过 2.5 km 或井下不设分库时，允许在各中段设置发放站。井下爆破器材发放站必须符合以下规定：应设有专用通风巷道；与人行巷道的距离不小于25 m，至少拐一个直角弯与人行巷道相连；炸药存放量不超过 500 kg，雷管不超过一箱；炸药、雷管必须分开存放，两者间用砖墙或混凝土墙隔开，隔墙厚度不小于 25 cm。

D　地表临时库

地表临时库内必须设独立的发放间，面积不小于9 m²。同时，应设独立的雷管库，宜设不低于 2 m 高的围墙或铁刺网。库内必须有足够的消防器材。临时性库房（宜为平房）地面必须平整无缝；墙、地板、屋顶和门为木结构者，应涂防火漆；窗户必须有一层外包铁皮的板窗门。

E　汽车或马车特制车厢

在不超过 6 个月的野外流动爆破作业中，允许用汽车或马车特制车厢存放爆破器材，但必须遵守下述规定：

（1）禁止将特制车厢做成挂车形式。特制车厢必须是外包铁皮的木车厢，车厢前壁和侧壁应开有截面为 30 cm×30 cm 的铁栅通风孔，后壁开门。门为木门外包铁（或铝）皮。门应上锁，整个车厢外表应涂防火漆并设危险标记。

（2）存放爆破器材的量不得超过车辆额定载重的 2/3。

（3）车厢内右前角设置一个可固定的专门放雷管的木箱，内衬软垫，单独上锁。同一车上装炸药和起爆器材时，雷管（及其配套的导火索与导爆索）不得超过 2000 发。

（4）车厢应日夜设警卫，停放地点应确保作业点、有人建筑物、重要构筑物和设备的安全。离开特制车厢 50 m 以外，允许量测电雷管，加工起爆管。

F　船只

用船只保管爆破器材时，船上应悬挂危险标志，晚上挂红灯。设有警卫人员，停泊在航线以外的安全地点，距码头、建筑物、其他船只和爆破作业点不得少于 250 m；靠岸时，距离 50 m 内的岸上不准无关人员进入。

船上应设有单独的炸药舱和雷管舱，各舱有单独出、入口，并与机舱和热源隔开；存放量不得超过 2 t；存放爆破器材的框架应设凸缘，装爆破器材的箱（袋）应固定牢固。

船上严禁烟火，应备有足够的消防器材，只准许用移动式蓄电池灯或安全手电筒照明。

G 临时露天堆放场地

在特殊情况下，经单位保卫部门和当地县（市）公安机关批准的爆破器材可临时堆放在露天场地，但必须遵守下列规定：

（1）堆放场应选择安全地方，严加看管，昼夜设巡逻警卫，周围 100 m 范围内严禁烟火，场地不得堆放任何杂物。

（2）爆破器材应堆放在垫木上。禁止直接堆放在地上，上部应覆盖帆布或搭简易帐篷。

（3）严禁雷管与炸药混放。炸药堆与雷管的距离不得小于 25 m。

H 作业地点临时堆放场地

运到作业面的爆破器材应有专人看管，设醒目的标志（白天挂红旗，井下或露天的晚上挂红灯）。炸药、雷管不得混放，起爆体不得和炸药混放，堆放量不得超过当班用量，大爆破时，可存放本次工程所需炸药量。拆除爆破、地震勘探及油气井爆破时，禁止将爆破器材散堆在地上，雷管应放在外包铁皮的木箱内并加锁。

12.3.4.2 爆破器材的运输

A 企业外部运输

在企业外部运输爆破器材应注意以下几个方面：

（1）爆炸物品运输证。由收货单位凭物资主管部门签证盖章的爆破器材供销合同，写明爆破器材品名，数量及起运、运达地点，向所在县（市）公安局申请领取"爆炸物品运输证"。运达后，收货单位或购买单位应在运输证上签注物品到达情况，然后将运输证交回原发证公安机关。

进、出口爆破器材运输时，托运单位应凭兵器工业部批准的文件和外贸部门签发的进、出口贸易许可证，向收货地或出境口岸所在县（市）公安局申请领取"爆炸物品运输证"。

在市内短途运输爆破器材时，可免办"爆炸物品运输证"，但必须事先通知公安局，严格执行运输安全规定。

（2）运输设备。运载船、车必须符合安全要求。机动船船舱不得有电源，对蒸汽管进行可靠的隔热。底板和舱壁无缝隙，舱口关严，与机舱相邻的船舱隔墙，应采取隔热措施。

汽车出车前车库主任（或队长）应认真检查车辆并在车上注明："该车检查合格，准许用于运输爆破器材"。由熟悉爆破器材性质、具有安全驾驶经验的司机驾驶。寒冷地区冬季运输，必须采取防滑措施。

拖拉机或三轮车运输可根据《爆破安全规程》（GB 6722—2014）和《乡镇露天矿场爆破安全规程》综合考虑。

畜力车运输时，车辆安装制动闸，运雷管车辆要有防震装置。使用经过训练的牲口运输时，车上的爆破器材要捆牢。

（3）装卸。装卸爆破器材应尽量在白天进行，有专人在场监督，并应该警示，禁止无关人员在场。装卸地点严禁烟火和携带发火物品，并设明显的信号：白天悬挂红旗和警标，夜间有足够的照明并悬挂红灯。装卸爆破器材的车站、码头由当地公安机关会同铁路、交通部门协商确定，应远离市中心区和人口稠密区。雷雨天气禁止装卸爆破器材。从生产厂或总库向分库运送时，包装箱（袋）及铅封必须完好无损。

（4）行驶。装爆破器材的车（船）必须有人押运，不许非押运人员搭乘，按指定路线限速行驶，并设危险标志。同时，不同交通工具运输行驶过程有不同的安全规定，要严格执行。

B　企业内部运输

在企业内部运输爆破器材应注意以下几个方面：

（1）用汽车、马车运输时，应遵照有关规定执行。

（2）在竖井、斜井运输爆破器材时，应事先通知卷扬司机和信号工，不在上、下班人员集中时间运输，不在井口房和井下车场停留，除爆破人员和信号工外，其他人员不得共罐乘坐；用罐笼运输硝铵类炸药，炸药装载高度不超过车厢边缘；运输硝化甘油炸药和雷管时，不超过两层，且中间须铺软垫；用罐笼运输雷管或硝化甘油炸药时，其升降速度不超过 2 m/s；用吊桶或斜坡卷扬运输爆破器材时，其速度不得超过 1 m/s；运输电雷管时，必须采取绝缘措施。

（3）用电机车运输爆破器材时，列车前后挂"危险"标志，需要用未装有爆破器材的车厢把装有爆破器材的车厢与机车、装雷管的车厢、装其他爆破器材的车厢隔开；用封闭型的专用车厢运输炸药和雷管时，车内应铺垫，行驶速度不超过 2 m/s；运电雷管时，应采取可靠的绝缘措施；在装卸爆破器材时，机车必须断电。

（4）用汽车在斜坡道运输爆破器材，车头、车尾应分别安装蓄电池红灯作为危险标志。禁止在上、下班人员集中时运输，行驶速度不超过 10 km/h。在巷道中间行车，会车时让车，应靠边停车。

（5）人工搬运爆破器材。不得提前班次领取爆破器材，领取爆破器材后，应直接送到爆破地点，不得携带爆破器材在人群集聚的地方停留，禁止乱丢乱放；炸药、雷管应分别放在 2 个专用背包（木箱）内，禁止装在衣袋内；在井下或夜间，应随身携带完好的蓄电池灯、安全灯或绝缘手电筒；1 人 1 次同时搬运炸药和起爆器材的质量不得超过 10 kg，拆箱（袋）搬运炸药的质量不得超过 20 kg，背运原包装炸药不得超过 1 箱（袋），挑运原包装炸药不得超过 2 箱（袋）。

12.3.5　爆破器材现场检测与加工

12.3.5.1　爆破器材现场检测

在实施爆破作业前，爆破器材现场检测应包括对所使用的爆破器材进行外观检查，对电雷管进行电阻值测定，对使用的仪表、电线、电源进行必要的性能检验。

爆破器材外观检查项目应包括：

（1）雷管管体不应变形、破损、锈蚀。

（2）导爆索表面要均匀且无折伤、压痕、变形、霉斑、油污。

（3）导爆管管内无断药、无异物或堵塞，无折伤、油污和穿孔，端头封口良好。

（4）粉状硝铵类炸药不应吸湿结块，乳化炸药和水胶炸药不应破乳或变质。

（5）电线无锈痕，绝缘层无划伤、开绽。

12.3.5.2 起爆器材的加工

起爆器材的加工应注意:

(1) 在水孔中使用起爆药包,孔内不得有电线、导爆管和导爆索接头。

(2) 当采用孔内延时爆破时,应在起爆药包引出孔外的电线和导爆管上标明雷管段别和延时时间。

(3) 切割导爆索应使用锋利刀具,不得使用剪刀剪切。

(4) 加工起爆管和信号管应在爆破器材库区的专用房间进行,严禁在爆破器材库房、住宅和爆破作业地点进行。

(5) 加工时应轻拿轻放,防止掉落、脚踩,禁止烟火。应边加工边放入带盖的木箱内。加工点存放的雷管不得超过100发。

(6) 应使用快刀切取导火索或导爆管。每盘导火索或每卷导爆管的两端应先切除5 cm。切导火索或导爆管时,工作面严禁堆放雷管。切割前应认真检查其外观,凡过粗、过细、破皮或其他缺陷部分均应切除。

(7) 装配起爆管、信号管前,必须逐个检查雷管外观,凡管体压扁、破损、锈蚀、加强帽歪斜,或雷管内有杂物者,严禁使用。

(8) 应将导火索或导爆管垂直面的一端轻轻地插入雷管,不得旋转摩擦。金属壳雷管应采用安全紧口钳紧口,纸壳雷管应采用胶布捆扎或套金属箍圈后紧口。

(9) 加工起爆药包应在爆破作业面附近安全地点进行,加工数量不应超过当班爆破作业需用量;加工时,应用木质或竹质锥子,在炸药卷中心扎一个雷管大小的孔,孔深应能将雷管全部插入,不得露药卷;雷管插入药卷后,应用细绳或电雷管的脚线将雷管固紧。

12.3.5.3 起爆方法

起爆方法有:

(1) 电雷管应使用电力起爆器、动力电、照明电、发电机、蓄电池、干电池起爆。

(2) 电子雷管应使用配套的专用起爆器起爆。

(3) 导爆管雷管应使用专用起爆器、雷管或导爆索起爆。

(4) 导爆索应使用雷管正向起爆。

(5) 不应使用药包起爆导爆索和导爆管。

(6) 工业炸药应使用雷管或导爆索起爆,没有雷管感度的工业炸药应使用起爆药包或起爆器具起爆。

(7) 各种起爆方法均应远距离操作,起爆地点应不受空气冲击波、有害气体和个别飞散物危害。

(8) 在有瓦斯和粉尘爆炸危险的环境中爆破,应使用煤矿许用起爆器材起爆。

(9) 在杂散电流大于30 mA 的工作面或高压线、射频电危险范围内,不应采用普通电雷管起爆。

12.3.6 起爆网路

12.3.6.1 一般规定

起爆网路的一般规定有:

(1) 多药包起爆应连接成电力起爆网路、导爆管网路、导爆索网路、电子雷管起爆网路、混合起爆网路。

（2）起爆网路连接工作应由工作面向起爆站依次进行。

（3）雷雨天禁止任何露天起爆网路连接作业，正在实施的起爆网路连接作业应立即停止，人员迅速撤至安全地点。

（4）各种起爆网路均应使用合格的器材。

（5）起爆网路连接应严格按设计要求进行。

（6）在可能对起爆网路造成损害的部位，应采取保护措施。

（7）敷设起爆网路应由有经验的爆破员或爆破技术人员实施，并实行双人作业制。

12.3.6.2　起爆网路的种类

A　电力起爆网路

电力起爆网路（以下简称电爆网路）的规定有：

（1）同一起爆网路，应使用同厂、同批、同型号的电雷管；电雷管的电阻值差不得大于产品说明书的规定。

（2）电爆网路的连接线不应使用裸露导线，不得利用照明线、铁轨、钢管、钢丝作爆破线，电爆网路与电源开关之间应设置中间开关。

（3）电爆网路的所有导线接头均应按电工接线法连接，并确保其对外绝缘。在潮湿有水的地区，应避免导线接头接触地面或浸泡在水中。

（4）起爆电源能量应能保证全部电雷管准爆。用变压器、发电机作起爆电源时，流经每个普通电雷管的电流应满足：一般爆破时，交流电不小于 2.5 A，直流电不小于 2 A；硐室爆破时，交流电不小于 4 A，直流电不小于 2.5 A。

（5）用起爆器起爆电爆网路时，应按起爆器说明书的要求连接网路。

（6）电爆网路的导通和电阻值检查，应使用专用导通器和爆破电桥，导通器和爆破电桥应每月检查一次，其工作电流应小于 30 mA。

B　导爆管起爆网路

导爆管起爆网路的规定有：

（1）导爆管网路应严格按设计要求进行连接，导爆管网路中不应有死结，炮孔内不应有接头，孔外相邻传爆雷管之间应留有足够的距离。

（2）用雷管起爆导爆管网路时，应遵守下列规定：

1）起爆导爆管的雷管与导爆管捆扎端端头的距离应不小于 15 cm；

2）应有防止雷管聚能射流切断导爆管的措施和防止延时雷管的气孔烧坏导爆管的措施；

3）导爆管应均匀地分布在雷管周围并用胶布等捆扎牢固。

（3）使用导爆管连通器时，应夹紧或绑牢。

（4）采用地表延时网路时，地表雷管与相邻导爆管之间应留有足够的安全距离，孔内应采用高段别雷管，确保地表未起爆雷管与已起爆药包之间的水平间距大于 20 m。

C　导爆索起爆网路

导爆索起爆网路的规定有：

（1）起爆导爆索的雷管与导爆索捆扎端端头的距离应不小于 15 cm，雷管的聚能穴应朝向导爆索的传爆方向。

（2）导爆索起爆网路应采用搭接、水手结等方法连接；搭接时两根导爆索搭接长度不应小于 15 cm，中间不得夹有异物或炸药，捆扎应牢固，支线与主线传爆方向的夹角应小于 90°。

（3）连接导爆索中间不应出现打结或打圈；交叉敷设时，应在两根交叉导爆索之间设置厚度不小于 10 cm 的木质垫块或土袋。

D　电子雷管起爆网路

电子雷管起爆网路的规定有：

（1）电子雷管网路应使用专用起爆器起爆，在使用前应对专用起爆器进行全面检查。

（2）装药前应使用专用仪器检测电子雷管，并进行注册和编号。

（3）应按说明书要求连接子网路，雷管数量应小于子起爆器规定数量；子网路连接后应使用专用设备进行检测。

E　混合起爆网路

混合起爆网路的规定有：

（1）大型起爆网路可以同时使用电雷管、导爆管雷管、导爆索和电子雷管连接成混合起爆网路。

（2）混合起爆网路中的地表导爆索与雷管、导爆管和电线之间应留有足够的安全距离。

（3）用导爆索引爆导爆管时，应使用单股导爆索与导爆管垂直连接，或使用专用联结块连接。

12.3.6.3　起爆网路试验

起爆网路试验的规定有：

（1）硐室爆破和 A、B 级爆破工程，应进行起爆网路试验。

（2）电起爆网路应进行实爆试验或等效模拟试验；起爆网路实爆试验应按设计网路连接起爆等效模拟试验，至少应选一条支路按设计方案连接雷管，其他各支路可用等效电阻代替。

（3）大型混合起爆网路、导爆管起爆网路和导爆索起爆网路试验，应至少选一组（地下爆破选一个分区）典型的起爆支路进行实爆；对重要爆破工程，应考虑在现场条件下进行网路实爆。

12.3.6.4　起爆网路检查

起爆网路检查的规定有：

（1）起爆网路检查应由有经验的爆破员组成的检查组负责，检查组不得少于两人，大型或复杂起爆网路检查应由爆破工程技术人员组织实施。

（2）电爆网路的检查内容包括：

1）电源开关是否接触良好，开关及导线的电流通过能力是否能满足设计要求，网路电阻是否稳定，与设计值是否相符；

2）网路是否有接头接地或锈蚀，是否有短路或开路；

3）采用起爆器起爆时，应检验其起爆能力。

（3）导爆索或导爆管起爆网路的检查内容包括：

1）有无漏接或中断破损；

2）有无打结或打圈，支路拐角是否符合规定；

3）雷管捆扎是否符合要求；

4）线路连接方式是否正确、雷管段数是否与设计相符；

5）网路保护措施是否可靠。

（4）电子雷管起爆网路应按设计复核电子雷管编号、延时量、子网路和主网路的检测结果。

（5）混合起爆网路的检查应按规定进行。

12.3.7 装药

12.3.7.1 一般规定

装药的一般规定如下：

（1）装药前应对作业场地、爆破器材堆放场地进行清理，装药人员应对准备装药的全部炮孔、药室进行检查。

（2）从炸药运入现场开始，应划定装药警戒区。警戒区内禁止烟火，并不得携带火柴、打火机等火源进入警戒区域。采用普通电雷管起爆时，不得携带手机或其他移动式通信设备进入警戒区。

（3）炸药运入警戒区后，应迅速分发到各装药孔口，不应在警戒区临时集中堆放大量炸药，不得将起爆器材、起爆药包和炸药混合堆放。

（4）搬运爆破器材时应轻拿轻放，装药时不应冲撞起爆药包。

（5）在铵油、重铵油炸药与导爆索直接接触的情况下，应采取隔油措施或采用耐油型导爆索。

（6）在黄昏或夜间等能见度低的条件下，不宜进行露天及水下爆破的装药工作，若确需进行装药作业时，应有足够的照明设施保证作业安全。

（7）天气炎热时不应将爆破器材在强烈日光下暴晒。

（8）爆破装药现场不得用明火照明。

（9）爆破装药用电灯照明时，在装药警戒区 20 m 范围以外可装电压为 220 V 的照明器材，在作业现场或碉室内应使用电压不高于 36 V 的照明器材。

（10）从带有电雷管的起爆药包或起爆体进入装药警戒区开始，装药警戒区内应停电，应采用安全蓄电池灯、安全灯或绝缘手电筒照明。

（11）各种爆破作业都应按设计药量装药并做好装药原始记录。记录内容应包括装药基本情况、出现的问题及其处理措施。

12.3.7.2 人工装药

人工装药的规定如下：

（1）人工搬运爆破器材时应遵守相应的规定，起爆体、起爆药包应由爆破员携带、运送。

（2）炮孔装药应使用木质或竹制炮棍。

（3）不应往孔内投掷起爆药包和敏感度高的炸药。起爆药包装入后应采取有效措施，防止后续药卷直接冲击起爆药包。

（4）装药发生卡塞时，若发生在雷管和起爆药包放入之前，可用非金属长杆处理。装入雷管或起爆药包后，不得用任何工具冲击挤压。

（5）在装药过程中，不得拔出或硬拉起爆药包中的导爆管、导爆索和电雷管引出线。

12.3.7.3　机械装药

机械装药的规定如下：

（1）现场混装多孔粒状铵油炸药装药车应符合以下规定：

1）料箱和输料螺旋应采用耐腐蚀的金属材料，车体应有良好的接地；

2）输药软管应使用专用半导体材料软管，钢丝与厢体的连接应牢固；

3）装药车整个系统的接地电阻值不应大于 1×10^5 Ω；

4）输药螺旋与管道之间应有一定的间隙，不应与壳体相摩擦；

5）发动机排气管应安装消焰装置，排气管与油箱、轮胎应保持适当的距离；

6）应配备灭火装置和有效的防静电接地装置；

7）制备炸药的原材料时，装药车制药系统应能自动停车。

（2）现场混装乳化炸药装药车应符合以下规定：

1）料箱和输料部分应采用防腐材料；

2）输药软管应采用带钢丝棉织塑料或橡胶软管；

3）排气管应安装消焰装置，排气管与油箱、轮胎应保持适当的距离；

4）车上应设有灭火装置和有效的防静电接地装置；

5）清洗系统应能保证有效清理管道中的余料和积污；

6）在出现原材料缺项、螺杆泵空转、螺杆泵超压等情况下，应具有自动停车等功能。

（3）现场混装重铵油炸药装药车除符合相应规定外，还应保证输药螺旋与管道之间有足够的间隙，并不应与壳体相摩擦。

（4）小孔径炮孔爆破使用的装药器应符合下列规定：

1）装药器的罐体使用耐腐蚀的导电材料制作；

2）输药软管应采用专用半导体材料软管；

3）整个系统的接地电阻不应大于 1×10^5 Ω。

（5）采用装药车、装药器装药时应遵守下列规定：

1）输药风压不超过额定风压的上限值；

2）装药车和装药器应保持良好接地；

3）拔管速度应均匀，并控制在 0.5 m/s 以下；

4）返用的炸药应过筛，不得有石块和其他杂物混入。

12.3.7.4　压气装药孔底起爆

压气装药孔底起爆的规定如下：

（1）压气装药孔底起爆应使用经安全性试验合格的起爆器材或采用孔底起爆具，孔底起爆具应在现场装入导爆管、雷管和炸药，导爆管应放在装置的槽内，并用胶布固定在装置尾端，装药密度应大于 0.95 g/cm³。

（2）孔底起爆具应符合下列规定：通过激波管试验，能承受 6×10^5 Pa 的空气冲击波入射超压；在锤重为 2 kg、落高为 1.5 m 的卡斯特落锤试验中不损坏；对导爆管应有保护措施；能起爆孔底起爆具以外的炸药；每年至少检测一次。

（3）压气装药安全性技术指标应符合下列规定：

1）装药器符合相应规定；

2）现场装药空气相对湿度不小于80%；

3）装药器的工作压力不大于$6×10^5$ Pa；

4）炮孔内静电电压不应超过1500 V，在炸药和输药管类型改变后应重新测定静电电压。

12.3.7.5 现场混装炸药车装药

现场混装炸药车装药的规定如下：

（1）使用现场混装炸药车装药应经安全验收合格。

（2）混装炸药车驾驶员和操作工应经过严格培训和考核，持证上岗，应熟练掌握混装炸药车各部分的操作程序和使用、维护方法。

（3）混装炸药车应配备消防器具，接地良好，进入现场时应悬挂"危险"警示标识。

（4）装药前，应先将起爆药柱、雷管和导爆索按设计要求加工，并按设计要求装入炮孔内。

（5）混装炸药车行车时严禁压坏、刮坏、碰坏爆破器材。

（6）装药前应对炸药密度进行检测，检测合格后方可进行装药。

（7）混装炸药车装药前，应对前排炮孔的岩性及抵抗线变化进行逐孔校核，设计参数变化较大的，应及时调整设计后再进行装药。

（8）装药过程中发现漏药的情况时，应及时采取处理措施。

（9）装药时应进行护孔，防止孔口岩屑、岩渣混入炸药中。

（10）混装乳化炸药装药完毕10 min后，经检查合格后才可进行填塞，应测量填塞段长度是否符合爆破设计要求。

（11）混装乳化炸药装药至最后一个炮孔时，应将软管中的剩余炸药装入炮孔中，装药完毕，将软管内残留炸药清理干净。

12.3.7.6 预装药

预装药作业的规定如下：

（1）进行预装药作业，应制定安全作业细则并经爆破技术负责人审批。

（2）预装药爆区应设专人看管，并设醒目警示标识，无关人员和车辆不得进入预装药爆区。

（3）雷雨天气露天爆破不得进行预装药作业。

（4）高温、高硫区不得进行预装药作业。

（5）预装药所使用的雷管、导爆管、导爆索、起爆药柱等起爆器材应具有防水防腐性能。

（6）正在钻进的炮孔和预装药炮孔之间，应有10 m以上的安全隔离区。

（7）预装药炮孔应在当班进行填塞，填塞后应注意观察炮孔内装药高度的变化。

（8）若采用电力起爆网路，由炮孔引出的起爆导线应短路；若采用导爆管起爆网路，导爆管端口应可靠密封，预装药期间不得连接起爆网路。

12.3.8　爆后检查

12.3.8.1　爆后检查等待时间

爆后检查等待时间的规定如下：

（1）露天浅孔、深孔、特种爆破爆后应超过 5 min 方准许检查人员进入爆破作业地点；若不能确认有无盲炮，应经 15 min 后才能进入爆区检查。

（2）露天爆破经检查确认爆破点安全后，经当班爆破班长同意，方准许作业人员进入爆区。

（3）地下工程爆破后，经通风除尘排烟确认井下空气合格、等待时间超过 15 min 后，方准许检查人员进入爆破作业地点。

（4）拆除爆破时，应等待倒塌建（构）筑物和保留建筑物稳定之后，方准许人员进入现场检查。

（5）硐室爆破、水下深孔爆破及其他爆破作业，其爆后检查的等待时间由设计确定。

12.3.8.2　爆后检查内容

爆后应检查的内容包括：

（1）确认有无盲炮。

（2）露天爆破爆堆是否稳定，有无危坡、危石、危墙、危房及未炸倒建（构）筑物。

（3）地下爆破有无瓦斯及地下水突出，有无冒顶、危岩，支撑是否破坏，有害气体是否排除。

12.4　井巷掘进爆破相关规定

井巷掘进爆破的相关规定如下：

（1）用爆破法贯通巷道，两工作面相距 15 m 时，只准从一个工作面向前掘进，并应在双方通向工作面的安全地点设置警戒，待双方作业人员全部撤至安全地点后，方可起爆。天井掘进到上部贯通处附近时，不宜采取从上向下的座炮贯通法；如果最后一炮在下面钻孔爆破不安全，需在上面进行座炮处理时，应采取可靠的安全措施。

（2）间距小于 20 m 的两个平行巷道中的一个巷道工作面需进行爆破时，应通知相邻巷道工作面的作业人员撤到安全地点。

（3）独头巷道掘进工作面爆破时，应保持工作面与新鲜风流巷道之间畅通；爆破后，作业人员进入工作面之前，应进行充分通风。

（4）天井掘进采用大直径深孔分段装药爆破时，装药前应在通往天井底部出入通道的安全地点设置警戒，确认底部无人时，方准起爆。

（5）竖井、盲竖井、斜井、盲斜井或天井掘进爆破时，起爆时井筒内不应有人；井筒内的施工提升悬吊设备，应提升到施工组织设计规定的爆破安全范围之外。

（6）在井筒内运送起爆药包，应把起爆药包放在专用木箱或提包内；不应使用底卸式吊桶；不应同时运送起爆药包与炸药。

（7）往井筒掘进工作面运送爆破器材时，除爆破员和信号工外，任何人不应留在井筒内。工作盘和稳绳盘上除押运爆破器材的爆破员外，不应有其他人员。装药时，不应在吊盘上从事其他作业。

（8）井筒掘进使用电力起爆时，应使用绝缘完好的柔性电线或电缆作爆破导线；电爆网路的所有接头都应用绝缘胶布严密包裹并高出水面。

（9）井筒掘进起爆时，应打开所有的井盖门；与爆破作业无关的人员应撤离井口。

（10）用钻井法开凿竖井井筒时，应对破锅底和开马头门的爆破作业制定安全技术措施，并报单位爆破技术负责人批准。

（11）用冻结法施工竖井井筒时，应对冻结段的爆破作业制定安全技术措施，并报单位爆破技术负责人批准。

（12）人工冻土爆破时，应采取措施确保冻结管安全。爆破前应书面通知冻结站停止盐水循环；爆破后与冻结站人员一起下井检查，确认冻结管无损坏时，方可恢复盐水循环。在后续出渣和钻孔过程中，要认真观察井帮，发现有出水或出现黄色水迹，应立即通知冻结站，关闭有关冻结管并检查。

（13）用反井法掘进时，爆破作业应遵循下列规定：

1）反井应及时采用木垛盘支护，爆破前最后一道小垛盘距离工作面不应超过 1.6 m。

2）爆破前应将人行格和材料格盖严；爆破后，应先充分通风，待有害气体吹散，方可进入检查；检查人员不应少于 2 人；经检查确认安全，方可进行作业。

3）用吊罐法施工时，爆破前应摘下吊罐，并放置在水平巷道的安全地点；爆破后，应指定专人检查提升钢丝绳和吊具有无损坏。

（14）桩井爆破应遵守下列规定：

1）桩井掘进爆破时应遵守井巷掘进爆破的有关规定；

2）桩井爆破应有专人负责指挥爆破作业与施工；

3）井深不足 10 m 时，井口应进行重点覆盖防护；

4）应采取技术安全措施控制振动的影响，保证邻井井壁和桩体的安全；

5）爆后应修整井壁并及时清渣。

12.5　矿山爆破安全管理措施

矿山爆破安全管理措施如下：

（1）设置警戒线，避免发生中毒情况。在矿山爆破实施之前，需要提前在爆破作业区设置警戒线，进而能够安全、顺利地开展矿山爆破作业施工。此外，在爆破开始之前，还要及时疏散周边的人群，及时发出警示信号，确保人们能够及时收到爆破警示信号，并为疏散周边人群做好后勤准备工作，维护人民群众的人身安全。当确保周围人群已经疏散到安全地方之后，再进行矿山爆破施工。起爆后，需要提前对工程现场进行通风处理，待现场环境安全情况下工作人员才能进入施工现场。这样做的原因是在炸药爆炸的过程中，会产生很多有毒气体，如果不进行通风处理，会造成工作人员中毒，所以需要提前进行通风处理。

（2）科学处理盲炮，提高安全性。在矿山爆破作业过程中，由于操作问题或炸药问题，经常会出现盲炮的情况，常见的盲炮是瞎炮和残炮。当出现盲炮情况时，要第一时间联系相关负责人，让专业人员及时科学处理盲炮问题。如果不能及时的联系相关负责人，要及时在盲炮的安全范围处设置警示标志，以警示其他人远离危险区域。鉴于原来的操作人员对盲炮的情况最清楚，在处理盲炮的问题时，需要原来的工作人员进行协助处理。盲炮问题的产生原因有多种，常见的原因有炮孔出现损坏、漏接起爆线路、传爆网破坏等，在处理盲炮问题时，对于不同原因导致的盲炮，要进行针对性处理。

（3）按照相关规定操作，避免安全事故发生。在矿山爆破实施过程中，工作人员要严格遵守相关安全规定和要求，并且工作人员需要持有专业的上岗工作证，在上岗之前还需要进行专业的安全知识培训，进而让工作人员具有较高的综合素质。除在安全知识与技能方面需要加强之外，工作人员的安全意识也需要加强，只有工作人员自身明确施工安全的重要性，在施工的过程中才会主动遵守安全规定与要求。在矿山爆破作业中，还需严格执行民爆物品安全管理制度，认真落实各项管理措施。杜绝搬运、装卸、运输和储存环节的违章作业，在民爆物品领用环节，做到及时登记、账物相符。

（4）确保明确责任主体。针对矿山开采工作而言，必须通过强化责任主体来确保各项工作的主体责任明确，以此才能通过各项工作的开展来实现重点防治。在开展日常防治工作时，必须要保证将监督工作落实到位，而且要保证成立专项检查小组来实现时刻监督各项工作的开展，当爆破事故发生后，要保持事故现场的原始状态，并迅速开展事故调查。一般爆破事故调查组织结构如图 12-1 所示。

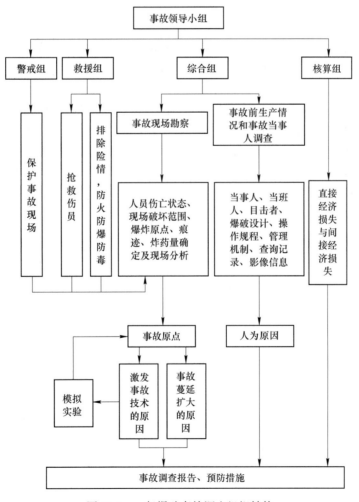

图 12-1　一般爆破事故调查组织结构

当前个别企业存在着主体责任不明确的问题，这使得在基础施工的过程中，就会由于各项工作落实不到位而导致爆破，引起人员伤亡问题。对此，应通过明确主体责任实现将追究工作落实到位，就能通过激发起个人责任意识来保障各项工作的落实。只有将防治工作责任落实到个人手中，才能真正通过监督防范工作的开展来避免出现低级错误。

（5）强化监督管理力度。在矿山爆破过程中，强化安全监督管理力度异常重要，通过认真检查施工现场，进而最大程度上降低安全隐患的出现。有检查才会有效果，所以在矿山爆破的操作过程中，一定要加大安全检查与监督的力度，有效落实安全责任。此外，安全监督检查的工作还需要完善的信息管理系统，工作人员出现的违规行为，可以在信息管理系统中及时记录和统计，然后进行责任追究。

（6）安全动态管理。矿山爆破的现场环境是随机多变的，随着现场工序的变化，风险也会随着改变。所以，需要进行动态的安全管理，及时对施工现场的安全进行检查与监督，及时发现安全隐患，并及时整改。

——— 本 章 小 结 ———

本章详细介绍了矿山爆破这一复杂而潜在危险的工作任务。矿山爆破作业不仅受外部环境和作业条件影响，还受岩体结构的制约，因此正确而安全的爆破作业对于矿山生产的顺利进行至关重要。首先，本章简要介绍了爆炸基本理论。由于受多种因素的影响，矿山爆破作业需要科学合理的规划和执行，以确保整个过程的安全性。其次，本章详细介绍了爆破作业中的岩性特点及构造状况，强调了岩体的物理性质和结构对正确选择爆破参数、合理布置起爆点等至关重要。最后，本章明确了矿山爆破的相关安全要求。按照爆破作业安全规定进行爆破是确保安全的基础。

通过学习本章，读者可以了解矿山爆破作业的复杂性、岩体特性对爆破的影响，同时明确爆破作业的相关安全规定。这有助于读者在实际工作中科学合理地进行矿山爆破，保障作业人员和设备的安全。

复习思考题

12-1 常用的起爆器材有哪些？

12-2 爆破工程是如何分级的？

12-3 如何预防火雷管起爆的延迟起爆？

12-4 如何预防电雷管早爆？

12-5 空气冲击波的安全距离主要依据哪些因素来确定？

12-6 爆破工程施工场地规划包括哪些内容？

12-7 爆后检查等待时间有何规定？

12-8 请简要阐述矿山爆破安全管理措施。

13 露天矿山边坡安全

本章提要

作为露天矿山环境中的重要构成部分，边坡的稳定性直接关系到矿山安全和生产的命脉。边坡并非只是山坡的简单延伸，它包括从矿山开采区域的边界到坡顶、山体或岩壁表面的斜坡或悬崖，通常是由各种岩石、土壤和地质构造组成。然而，这些边坡常常具有巨大的潜在危险，一旦不稳定性问题出现，可能引发严重的边坡事故，如滑坡、崩塌或坍塌。最重要的是矿山工作人员的生命安全，他们可能受到被困、受伤甚至死亡的威胁。此外，边坡事故可能对矿山基础设施、设备和生产造成重大损失，给矿山运营和经济带来严重影响。正因如此，矿山边坡稳定性治理变得至关重要。这涉及对矿山边坡的全面评估、风险分析和稳定性设计，以便采取适当的措施来减少潜在风险，确保边坡的稳定性。这不仅关系到矿山工作人员的安全，还有助于保护矿山的资产和资源，维护生态平衡，促进矿山可持续发展。矿山边坡稳定性治理已经成为现代矿山管理不可或缺的一环。本章将详细讲述矿山边坡工程的相关安全内容。

13.1 边坡及边坡破坏

13.1.1 边坡

边坡是自然或人工形成的斜坡，是人类工程活动中最基本的地质环境之一，也是工程建设中最常见的工程形式。露天矿开挖形成的斜坡构成了采矿区的边界，因此称为边坡；在铁路、公路建筑施工中形成的路基斜坡称为路基边坡；开挖路堑形成的斜坡称为路堑边坡；在水利建设中开挖形成的斜坡也称为边坡。典型的边坡构造示意图如图 13-1 所示。边坡坡面与坡顶面相交的部位称为坡肩，与坡底面相交的部位称为坡脚（或坡趾），坡面

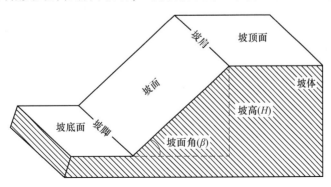

图 13-1 典型的边坡构造示意图

与水平面的夹角称为坡面角（β）或坡倾角，坡肩与坡脚间的高差为坡高（H）。

根据现行的国家标准《非煤露天矿边坡工程技术规范》（GB 51016—2014），露天矿边坡按照最终高度可分为 4 级（见表 13-1）。

表 13-1　露天矿边坡分级

级别	高度 H/m
超高边坡	$500 < H$
高边坡	$300 < H \leqslant 500$
中边坡	$100 < H \leqslant 300$
低边坡	$H \leqslant 100$

露天矿边坡危害等级见表 13-2。

表 13-2　露天矿边坡危害等级

边坡危害等级	可能的人员伤亡	潜在的经济损失/万元		综合评定
		直接	间接	
Ⅰ级	有人员伤亡	$\geqslant 100$	$\geqslant 1000$	很严重
Ⅱ级	有人员伤亡	$50 \sim 100$	$500 \sim 1000$	严重
Ⅲ级	无人员伤亡	$\leqslant 50$	$\leqslant 500$	不严重

露天矿边坡工程安全等级见表 13-3。

表 13-3　露天矿边坡工程安全等级

边坡工程安全等级	边坡高度 H/m	边坡危害等级
Ⅰ级	$H > 500$	Ⅰ、Ⅱ、Ⅲ级
	$300 < H \leqslant 500$	Ⅰ、Ⅱ级
	$100 < H \leqslant 300$	Ⅰ级
Ⅱ级	$300 < H \leqslant 500$	Ⅲ级
	$100 < H \leqslant 300$	Ⅱ、Ⅲ级
	$H \leqslant 100$	Ⅰ级
Ⅲ级	$100 < H \leqslant 300$	Ⅲ级
	$H \leqslant 100$	Ⅱ、Ⅲ级

13.1.2　边坡破坏类型

常见的具有一定规模的边坡破坏类型有崩塌、坍塌、滑坡、错落。每种破坏类型的受力方式、运动和破坏特征、主要影响因素、变形体完整性、裂缝特征见表 13-4。

表 13-4 常见边坡破坏类型及特征

边坡破坏类型	受力方式	运动和破坏特征	主要影响因素	变形体完整性	裂缝特性
崩塌	自重影响引起的倾斜、滑移、拉裂、剪切、压缩、挤出等	以垂直运动为主，岩体高速向下崩落、翻滚、跳跃	重力、震动力、根劈力、水柱压力、冰劈力等	经碰撞、翻滚、跳跃、岩体破碎，大块岩石距离远、小块岩石距离近，常为碎石堆状	崩塌前，后缘有拉张裂缝；崩塌后留有较新鲜断壁
坍塌	岩体各部分结合强度低，在重力作用下，沿不固定面塌落	自上而下、自外向里坍落	降雨降低岩土体强度，增大自重，使边坡过高、过陡等	多为散体状堆于坡脚	先在顶部形成密集拉裂缝，坍塌后，拉裂缝逐渐向后发展，裂缝产状向临空倾
滑坡	重力引起主滑带剪切、后缘拉张、前缘剪出	以水平运动为主、沿滑动面向前滑移	地下水和降雨渗入，使滑坡土强度降低，动/静水压力、震动力、上部加载，下部削方等	多数滑坡保持相对完整性，高速远程滑坡呈碎屑流状堆积	即将滑动时和滑动后，前缘、两侧及后缘均有滑坡裂缝
错落	重力使下部软垫层压缩挤出，上部岩体沿陡裂面下错	沿陡倾错落面垂直向下错动，整体性强，落距不大	地下水及降雨减弱下部垫层强度，顶部加载，工程削方等	整体完整下错	错落前，后缘有拉张裂缝；错落后，有明显错坎

崩塌、坍塌、滑坡、错落的发生会对原有边坡的总体坡度产生影响。还有一类破坏发生后对原有边坡的总体坡度影响不大，即仅发生在坡体表层范围内的岩土变形和破坏，其规模有限，称为坡面破坏。这类破坏往往是坡面岩土受自然风化营力（如温差、日照、水汽等作用产生的氧化和还原）、风蚀、雨淋、裂隙水、坡面水等产生的冲刷作用而产生的变形和破坏。坡面破坏中常见坡面流石流泥（或称坡面溜塌）、坡面冲沟、落石、碎落、剥落和土爬等变形现象。其破坏多从坡体的表层和局部开始，逐步扩展至斜坡上整个风化破碎带或重力堆积体中。若坡面高陡且风化破碎带或重力堆积体厚时，其变形量会较大，易产生危害，对露天矿山行车安全也会产生较大影响。以下重点研究崩塌、坍塌、滑坡、错落 4 种边坡破坏类型。

13.1.2.1 崩塌

崩塌是较陡斜坡上的岩土体在重力作用下突然脱离母体崩落、滚动、堆积在坡脚（或沟谷）的地质现象（见图 13-2）。崩塌产生在土体中者称土崩，产生在岩体中者称岩崩，规模巨大、涉及山体者称山崩，产生在河流、湖泊或海岸上者称为岸崩。崩塌体与坡体的分离界面称为崩塌面。崩塌面往往就是倾角很大的界面，如节理、片理、劈理、层面、破碎带等。崩塌体的运动方式为倾倒、滑移、拉裂、错断、崩落等。崩塌体碎块在运动过程中滚动或跳跃，最后大小不等、零乱无序的岩块在坡脚处形成堆积地貌，称为崩塌倒石堆。崩塌倒石堆结构松散、杂乱、无层理、多孔隙。崩塌所产生的气浪作用，使细小颗粒的运动距离更远一些，因而在水平方向上有一定的分选性。

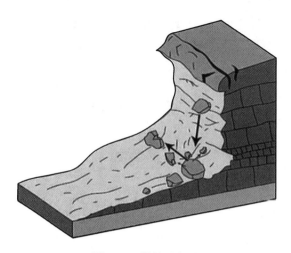

图 13-2　崩塌示意图

常见的边坡崩塌破坏具有如下特征：

（1）规模差异大，而且每次崩塌破坏均沿新的面产生，没有固定的带或面。

（2）崩落体脱离坡体，崩塌体各部分相对位置完全打乱，大小混杂，形成较大石块翻滚较远的倒石堆。

（3）崩落破坏具有突发性和猛烈性，运动速度快，虽然有征兆迹象（如岩体的蠕动、破坏声音，地裂缝和出口带潮湿与压裂等变形），但先兆不明显。

（4）崩塌破坏速度快（一般为 5~200 m/s），崩塌的岩体一般呈彼此分离的块体，各块体之间失去原有结构面之间的相对关系。

（5）崩塌的垂直位移大于水平位移。

13.1.2.2　坍塌

边坡体一定范围的岩土，由于受库水浸泡、降雨和地下水等活动影响，或由于受震动、侧向卸荷、坡面加载或四季干湿等因素的影响，尤其是雨季中或融雪后，受湿的岩土自重增大、强度降低，使岩土的结合密实度变化，坡体强度不能支持旱季中斜坡的陡度而塌坡，塌至与其相适应的坡率（受湿时的综合内摩擦角）为止的变形现象称为坍塌（见图 13-3）。

图 13-3　坍塌事故

坍塌的破坏模式包括：

（1）溜塌。边坡上松散的表层土体由于大量雨水的渗入、浸润，以致其饱和，使得土颗粒间的连接大大减弱，土体强度显著降低甚至成为流动状态，土体产生浅表层沿某些沟槽溜滑并坍移堆积于坡脚。这种破坏现象称为溜塌。

（2）堆塌。堆塌是堆积层或风化破碎岩层斜坡，由于雨水和上层滞水活动、河流冲刷或人工开挖坡陡于岩土体自身强度所能保持的坡度，致使其上覆相应部分岩土崩解、落至相适应坡率（受控于不利工况下的综合摩擦角），而产生逐层塌落的变形现象。

（3）滑塌。滑塌是斜坡上的岩体或土体，在重力和其他外力作用下，沿坡体内新形成的滑面整体向下以水平滑移为主的现象。对于土质边坡，当坡面岩土在饱水的状态下产生浅表层部分或整体坍移滑动时，则形成滑塌；对于岩质边坡，表层的岩土体由于受水浸润，强度降低，沿顺坡结构面向下坍塌。这种破坏现象称为滑塌。

13.1.2.3 滑坡

滑坡是指斜坡上的土体或岩体受河流冲刷、地下水活动、地震及人工切坡等因素影响，改变了坡体内一定部位的软弱带（或面）中的应力状态，或因水和其他物理化学作用降低了强度，在重力作用下，沿着一定的软弱面或软弱带，整体地或分散地顺坡向下滑动的自然现象（见图13-4）。滑坡形成于不同的地质环境，并表现为各种不同的形式和特征。目前滑坡的分类方法很多，各方法侧重的分类原则不同。有的根据滑动面与层面的关系，有的根据滑坡的动力学特征，有的根据规模、深浅，有的根据岩土类型，有的根据斜坡结构，还有的根据滑动面形状，甚至根据滑坡时代等。

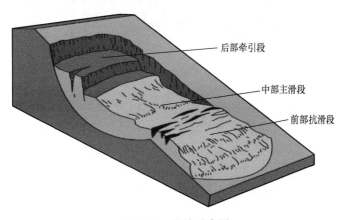

后部牵引段

中部主滑段

前部抗滑段

图13-4 滑坡示意图

滑坡的类型很多，但无论哪种类型，均有一个共同点：在滑坡体内都有一个相对软弱的带（面），其强度比在它之上的滑体和在它之下的滑床的岩土强度小，滑坡就是滑体沿该软弱带（面）由剪切破坏发展而产生的。该软弱带可以是地质历史时期早已存在的构造带（面），也可以是地质环境不断变化作用下逐渐形成的。它可能是一个滑动带（面），也可能是大致平行的多个滑动带（面），其厚度可以薄至数厘米，也可厚至数米或数十米。对于滑坡而言，一般都具有中部主滑段、后部牵引段和前部抗滑段三个部分。当滑坡前缘剪出口出现时整个滑坡才算形成，从此滑坡进入整体移动阶段。由于各种不同类型滑坡的地质条件不同，尤其是组成滑带的岩性差别很大，在不同因素和应力作用下，其抗力的大小和持续时间也不同，不同类型的滑坡的每一发展阶段也不一致。大多数滑坡变形始于体内中部主滑带，且多数是在水的作用下发生剪切破坏，或是前部抗滑体的支撑能力遭到削弱或切断，也有在后部和中部加载作用下产生滑动的。

13.1.2.4　错落

错落是指陡崖、陡坎、陡坡沿一些近似垂直的破裂面发生整体下坐位移（见图 13-5）。它的特征是垂直位移量大于水平位移量。错落体比较完整，大体上保持了原来的结构和产状。其底部一般有一层松软破碎且具有一定的厚度的软弱垫层，被压缩的软弱垫层的范围称为错落带。错落带由上向下运动的岩土体称为错落体。根据错落带的产状可将其分为错落带向山缓倾（反倾错落）和错落带向河缓倾（顺倾错落）。

图 13-5　错落事故
（图中数据指标高）

错落具有以下特征：

（1）错落体在形态上呈阶梯状，常常只有一级，多级的较少。它们的后缘为几乎垂直的错落崖或错落坎。错落坎附近，有大致与它平行的、较顺直的裂缝。错体与母体在台坎处分开，错体保持错动前的相对完整性。错体的结构较破碎，而错壁以内的岩体较完整。错落体的基部有挤压鼓包等现象。

（2）错落与滑坡不同，错落与滑坡虽然都有滑动面，但错落以重力作用为主，水的作用次之，错落一般沿高倾角且较平直的滑动面下坐位移。

（3）由于底部压缩变形引起上部岩体应力调整形成上部错缝，错体依次产生由外而里、由下而上的运动，错落台坎的形成表明应力调整已结束，称为一次"错落"。

13.2　露天矿边坡事故原因及预防

13.2.1　边坡破坏的影响因素

露天矿山边坡的变形、失稳，从根本上说是边坡自身求得稳定状态的自然调整过程，而边坡趋于稳定的作用因素在大的方面与自然因素和人为因素有关。

13.2.1.1　自然因素

影响边坡稳定性的自然因素包括：

（1）岩层岩性。岩石的物理力学性质、矿物成分、结构与构造，对整体岩层而言，是确定边坡的主要因素之一。相间成层的岩层，其厚度、产状及在边坡内所处的部位不同，稳定状态也不一样。

（2）岩体结构。岩体结构面是在地质发展过程中，在岩体内形成具有一定方向、一定规模、一定形态和不同特性的地质分割面，统称为软弱结构面，它具有一定的厚度，常由松散、松软或软弱的物质组成，这些组成物质的密度、强度等物理力学属性较相邻岩块差得多。在地下水作用下往往出现崩解、软化、泥化甚至液化现象，有的还具有溶解和膨胀的特性。软弱泥化的结构面的存在，给边坡岩体失稳创造了有利的条件。

（3）风化程度。岩层的风化程度越高，则岩层的稳定性越低。例如，花岗岩在风化极严重时，其矿物颗粒间失去连接，成为松散的砂粒，则边坡的稳定值近似于砂土要求的数值。

（4）水文地质。地下水对边坡稳定的主要影响有：使岩石发生溶蚀、软化，降低岩体特别是滑面岩体的力学强度；地下水的静水压力降低了滑面上的有效法向应力，从而降低了滑面上的抗滑力；产生渗透压力（动水压力）作用于边坡，使岩层裂隙间的摩擦力减小，其稳定性大大降低；在边坡岩体的孔隙和裂隙内运动的地下水使土体容重增加，增加了坡体的下滑力，使边坡稳定条件恶化。地表水对边坡的影响主要是冲刷、夹带作用，其对边坡造成侵蚀，形成陡峭山崖或冲（洪）积层，引发牵引式滑坡。

（5）气候与气象。在具渗水性的岩土层中，雨水可下渗、浸润岩土体，加大土、石容重，降低其凝聚力及内摩擦角，使边坡变形。我国大多数滑坡都是以地面大量雨水下渗引起地下水状态的变化为直接诱导因素的。此外，气温、湿度的交替变化，风的吹蚀，雨、雪的侵袭、冻融等，也可使边坡岩体发生膨胀、崩解、收缩，改变边坡岩体的性质，影响边坡的稳定性。

（6）地震。水平地震力与垂直地震力的叠加会形成一种复杂的地震力，这种地震力可使边坡发生水平、垂直和扭转运动，引发滑坡灾害。地震触发滑坡的强度与地震烈度有关。

13.2.1.2　人为因素

影响边坡稳定性的人为因素主要是在自然边坡上进行露天开挖、地下开采、爆破作业、坡顶堆载、疏干排水、地表灌溉、破坏植被等行为。

（1）露天开挖。露天边坡角设计偏大或台阶没按设计施工会显著增加边坡滑坡的风险。发生采动滑坡的坡体几何形态大多有如下特点：从平面形状来看，采动滑坡大多发生在凸形或突出的梁峁坡体上；从竖直剖面上看，采动滑坡或崩塌主滑轴线方向的剖面大多在总体上呈凸形状态，即坡顶较平缓，坡面外鼓，坡角为陡坎；或坡体的上、下部均呈陡坎状，中间有起伏的不规则斜坡或直线斜坡。

（2）地下开采。施工对边坡的最大扰动是工程开挖，其使得岩土体内部应力发生变化，导致岩体以位移的形式将积聚的弹性能量释放出来，引起边坡结构的变形破坏。尤其是在坡体内部或下部施工时，地应力变化复杂，造成的滑坡风险更加难以预测。

　　（3）爆破作业。大范围的工程爆破对山体有很大的破坏作用，瞬时激发的强大地震加速度和冲击能量会导致岩层或土层裂隙的增加，使边坡整体稳定性减弱。

　　（4）坡顶堆载。在边坡上进行工业活动，将固体废弃物堆放在坡顶，可能导致下滑力增加，当下滑力大于坡体的抗滑力时，会引起边坡失稳。

　　（5）疏干排水。人为向边坡灌溉、排放废水、堵塞边坡地下水排泄通道，或破坏防排水设施，会使边坡地下水位平衡遭到破坏，进而破坏边坡岩土体的应力平衡，增加岩层容重，增加滑动带孔隙水压力，增大动水压力和下滑力，减小抗滑力，引发滑坡。

　　（6）破坏植被。植被可以固定边坡表土，避免水土流失。破坏边坡上覆植被会增大地表水下渗速度，导致下滑力增大、抗滑力减小，诱发滑坡。

13.2.2　露天矿边坡稳定性监测

　　根据现行的国家标准《非煤露天矿边坡工程技术规范》（GB 51016—2014）中第6.1.1条（强制性条文）规定：露天矿靠帮边坡必须进行变形监测。

　　边坡监测的内容和方法应根据边坡工程安全等级按表13-5的规定选择。

表 13-5　边坡监测内容和方法

监测项目	监测内容	测点布置	边坡工程安全等级		
			Ⅰ级	Ⅱ级	Ⅲ级
变形监测	地表水平位移和垂直位移	采场境界线外坡顶、边坡表面、裂缝、滑带支护结构变形部位	应测	应测	应测
	裂缝、错位		应测	应测	应测
	边坡深部变形		应测	应测	应测
	支护结构变形		应测	应测	宜测
应力监测	边坡应力	边坡内部	应测	应测	可测
	支护结构应力	结构应力最大处	应测	宜测	可测
振动监测	爆破振动监测	爆破振动影响区	应测	应测	宜测
水文监测	降雨监测	采场范围	应测	宜测	可测
	地表水监测	溢流位置	应测	宜测	可测
	地下水监测	出水点、滑面部位	应测	宜测	可测

　　边坡监测方案设计应根据边坡的应用类别、安全等级和地质条件编制。监测实施方案应明确监测目的、监测项目、监测方法、测点布置及预警值等内容。

　　变形监测断面和测点应根据边坡地质条件与工程特点分区段设置，并应符合下列规定：

　　（1）Ⅰ级边坡监测断面不应少于2个。

　　（2）Ⅱ、Ⅲ级边坡监测断面不应少于1个。

　　（3）每个监测断面上的地表位移监测点不应少于3个，地下水位监测点不应少于2个，其他监测项目测点不应少于1个。

　　（4）地质条件复杂的区段应增设监测断面或测点。

　　监测仪器选型应根据边坡监测等级要求，所选监测仪器的量程和精度应满足监测等级要求；监测装置及监测点位应有防护措施，并应设置明显的标识；边坡监测应采用固定观测地点、固定观测仪器和设备、固定观测人员的固定观测方法；对安全等级为Ⅰ、Ⅱ级的边坡，应结合采场大地测量基本控制网，设置 GPS 监控站；具有滑移趋势和已经滑动的Ⅰ级和Ⅱ级边坡应进行实时监测预警，边坡监测数据达到预警值时应反馈。

13.2.2.1 变形监测的相关规定

变形监测的相关规定如下：

（1）露天矿边坡应进行边坡变形监测和支护结构变形监测。其中边坡变形监测应包括地表位移监测和深部位移监测。

（2）监测网和监测点的初次观测，应在埋设标石 10~15 天后进行。

（3）边坡变形监测频率应根据边坡位移速率和季节来确定。新布设点 1 周内每天应观测 1 次；位移趋于稳定后每月应观测 1~2 次，雨季适当增加观测次数，暴雨前、后增加观测密度。在边坡位移剧烈时，每日观测不应少于 2 次。

（4）监测网的观测应定期进行，建网的初期宜每个月观测 1 次，1 年后可每 3 个月观测 1 次。当有异常情况时，应随时进行观测。

（5）监测期间，个别监测网点和监测点被破坏时，应补救恢复，并应进行监测结果的校核。

（6）钻孔径向位移和轴向位移的监测方法可根据《非煤露天矿边坡工程技术规范》（GB 51016—2014）中附录 E 执行。

（7）地表裂缝错位监测宜采用伸缩仪、位错计等仪器。

（8）变形监测成果应该包括：1）变形监测方案；2）监测仪器的型号、规格和标定材料；3）监测原始资料、变形曲线图、相对变形曲线图、变形速率；4）变形监测成果分析与评述。

13.2.2.2 应力监测的相关规定

应力监测的相关规定如下：

（1）边坡应力监测应进行边坡内部应力监测、支护结构应力监测和锚固应力监测。

（2）监测点的布设应根据边坡岩土性质与支挡结构特点、施工工艺、荷载大小及作用条件综合确定。

（3）应力传感器的选用应符合现场实际要求，量程应大于设计最大压力的 1.2 倍，精度应小于满量程的 0.5%。

（4）传感器埋设前，应对传感器装置进行封闭性检验和标定。

（5）传感器埋设后，应进行检验性观测不少于 5 次，其中应该至少有 3 次连续压力校差在 2 kPa 以下的稳定值。

（6）监测点应选择布置在应力典型断面处。

（7）监测锚杆应力时应选择有代表性的锚杆，要测定锚杆应力和预应力损失。

（8）锚固力监测应重点布设在地质条件复杂、有代表性的部位。

（9）监测预应力锚杆的锚固力时，监测根数不应少于预应力锚杆总数的 10%；监测非预应力锚杆的锚固力时，监测根数不应少于非预应力锚杆总数的 5%。

（10）新布设监测点的数据采集频率不应少于每天 1 次，待稳定后每月应至少采集 1 次。

（11）应力监测成果应包括：1）应力监测方案；2）监测仪器的型号、规格和标定参数；3）监测原始资料与应力变化曲线；4）监测结果分析与评述。

13.2.2.3 振动监测的相关规定

振动监测的相关规定如下：

（1）安全等级为Ⅰ、Ⅱ级的边坡，应通过爆破振动监测或爆破试验确定爆破振动对边坡稳定性的影响。

（2）爆破振动监测应进行边坡质点振动速度和振动加速度的监测与测试。

（3）爆破振动监测前应进行仪器的校准与标定工作。

（4）爆破振动监测应在爆破前布设仪器，爆破后应对数据进行分析。

（5）振动监测成果分析应包括：1）爆破振动监测方案，包括监测仪器、点位选择与实施采用的爆破参数；2）监测原始数据；3）振动监测数据变化曲线；4）计算坡面允许质点振动速度下的最大一段控制药量；5）监测结果分析与评述。

13.2.2.4 滑坡监测的相关规定

滑坡监测的相关规定如下：

（1）滑坡监测应进行施工安全监测、防治效果监测和动态长期监测，监测数据宜采用自动化方式采集。

（2）滑坡监测应采用多种手段相验证和补充，可进行地表裂缝位错监测、变形监测、滑坡深部位移监测、地下水监测、孔隙水压力监测和滑坡应力监测。

（3）对于复杂的滑坡防治工程，应建立地表与深部相结合的综合立体监测网。

（4）监测应选用可靠性和长期稳定性良好的仪器，仪器应具有防风、防雨、防潮、防震、防雷、防腐等与环境相适应的性能；仪器的量测范围应与滑坡体变形相适应，仪器监测精度和灵敏度应满足监测要求。

（5）滑坡监测系统应包括仪器安装、数据采集、传输、存储和处理及预测预报等内容。

（6）施工安全监测应对滑坡体进行实时监控，宜采用24 h自动定时观测方式，监测点应布置在滑坡体稳定性差或工程扰动大的部位，力求形成完整的剖面。

（7）防治效果监测应结合施工安全和长期监测进行，监测周期不应少于一个水文年❶，数据采集时间间隔宜为7~10天，在外界扰动较大及暴雨期间，应加密观测次数。

（8）滑坡的长期监测宜沿滑坡主剖面进行，监测点的布置可少于施工安全监测和防治效果监测。监测内容应包括滑带深部位移监测、地下水位监测和地面变形监测。数据采集时间间隔宜为10~15天。动态变化较大时，可适当加密观测次数。

（9）滑坡监测成果应包括：1）监测方案；2）监测仪器设备规格、型号及系统功能；3）监测数据原始资料及变形曲线；4）监测成果分析及评述。

13.2.2.5 降雨和地下水监测及检测的相关规定

A 边坡监测

边坡监测的相关规定如下：

---

❶ 指水文情况相适应的一种专用年度，按总体蓄势量变化最小的原则所选的连续12个月。

（1）露天矿边坡应对降雨、地表水和地下水进行监测。

（2）降雨监测应采用自动气象站或雨量计等计量仪器，对降雨过程、降雨强度、温度进行监测。

（3）地表水监测应采用三角堰等计量仪器，对地表水流量、降水后新出现的涌水点动态等进行监测。

（4）地下水水压的长期监测应选择在境界线附近受采掘影响较小的钻孔，在钻孔内设置水压计，对地下水位、孔隙水压力进行监测。

（5）地下水监测应在观测孔或抽水井中进行，可采用地下水位动态监测仪、立管式水压计和简易水位计。

（6）地下水监测孔的位置应根据水文地质条件、边坡部位和工程条件综合确定。

（7）地下水动态监测应覆盖整个矿山开采期，每月观测不应少于1次；季节变化或数据变化较大时应增加次数。

（8）对采用锚杆或混凝土抗滑结构加固的边坡，应进行地下水的水质监测。

（9）地下水监测成果应包括：1）监测方案；2）采用仪器规格、参数；3）监测原始资料；4）相关变化曲线；5）监测结果分析与评述。

B 边坡检测

边坡检测应遵循如下程序：

（1）收集、整理基础资料。主要收集的基础资料包括：矿区工程地质资料及有关图件，如矿床地质勘探报告、水文地质资料、工程地质资料；边坡存在形式和组合形式，一年内的采场生产现状图及有关矿图等生产现状资料；矿山以前发生的边坡坍塌事故的基本情况，如边坡岩体观测资料等。基础资料的整理主要是指对收集的资料进行分类整理，判定其是否满足本次检测工作的需要，与以往掌握的资料相比是否有变化等。

（2）边坡现场检测。边坡现场检测的主要内容如下：

1）边坡的各项参数。例如，边坡的结构、表土厚度、边坡走向长度、边坡高度、各类平台的宽度、各种边坡角度等。

2）边坡岩体构造和边坡移动的观测。岩体构造主要指断层、较大的节理等结构面。要求绘制结构面在边坡的位置，并记录有关参数。边坡移动的观测是指用仪器或简易设备探测边坡岩体的位移规律或其不稳定性。

3）边坡的整体观测检查。主要检查在生产边坡上是否存在违章开采的情况，如伞檐、阴山坎、空洞等。违章开采的位置、范围及严重程度等要草绘成图。

（3）边坡检测资料的分析。其是指对现场检测的数据、资料进行综合分析。包括三个方面的内容：

1）根据工程地质资料和现场对边坡揭露岩体及结构面的调查观测等资料，采用岩体结构分析法、数学模型分析法和工程参数类比法等进行综合计算和分析；

2）将现场实测边坡各项参数对照国家有关规定，确定其是否符合要求；

3）确定影响边坡稳定性的主要因素，边坡各项参数对边坡稳定的影响，主要结构面对边坡稳定的影响，采掘工作面上违章开采对边坡稳定的影响等。

（4）边坡稳定性评定。其是指根据检测资料和分析结果得出被检测边坡属于稳定型边坡或不稳定型边坡的结论。根据检测结果提出矿山边坡存在的问题，尤其是对不稳定型边坡，要指出存在的问题和不稳定的原因，并提出相应治理措施和整改要求。

13.2.3 露天矿边坡安全管理

确保露天矿边坡安全是一项综合性工作，包括确定合理的边坡参数、选择适当的开采技术和制定严格的边坡安全管理制度。露天矿边坡安全管理措施及相关规定如下：

（1）确定合理的台阶高度和平台宽度。合理的台阶高度对露天开采的技术经济指标和作业安全情况都具有重要的意义。确定台阶高度要考虑矿岩的埋藏条件和力学性质、穿爆作业的要求、采掘工作的要求，台阶高度一般不超过 15 m。平台宽度不但影响边坡角的大小，还影响边坡的稳定性。工作平台宽度取决于采用的采掘运输设备的要求和爆堆的宽度。

（2）正确选择台阶坡面角和最终边坡角。台阶坡面角的大小与矿岩性质、穿爆方式、推进方向、矿岩层理方向和节理发育情况等因素有关。各类矿山安全规程都对工作台阶坡面角的大小做了详细的规定。在一般情况下，其大小取决于矿岩的性质，坡面角大小的规定见表 13-6。

表 13-6　坡面角大小的规定

矿岩性质	坡面角 β 的规定
松软	$\beta \leqslant$ 所采矿岩自然安息角
较稳定	$\beta \leqslant 55°$
坚硬	$\beta \leqslant 75°$

最终坡面角与岩石的性质、地质构造、水文地质条件、开采深度、边坡存在期限等因素有关。这些因素十分复杂，因此通常参照类似矿山的实际数据来选择矿山最终边坡角。

（3）选用合理的开采顺序和推进方向。在生产过程中要坚持从上到下的开采顺序，坚持打下向孔或倾斜炮孔，杜绝在作业台阶底部进行掏底开采，避免边坡形成伞檐状和空洞。一般情况下，应选用从上盘向下盘的采剥推进方向，有计划、有条理地开采。

（4）合理进行爆破作业，减少爆破震动对边坡的影响。爆破作业产生的地震可使岩体的节理张开，因此在接近边坡地段尽量不采用大规模的齐发爆破，可采用延时爆破、预裂爆破、减震爆破等控制爆破技术，并严格控制同时爆破的炸药量。在采场内尽量不用抛掷爆破，应采用松动爆破，以防飞石伤人，减少对边坡的破坏。

（5）建立健全边坡检查和管理制度。当发现边坡上有裂陷可能滑落或有大块浮石及伞檐悬在上部时，必须迅速进行处理。处理时要有可靠的安全措施，受到威胁的作业人员和设备要撤到安全地点。

（6）选派专人管理。矿山应选派技术人员或有经验的工人专门负责边坡的管理工作，及时清除隐患，发现边坡有塌滑征兆时，有权制止采剥作业，并向矿上负责人报告。

（7）其他措施。对有边坡滑动倾向的矿山，必须采取有效的安全措施。露天矿有变形和滑动迹象的矿山，必须设立专门观测点，定期观测记录变化情况。

（8）靠帮边坡日常维护和变形控制相关规定如下：

1）最终边帮应预留安全平台和清扫平台。台阶并段时，可将安全平台与清扫平台合并，清扫平台宽度根据确定的边坡角、清扫方式及运输设备的要求确定。

2）应利用清扫平台对边坡坡面和平台进行经常性的清扫维护。

3）矿山应对边坡进行经常性巡视，并按边坡变形监测规定，对边坡变形进行监测，整理监测资料，反馈监测信息。

4）露天矿最终边坡的顶部附近不得设置各种类型的堆场、废石场、建（构）筑物。

5）靠帮边坡应在每一级平台和采场相对汇水区设置截排水沟，将水导出采场。

6）削坡减载应在边坡稳定性评价的基础上进行。当发现边坡或滑坡体变形有明显变化时，应停止作业，撤离人员和设备，确保安全。

7）无条件对靠帮边坡不稳定岩体进行削坡减载时，可在不稳定体下方靠近坡脚处预留永久性或临时性的岩体支墩。

8）当日常维护无法消除和控制靠帮边坡的变形，且可能出现严重滑坡时，应进行滑坡调查与分析，进行边坡治理。

13.3 露天矿不稳定边坡的治理措施

随着露天开采技术的不断进步，对露天矿的开采要求变得更加复杂和严格。开采深度不断增加，边坡的暴露高度和面积也持续扩大，同时，需要保持开采活动的时间也在增加。不稳定因素的存在及边坡管理不善可能导致岩体滑动、崩落、坍塌等危险事件的发生，对矿山人员的安全、国家财产和矿产资源都带来严重危害和损失。因此，进行露天矿边坡的稳定研究变得十分重要，这有助于贯彻国家相关的安全法规，确保矿山安全生产。在这一背景下，采用多种治理措施来增强边坡的稳定性变得至关重要，包括疏干排水法、机械加固法和周边爆破法等。这些措施的选择和实施需要根据具体的矿山条件和边坡特点进行，以最大程度提高边坡的稳定性，保障矿山人员的安全，减少潜在的危险和损失，确保矿山能够持续安全、高效地运营，为国家的矿产资源提供可持续供应作出贡献。

13.3.1 露天边坡治理措施的分类

不稳定边坡会给露天矿的生产带来极大的危害，因此矿山企业应十分重视不稳定边坡的监控，并及时采取合理的工程技术措施，防止滑坡的发生，从而确保生产人员和设备的安全。我国从 20 世纪 50 年代末期开始研究不稳定边坡的治理，尤其是从 20 世纪 80 年代以来，各种新的工程技术治理方法得到了有力的推广，获得了良好的效益。

不稳定边坡的治理措施大体可分为以下 4 类：

（1）对地表水和地下水的治理。生产实践和现场研究表明，对那些确因地表水大量渗入和地下水运动影响而导致不稳定的边坡，采用疏干法治理效果较好。对地表水和地下水治理的一般措施有地表排水、打水平疏干孔、打垂直疏干井、开挖地下疏干巷道。

（2）采取减小滑体下滑力和增大抗滑力措施。具体方法有缓坡清理法与减重压脚法。

（3）采用增大边坡岩体强度和人工加固露天边坡工程技术。普遍使用的方法有布设挡土墙、抗滑桩、金属锚杆、钢绳锚索，以及压力灌浆、喷射混凝土护坡和注浆防渗加固等。

（4）周边爆破。爆破振动可能损坏距爆源一定距离的采场边坡和建筑物。采场边坡和台阶较普遍的爆破破坏形式是后冲爆破、顶部龟裂、坡面岩石松动。周边爆破技术就是通过降低炸药能量在采场周边的集中和控制爆破的能量在边坡上的集中，从而达到限制爆破对最终采场边坡和台阶破坏的目的。具体的周边爆破技术有减震爆破、缓冲爆破、预裂爆破等。

13.3.2 疏干排水法

13.3.2.1 地表排水

一般是在边坡岩体外面修筑排水沟，防止地表水流进入边坡岩体表面裂隙中。排水沟要求：有一定的坡度，坡角一般为5‰；断面大小应满足最大雨水时的排水需要；沟底不能漏水；要经常维护好水沟，防止水沟堵塞。

边坡顶面也应有一定的坡度，以防边坡顶部积水。在具有较大张开裂隙的边坡，且当地降雨量多的情况下，除开沟引水外，还必须对裂隙进行必要的堵塞，深部宜用砾石或碎石充填，裂隙口宜用黏土密封。

13.3.2.2 地下水疏干

地下水是指潜水面以下即饱和带中的水。可采取疏干或降低水位的方法来减少地下水的危害，这样既可提高现有边坡的稳定性，又可使边坡在保持同样稳定程度的情况下加大边坡角。地下水的疏干应在边坡不稳定变化之前进行。必须详细收集有关边坡岩体的地下水特性及其分布规律的资料。

地下水的疏干有天然疏干和人工疏干两种。当露天开采切穿天然地下水面时，地下水便向采场渗流。这样，采场就需要排水，边坡内的水位降低形成天然疏干。岩体中的裂隙不通达边坡表面，因而仅依赖天然疏干是不够的，还必须配合人工疏干，才能达到预期。疏干系统的规模与将要疏干边坡的规模有关，其效率与它穿过的岩体不连续面的数量有关。具体的疏干方法要依据总体边坡高度、边坡岩体的渗透性及经济条件、作业情况等因素确定。地下水的疏干方法有：

（1）布设水平疏干孔。从边坡打入水平或接近水平的疏干孔，对降低裂隙底部或潜在破坏面附近的水压是有效的。水平疏干孔的位置和间距，取决于边坡的几何形状和岩体中结构面的分布情况。在坚硬岩石边坡中，水一般沿节理流动。若水平孔能穿过这些节理，则疏干效果会很好。水平疏干孔的主要优点是施工较迅速、安装简便，靠重力疏干，几乎不需要维护，布设灵活，能适应地质条件的变化；缺点是疏干影响范围有限，而且只有在边坡形成后才能安装。

（2）布设垂直疏干孔。在边坡顶部钻凿竖直小井，井中配装深井泵或潜水泵来排除边坡岩体裂隙中的地下水，是边坡疏干的有效方法之一。在岩质边坡中，疏干井必须垂直于有水的结构面，以利于提高疏干效果。在坚硬岩体中，大部分水是通过构造断裂流动的。与水平疏干孔相比，垂直疏干孔的主要优点是可以在边坡开挖前安装并开始疏干。而且，无论何时安装，这种装置均不与采矿作业相互干扰。采矿前疏干有较大好处，因为在某些情况下，疏干井抽水费用可能由于爆破及运输费用的降低而得到弥补。抽出的水常常是清洁的，可用于选矿厂或其他地方。

（3）布设地下疏干巷道。在坡面之后的岩石中开挖疏干水源巷道作为大型边坡的疏干措施，往往在经济上是合理的。由于钻孔的疏干能力有限，大型边坡很可能需要打大量的孔洞。一个给定的边坡，通常只需要一个或两个水源疏干巷道。

13.3.2.3 疏干排水的相关规定

疏干排水的相关规定如下：

（1）采场边坡地表排水系统设计应按矿区工程地质与水文地质条件、汇水面积、排水路径、截水沟排水能力等因素确定。

（2）采场边坡地下水排水设计宜采用自流排水、露天排水、井巷排水和联合排水等方式。

（3）采场排水设计相关规定有采场排水方式应与采矿工艺相结合，采场封闭圈以上宜采用截水沟自流排水方式，水文地质条件简单和涌水量不大的露天矿宜采用露天排水方式。

（4）潜在滑坡区后缘应设置截水沟，对后缘裂缝应进行遮盖或堵塞。

（5）支挡结构应设置泄水孔、边坡体疏干排水孔，且应深入潜在滑裂面以下。

13.3.3 机械加固法

机械加固法是指通过增大岩石强度来改善边坡的稳定性。采用任何加固方法都要进行工程与经济分析，以论证加固的可行性和经济性。只有当稳固边坡的其他方法，如放缓边坡角或排水等都不可行或代价更高时，才考虑机械加固法。

13.3.3.1 锚杆（索）加固边坡

用锚杆（索）加固边坡是一种比较理想的加固方法，可用于具有明显弱面的加固。锚杆是一种高强度的钢杆，锚索则是一种高强度的钢索或钢绳。锚杆（索）的长度从数米到数百米。锚杆（索）一般由锚头、拉伸段及锚固段三部分组成。锚头在锚杆（索）的外面，它的作用是给锚杆（索）施加作用力。拉伸段在孔内，其作用是将锚杆（索）获得的预应力（拉应力）均匀地传给锚杆孔的围岩，增大弱面上的法向应力（正应力），从而提高抗滑力。对于坚硬而又较破碎的岩石，锚杆的预应力可使锚杆孔围岩产生压应力，从而增大破碎岩块间的摩擦阻力，提高围岩的抗剪强度。非预应力锚杆，只在安装完后锚杆受拉时，将应力均匀地传给围岩。锚固段在锚杆（索）孔的孔底，它的作用是提供锚固力。锚杆（索）在安装时，由于孔与弱面之间的夹角不同，锚杆（索）所起的作用也不同。因此，应该寻求一个最合适的位置，让锚杆（索）发挥最大作用。

锚杆（索）加固边坡的相关规定如下：

（1）锚杆（索）使用年限不应低于露天矿服务年限，其防腐等级也应达到相应要求。

（2）当采场边坡变形控制要求较严格或边坡靠帮后，且其稳定性较差时，宜采用预应力锚杆（索）加固补强。

（3）采用锚杆（索）加固边坡，应按《非煤露天矿边坡工程技术规范》（GB 51016—2014）附录 F 中的 F.1 进行锚杆（索）基本试验。

（4）锚固的形式应根据锚固段所处部位的岩层类型、工程特性、锚杆（索）承载力大小、锚杆（索）材料和长度、施工工艺确定。

（5）锚杆设计规定详见《非煤露天矿边坡工程技术规范》（GB 51016—2014）。

13.3.3.2 喷射混凝土加固边坡

喷射混凝土加固是对边坡的表面处理。它可以及时封闭边坡表层的岩石，免受风化、潮解和剥落，同时又可以加固岩石，提高岩石的强度。喷射混凝土可单独用来加固边坡，也可以和锚杆配合使用。对边坡进行喷射混凝土时，其回弹量的大小取决于喷射手的技术好坏和是否加速凝剂。喷层的厚度一般约为 10 cm。为提高喷射混凝土的强度，尤其是提高抗拉强度和可塑性，可加设钢筋网。有时也可以在喷射混凝土干料中加入钢丝或玻璃纤维，以提高其抗拉强度，这种混凝土称为钢丝纤维补强混凝土。

喷射混凝土加固边坡的相关规定如下：

（1）喷锚支护设计中，喷射混凝土强度等级不应低于 C20，喷射混凝土 1 天龄期的抗压强度不应低于 5 MPa。

（2）挂网锚杆应采用全长黏结锚杆，宜采用矩形或菱形布置，长、短交错布置，与钢筋网绑扎或焊接连接。

（3）喷射混凝土面层厚度不应小于 50 mm，挂钢筋网喷射混凝土厚度不应小于 100 mm。挂网钢筋直径宜为 6~12 mm，钢筋间距宜为 150~300 mm。

（4）喷射混凝土面板应沿边坡纵向每 20~25 m 的长度分段设置竖向伸缩缝。

（5）喷锚支护设计稳定性计算宜采用工程类比法，设计计算应符合现行国家标准《锚杆喷射混凝土支护技术规范》（GB 50086—2015）有关规定。

（6）岩质边坡采用喷锚支护后，对局部不稳定块体应采取加强支护的措施。

（7）设计和校核边坡整体稳定性时，不计算喷锚支护提供的抗力。

13.3.3.3 抗滑桩加固边坡

用抗滑桩加固边坡的方法已在国内外广泛应用。抗滑桩的种类很多，按其刚度的大小可分为弹性桩和刚性桩；按其材料不同可分为木材、钢材和钢筋混凝土桩，钢材可采用钢轨或钢管。一般多用钢筋混凝土桩加固边坡，其又分为大断面的混凝土桩和小断面混凝土桩。前者一般用于破碎、散体结构边坡的加固，而后者一般用于块状、层状结构边坡的加固。露天矿边坡加固是在边坡平台上钻孔，在孔中放入钢轨、钢管或钢筋等，然后浇灌混凝土，将钻孔的空隙填满或用压力灌浆。桩径、桩的间距和插入滑动面的深度多按照经验进行选取。抗滑桩加固边坡的优点较多，如布置灵活、施工不影响滑体的稳定性、施工工艺简单、速度快、工效高、可与其他治理的加固措施联合使用、承载能力较大等。因此，该方法在国内外露天矿边坡加固工程中被广泛应用。

抗滑桩加固边坡的相关规定如下：

（1）抗滑桩桩长宜小于 40 m，对于滑面埋深大于 25 m、倾角大于 40°的滑坡，采用抗滑桩阻滑时，应进行专项论证设计。

（2）抗滑桩所受推力可根据滑坡的物质结构和变形滑移特性，分别按三角形、矩形或梯形分布考虑。

（3）抗滑桩设计荷载应包括滑坡体自重、渗透压力、地震力。抗滑桩推力应按滑坡滑动面类型选用相应的推力计算公式。

（4）抗滑桩受荷段桩身内力应根据滑坡推力和阻力计算，抗滑桩嵌固段桩底端距露天边帮的有效长度不应小于嵌固段深度。

（5）当滑坡推力较大时，宜采用大截面矩形方桩和预应力锚拉桩。

（6）锚拉抗滑桩的锚索与水平面的下俯倾角宜采用 20°~30°，锚索锚固段应置于滑动面以下稳定地层，锚索锚固力及最佳锚固深度应通过现场拉拔试验确定。

（7）抗滑桩纵向钢筋及箍筋应根据弯矩图和剪力图分段确定，配筋计算及构造要求应符合现行国家标准《混凝土结构设计规范》（GB 50010—2010）的有关规定。

13.3.3.4 挡土墙加固边坡

挡土墙是一种阻止松散材料的人工构筑物，它既可单一用作小型滑坡的阻挡物，又可作为综合治理大型滑坡的构筑物之一。挡土墙的作用原理是依靠本身的重量及其结构的强度来抵抗坡体的下滑力和倾倒。因此，为确保其抗滑效果，应注意挡土墙的位置，一般情况下，挡土墙多设在不稳定边坡的前缘或坡脚部位。在设计与施工中，必须将墙的基础深入到稳固的基岩内，以保持有足够的抗滑力，确保滑体移动时，挡土墙不会产生侧向移动和倾覆。有时，在开挖挡土墙基础时会破坏部分滑体，造成滑体的滑动，这就要求边挖边砌、分段挖砌，加快施工速度。

13.3.3.5 注浆法加固边坡

它是在一定的压力作用下通过注浆管，使浆液进入边坡岩体裂隙中。一方面，用浆液使裂隙和破碎岩体固结，将破碎岩石黏结为一个整体，成为破碎岩石中的稳定骨架，提高围岩的强度；另一方面，堵塞地下水的通道，减小水对边坡的危害。要使注浆能达到预期效果，注浆前必须准确了解边坡变形破坏的主滑面的深度及形状，以便注浆管下到滑面以下有利的位置。注浆管可安装在注浆钻孔中，也可直接打入。注浆压力可根据孔的深度和岩体发育程度等因素确定。

13.3.4 周边爆破法

目前矿山广泛采用高台阶、大直径炮孔和高威力炸药进行爆破，有效地降低了采矿成本。但这些措施也造成了爆破区能量集中，以致出现最终边坡的严重后冲破裂问题。如果对后冲破裂作用不加以控制，最终势必会降低采场边坡角，造成剥采比增加的不良经济后果。此外，还将产生更多的坡面松动岩石，使设计的安全平台变窄、失效或并段，恶化工作条件。虽然可以采取一些补救措施，如大面积地撬浮石、使用钢丝网或其他人工加固措施，但价格昂贵，且难以实现。应考虑大型爆破节省的资金与维护边坡质量花费的资金之间的平衡，最后得到的最好的解决方法是控制爆破的影响，即采用控制爆破技术，以达到不损坏边坡岩石的固有强度的目的。

《非煤露天矿边坡工程技术规范》（GB 51016—2014）中规定：靠帮边坡爆破时，必须采用控制爆破方法，靠帮边坡质点振动速度应小于 24 cm/s。该条为强制性条文，必须严格执行。露天矿山通常采用的控制爆破方法有减震爆破、缓冲爆破、预裂爆破等。这些方法的设计目的是使露天矿周边边坡每平方米面积上产生低的爆炸能集中，同时控制生产爆破的能量集中，以便不破坏最终边坡。通过采用低威力炸药不耦合装药与间隔装药、减小炮孔直径、改变抵抗线和孔距等方法，可以实现最终边坡上的低能量集中。

13.3.4.1 减震爆破

减震爆破是一种最简单的控制爆破方法。这种方法通常与某种其他控制爆破技术联合使用，如预裂爆破等。减震爆破是控制爆破方法中最经济的一种，因为它缩小了爆破孔距。减震爆破孔排的抵抗线应为邻近的生产爆破孔排的（1/2）~（4/5）。减震爆破应符合的一般规定是其抵抗线长度不超过孔距，通常采用抵抗线长度与孔距之比为 4:5，如果比值过大，就可能产生爆破大块，并在爆破孔周围形成爆破漏斗。如果药包受到过分的约束，就不能破碎到自由面。如果孔距过大，每对爆破孔之间可能保留凸状岩块在坡面上。减震爆破只有在岩层相当坚硬时才可单独使用。它可能产生较小的顶部龟裂或后冲破裂，但其破坏程度比不采用控制爆破的主生产爆破产生的破坏要低。

13.3.4.2 缓冲爆破

缓冲爆破是指沿着预先设计的挖掘界线爆裂，但要在主生产爆破孔爆破之后起爆这些缓冲爆破孔。缓冲爆破的目的是从边帮上削平或修整多余的岩石，以提高边坡的稳定性。为取得最佳的缓冲效果，全部缓冲爆破孔要同时起爆。在坚硬岩石中抵抗线的长度与孔距之比应为（4/5）~（5/4）；在非常破碎或软弱的岩石中，该比值应为（1/2）~（4/5）。沿预先设计的挖掘线呈线状穿孔，少量装药并起爆，削掉多余的岩石。爆破孔直径一般为10~18 cm，孔距为1.6~2.4 m，可以通过低密度散装药以降低装药量，从而相应地改善这种方法的经济效果。缓冲爆破得到与预裂爆破类似的结果。在坚硬岩石中，爆破后暴露的边坡面平滑、整洁，且残留孔痕明显可见。进行高边坡开挖时，顶部一、二层宜采用缓冲爆破，必要时采用多层浅孔光面爆破，待达到一定压重后，再进行正常台阶的缓冲爆破。

13.3.4.3 预裂爆破

预裂爆破是最成功、应用最广泛的一种控制爆破方法。在生产爆破之前起爆一排少量装药的、密间距的爆破孔，使之沿设计挖掘界线形成一条连续的张开裂缝，以便散逸生产爆破所产生的膨胀气体。减震爆破孔排可用来使预裂线免受生产爆破的影响。预裂爆破的目的是对特定岩石和孔距，通过特殊的方式装药，使孔壁压力能爆裂岩石，但仍不超过它们原位的动态抗压强度，同时不压碎爆破孔周围岩石。因为大多数岩石的爆压均大于680 MPa，而大多数岩石的抗压强度都不大于410 MPa，所以必须降低爆压。降低爆压可通过采用不耦合装药、间隔装药或低密度炸药来实现。光面爆破与预裂爆破一样都是控制轮廓成形的爆破方法，它们都能有效地控制开挖面的超欠挖。二者之间的主要差别表现在两方面：第一，预裂爆破是在主爆区爆破之前进行，光面爆破则在其后进行；第二，预裂爆破是在一个自由面条件下爆破，所受夹制作用很大，光面爆破则在两个自由面条件下爆破，受夹制作用小。

《非煤露天矿边坡工程技术规范》（GB 51016—2014）中规定，选用预裂控制爆破方法时，预裂爆破应超前于主爆区距最终边帮不小于15 m时进行，并应超前主爆孔不低于50 ms起爆；且应结合预裂爆破同时采用缓冲爆破，缓冲爆破宜在临近最终边帮不小于15 m时使用。

——— 本 章 小 结 ———

本章详细介绍了露天矿边坡这一在矿山环境中至关重要的组成部分。边坡的稳定性直接关系到矿山的安全和生产的持续进行，因此对边坡进行全面的评估和治理变得尤为重要。本章明确了边坡的概念和构成，详细介绍了边坡稳定性治理的必要性、露天矿边坡事故的原因及预防措施，以及治理措施（包括疏干排水法、机械加固法、周边爆破法等）。本章还涵盖了露天矿边坡的各个方面，从理论到实践，为读者提供了全面而深入的知识，使其更好地理解和应对矿山边坡安全的相关挑战。

复习思考题

13-1 请简述边坡破坏的主要类型。

13-2 请简述崩塌与滑坡的主要区别。

13-3 请简述错落的分类及其特征。

13-4 边坡破坏的人为影响因素一般有哪些?

13-5 如何进行露天边坡安全管理?

13-6 露天矿不稳定边坡的治理措施有哪些?

14 矿山事故与应急救援

本章提要

矿山常见的灾害事故有矿山火灾事故、煤与瓦斯突出事故、矿山水灾事故、尾矿库事故、排土场事故、中毒与窒息事故、冲击地压和大面积冒顶等。这些灾害事故的发生影响范围大、伤亡人数多、中断生产时间长、破坏井巷工程或生产设备严重。

矿山事故一旦发生，往往情况比较紧急，如果不及时采取应对措施，可能会造成人员伤亡、财产损失、环境污染等严重后果。应急救援一般是指针对突发、具有破坏力的紧急事件采取预防、预备、响应和恢复的活动与计划。矿山事故应急救援的总目标是通过有效的应急救援行动，尽可能地降低事故的后果，包括人员伤亡、财产损失和环境破坏等。事故应急救援的基本任务包括组织营救受害人员、迅速控制事态、消除危害后果、做好现场恢复及查清事故原因评估危害程度。本章将详细讲述矿山事故及其应急救援。

14.1 矿山事故基础知识

14.1.1 事故类别

根据《企业职工伤亡事故分类标准》（GB 6441—1986）规定，企业职工伤亡事故可分为物体打击、车辆伤害、机械伤害、起重伤害、触电、淹溺、灼烫、火灾、高处坠落、坍塌、冒顶片帮、透水、爆破、火药爆炸、瓦斯爆炸、锅炉爆炸、容器爆炸、其他爆炸、中毒和窒息、其他伤害20类。

煤矿常见事故类型有：

（1）顶板事故。顶板事故即通常所说的冒顶。冒顶又称顶板冒落，它是指采掘工作空间或井下其他工作地点顶板岩石发生坠落而造成人员伤亡、设备损坏、生产终止等事故。

（2）瓦斯事故。瓦斯事故是指瓦斯（煤尘）爆炸（燃烧）、煤（岩）与瓦斯（二氧化碳）突出、瓦斯窒息（中毒）。

（3）机电事故。机电事故是指机电设备（设施）导致的事故。机电事故包括触电、机械故障伤人，运输设备在安装、检修、调试过程中发生的事故。

（4）运输事故。运输事故是指运输设备（设施）在运行过程中发生的事故。

（5）爆破事故。爆破事故是指爆破崩人、触响盲炮伤人，以及炸药、雷管意外爆炸。

（6）火灾事故。火灾事故指煤与矸石自然发火和外因火灾造成的事故。

（7）水害事故。水害事故指地表水、采空区水、地质水、工业用水造成的事故及透黄泥、流沙导致的事故。

（8）机械伤害。机械伤害主要指机械设备运动（静止）部件、工具、加工件直接与人体接触引起的夹击、碰撞、剪切、卷入、绞、碾、割、刺等形式的伤害。各类传动机械的外露传动部分（如齿轮、轴、履带等）和往复运动部分都有可能对人体造成机械伤害。

（9）爆破事故。爆破作业是矿山开采过程中必不可少的工序，爆炸物品在采购、运输、储存、保管、分发、使用等过程中稍有不慎便会发生严重事故，导致人员伤亡和财产损失，影响安全生产。

（10）电气危害。电气危害主要表现在电气火灾危害和触电危害两方面。电气设备（设施）若长时间超负荷运行，便会产生大量的热，导致电气设备内部绝缘体被破坏，保护监测装置失效，造成火灾、爆炸。此外，配电线路、开关、熔断器、电动机等均有可能引起电伤害，也可能成为火灾的引燃源。

（11）露天矿边坡滑坡事故。露天矿边坡滑坡是指边坡岩体在较大范围内沿某一特定的剪切面滑动。

（12）排土场事故。排土场又称"废石场"，是矿山采矿排弃物集中排放的场所，排土场失稳将导致矿山土场灾害和重大工程事故，影响矿山的安全生产。常见的排土场事故有排土场滑坡、排土场泥石流、排土场环境污染等。

（13）尾矿库溃坝事故。尾矿库是指筑坝拦截谷口或围地构成的，用以堆存金属或非金属矿山进行矿石选别后排出尾矿或其他工业废渣的场所。尾矿库是一个具有高势能的人造泥石流危险源，存在溃坝危险，一旦失事，容易造成重、特大事故。

14.1.2 矿山事故的特征与特性

14.1.2.1 矿山事故的特征

矿山事故的特征有：

（1）突发性。重大灾害事故往往是突然发生的，事故发生的时间、地点、形式、规模及事故的严重程度都是不确定的。它给人们的心理冲击最为严重，最容易让人措手不及，使指挥者难以冷静、理智地考虑问题，难以制订出行之有效的救灾措施，在抢救的初期容易出现失误，造成事故损失扩大。

（2）灾害性。重大灾害事故往往造成多人伤亡，或使井下人员的生命受到严重威胁，若指挥决策失误或救灾措施不得当，往往造成重大恶性事故。处理事故过程中得知已有人员伤亡或意识到有众多人员的人身安全受到威胁，会增加指挥者的慌乱程度，容易造成决策失误。

（3）破坏性。重大灾害事故往往使矿井生产系统遭到破坏，中断生产，损毁井巷工程和生产设备，给国家造成重大损失，同时也给抢险救灾增加了难度，尤其是通风系统的破坏，使有毒有害气体在大范围内扩散，会造成更多人员的伤亡。这就要求指挥者在进行救灾决策时，要充分考虑通风系统的情况，通风系统破坏与否对救火方案的选择起关键性作用。

（4）继发性。在较短的时间里重复发生同类事故或诱发其他事故，称为事故的继发性。例如，矿山火灾可能诱发瓦斯、煤尘爆炸，也可能引起再生火源；爆炸可能引起火灾，也可能出现连续爆炸；煤与瓦斯突出可能在同一地点发生多次，也可能引起瓦斯、煤尘爆炸。事故继发性的存在，要求指挥者在制订救灾措施时多预想，并且要有充分的思想准备，采取有效措施，避免出现继发性事故。

14.1.2.2　矿山事故的特性

矿山事故的特性有：

（1）因果性。事故的因果性是指至少两种现象之间相互关联的性质，前一种现象是后一种现象发生的原因，后一种现象是前一种现象造成的结果。事故的因果具有继承性，往往第一阶段的结果是第二阶段的原因，而且这种继承性往往是多层次的。

矿山灾害事故现象和生产过程中的其他现象都有直接或间接的关联，事故发生是生产过程中相互联系的多种不安全因素作用的结果。从事故的因果性来看，矿山生产过程存在的不安全因素是"因"的关系，而事故却是以"果"的现象出现。

（2）规律性。事故是一种在一定条件下可能发生，也可能不发生的随机事件。因此，事故的偶然性是客观存在的，它与人们是否明了事故的发生原因无关。

矿山事故客观上存在着某种不安全因素，随生产时间和作业空间的推移，一旦不安全因素事件充分集合，事故必然发生。虽然，矿山事故本质上存在偶然性，还不能确定全部规律，但在一定范围内或一定条件下，通过科学试验、模拟试验和统计分析，从外部或本质的关联上，能够找出其内在的决定性关系。认识事故发生的偶然性与必然性之间的关联，充分掌握事故发生规律，可以防患于未然或化险为夷。

（3）潜在性。矿山生产随时间推移和作业空间而变化，往往事故会突然违背人们的意愿而发生。时间存在于一切生产过程的始终，而且是一去不复返的。在生产过程中无论是人们的生产活动还是机械的运动，在其所经过的时间内，事故隐患是始终潜在的，一旦条件成熟，事故就会突然发生，绝不会脱离时间而存在。由于时间具有单向性，而矿山事故又潜在于不安全的隐患之中，因此，在制定矿山灾害预防与处理计划时，必须充分认识和发现事故的潜在性，彻底根除不安全的隐患因素，预防事故再现。

14.2　矿山应急救援技术

14.2.1　个体防护装备

个体防护装备是指从业人员为防御物理、化学、生物等外界因素伤害所穿戴、配备和使用的防护品的总称。常见的矿工个体防护装备有氧气自救器、自动苏生器、氧气充填泵等。

14.2.1.1　氧气自救器

自救器是一种体积小、携带轻便，但作用时间短的供矿山从业人员个人使用的呼吸自救器具。当灾害发生时，使用者可以通过佩戴氧气自救器将自己的呼吸系统与外界隔绝，从而保护自己不受有毒有害气体的侵害或缺氧，达到遇险自救，安全退出灾区的目的。氧气自救器分为隔绝式压缩氧自救器和隔绝式化学氧自救器。

A　隔绝式压缩氧自救器

隔绝式压缩氧自救器是以高压压缩氧气为氧气源的可重复使用的自救逃生器材，主要在煤矿或普通大气压的作业环境中发生有毒有害气体突出及缺氧窒息性灾害时使用。

ZYX45 隔绝式压缩氧自救器结构图如图 14-1 所示。

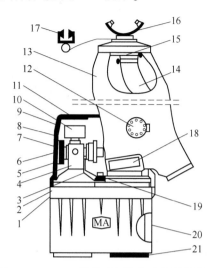

图 14-1　ZYX45 隔绝式压缩氧自救器结构图

1—挂钩；2—外壳；3—支架；4—氧气瓶；5—减压器；6—瓶开关手轮；7—安全帽；8—瓶开关；
9—上盖；10—压力表；11—观察窗；12—排气阀；13—气囊；14—呼吸管；15—呼吸阀；
16—口具；17—鼻夹；18—补气压板；19—压帽；20—清净罐子；21—底盖

B　隔绝式化学氧自救器

隔绝式化学氧自救器是一种通过化学反应来进行供氧，保证人员呼吸的装置。主要用于煤矿或环境空气发生有毒有害气体污染及缺氧窒息时，现场人员迅速佩戴，保护人体正常呼吸逃离灾区。

14.2.1.2　自动苏生器

自动苏生器是一种自动进行正负压人工呼吸的急救装置。由于它体积小、质量轻、便于携带、操作简单、性能可靠，既可用于呼吸麻痹、抑制人员的抢救，又可用于缺氧人员的单纯吸氧。对于因胸外伤、一氧化碳等其他有毒气体中毒、溺水、触电等原因造成的呼吸抑制、窒息人员，通过该装置的负压引射功能可吸出伤者呼吸道内的分泌物、异物等，并通过肺动机构有规律地向伤者输氧和排出肺内气体而使伤者自动复苏。自动苏生器是智能化的急救产品，尤其适用于群体人员遇险的抢救场合。

14.2.1.3　氧气充填泵

氧气充填泵主要用于充填氧气呼吸器和压缩氧自救器高压储气瓶的气体增压。它将大储气瓶中的氧气或其他非燃性气体升压充填到另一储气瓶内，可自动控制充填压力。

14.2.2　紧急避险系统

紧急避险系统是井下矿山从业人员生命安全的保障系统。紧急避险设施是指在井下发生火灾、爆炸、煤与瓦斯突出等灾害事故时，为无法及时撤离的避险人员提供的一个安全避险密闭空间，对外能够抵御高温烟气，隔绝有毒有害气体，对内提供氧气、食物、水，去除有毒有害气体，创造生存基本条件，并为应急救援创造条件，赢得时间。紧急避险设施主要包括永久避难硐室、临时避难硐室、移动式救生舱。

14.2.2.1　永久避难硐室

避难硐室是供矿山从业人员在遇到事故无法撤退时躲避待救的设施，分永久避难硐室和临时避难硐室两种。

永久性避难硐室是预先设在井底车场附近或采掘工作地点安全出口的路线上的躲避待救的安全设施。对其要求是：必须设置向外开启的隔离门，隔离门按照反向风门标准安设。室内净高不得低于 2 m，深度应满足扩散通风的要求，长度和宽度应根据可能同时避难的人数确定，但至少应能满足 15 人避难，并且每人使用面积不得少于 0.5 m²。硐室内支护必须保持良好，并设有与矿调度室直通的电话；硐室内必须放置足量的饮用水、安设供给空气的设施，每人供风量不得少于 0.3 m/min。如果用压缩空气供风时，应有减压装置和带有阀门控制的呼吸嘴；硐室内应根据设计的最多避难人数配备足够数量的隔离式自救器。

14.2.2.2　临时避难硐室

临时避难硐室是利用独头巷道、硐室或两道风门之间的巷道，由避灾人员临时修建的。因此，应在这些地点事先准备好所需的木板、木桩、黏土、砂子或砖等材料，应装有带阀门的压气管。若无上述材料时，避灾人员应用衣服和身边现有的材料临时构筑，以减少有害气体的侵入。临时避难硐室机动灵活、修筑方便，正确地利用它，往往能发挥很好的救护作用。

14.2.2.3　移动式救生舱

矿用可移动式救生舱是为矿山井下设计的一种新型多功能的井下避险、安全、救生高科技安全装备。舱内设有座椅、照明、通信、供氧、急救箱、必需的食品饮用水、有毒有害气体处理装置，并可以调节舱内的气温和湿度。设备外形美观、新颖，结构牢固耐用、安装简单、操作直观、维护方便、整机的可靠性高、实用性强。

14.2.3　自救与应急措施

《煤矿安全规程》第六百七十九条规定，煤矿作业人员必须熟悉应急救援预案和避灾路线，具有自救、互救和安全避险知识。井下作业人员必须熟练掌握自救器和紧急避险设施的使用方法。班组长应当具备兼职救护队员的知识和能力，能够在发生险情后第一时间组织作业人员自救、互救和安全避险。外来人员必须经过安全和应急基本知识培训，掌握自救器使用方法，并签字确认后方可入井。

《金属非金属矿山安全规程》（GB 16423—2020）第 8.6 条规定，矿山应对所有入井人员进行安全培训，告知井下安全须知、紧急情况下的撤离路线和自救器的使用方法。井下作业人员应熟悉应急救援预案和避灾路线，具有自救、互救和安全避灾知识，熟练掌握自救器和紧急避灾系统的使用方法。

14.2.3.1　井下避灾自救原则

井下避灾自救应遵守"灭、护、撤、躲、报"5 字基本原则。详细内容如下：

（1）灭。在确保自身安全的前提下，采取积极、有效的安全技术措施，将事故消灭在初始阶段或控制在最小范围，以最大限度地减少事故造成的伤害和损失。

（2）护。当事故造成作业人员自己所在地点的有毒有害气体浓度增高，可能危及生命安全时，应立即进行个人的防护自救措施，佩戴好自救器或用毛巾捂住口鼻，安全撤离灾区。

（3）撤。当灾变事故现场不具备抢救事故的条件或可能危及人员安全时，应以最快的速度、最短的时间选择最近的安全路线撤离灾区。

（4）躲。在短时间内，灾变事故现场人员无法安全撤离事故灾区时，应迅速进入预先构筑的永久避难硐室、救生舱或其他安全地点暂时躲避等待救护，也可利用现场的设施和材料构筑临时避难硐室。

（5）报。发生灾变事故后，事故现场人员应立即向矿调度室报告事故发生的性质、时间、地点、遇险人数及灾情等，并同时向可能波及的区域发出报警。

14.2.3.2 各类灾害条件下的自救措施

A 瓦斯、煤尘爆炸避灾自救措施

当听到爆炸声响和感觉到空气冲击波时，现场作业人员要立即背向空气颤动的方向，俯卧在地，面部贴在地面，双手置于身体下面。要用衣物护好身体，避免烧伤。立即佩戴好自救器，迅速撤出受灾巷道，到达新鲜风流处。在未到新鲜空气地点以前，禁止摘除自救器或拿下口罩往外吐口水和摘除鼻夹擤鼻涕。如果来不及打开自救器，应立即趴在水沟边，闭住气息暂停呼吸，将毛巾或衣服浸湿捂住嘴巴和鼻孔，以防把爆炸火焰和有害气体吸入肺部。

选择距离最近、安全可靠的避灾路线，迅速撤离灾区，到达新鲜空气处。在撤退时不惊慌、乱喊乱叫、狂奔乱跑，在现场班组长和有经验的老工人带领下，有条不紊地组织撤退。若往安全地点撤退的路线受阻，或冒顶、积水使人难以通过，不得强行跨越，应迅速选择通风良好、支护完好的安全地点避灾待救。

B 煤与瓦斯突出避灾自救措施

采掘工作面人员发现预兆时，要迅速向进风侧撤离，并通知其他人员同时撤离。撤离中应快速打开隔离式自救器并佩戴好，再继续外撤。在掘进工作面发现突出预兆时，也必须向外迅速撤离。撤至防突反向风门外后，要把防突风门关好，再继续外撤。

如果自救器发生故障或佩戴自救器不能到达安全地点时，在撤出途中应进入预先筑好的避难硐室中躲避，或在就近地点快速建筑的临时避难硐室中避灾，等待矿山救护队的救援。

有些矿井出现了煤与瓦斯突出的某些预兆，但并不立即突出，过一段时间后才发生突出。因此，遇到这种情况，现场人员不能犹豫不决，必须立即撤出，并佩戴好自救器。

C 矿井火灾避灾自救措施

发现井下火灾时，应视火灾性质、火区通风及瓦斯情况，立即采用一切可能防灭火技术进行直接灭火和控制火势，并迅速报告矿调度室。采用直接灭火法时，必须随时注意风量、风流方向及气体浓度的变化，并及时采取控风措施，尽量避免风流逆转、逆退，保护直接灭火人员的安全。如果火势太猛，现场人员无力组织抢救灭火时，应迅速采取自救和组织避灾措施。

井下作业现场发现有烟雾、异味时，应迅速佩戴好自救器，撤离到安全地点。处在火焰燃烧的上风侧的人员，应迎着风流撤离；处在火焰燃烧的下风侧的人员，应寻找捷径路线绕过火区进入安全地区。

避灾撤离中，若遇到烟雾充满巷道时，应先迅速辨认出发生火灾的地区和风向，然后沉着冷静地俯身摸着轨道或管道有序外撤。

确认无法撤离火灾发生区时，应立即进入永久避难硐室；或在火焰袭来之前，选择合适的地点，就地利用现场条件，快速构筑临时避难硐室，并将硐室口堵严，使其与外部风流隔离，同时留下明显的避难标记以待救援。

D　矿井水灾自救措施

透水后，应在可能的情况下迅速观察和判断透水的地点、水源、涌水量、发生原因、危害程度等情况，根据预防灾害计划中规定的撤退路线，迅速撤退到透水地点以上的水平，而不能进入透水点附近及下方的独头巷道。

行进中，应靠近巷道一侧，抓牢支架或其他固定物体，尽量避开压力水头和泄水主流，并注意防止被水中滚动矸石和木料撞伤。若唯一的出口被水封堵时，应有组织地在独头工作面躲避，等待救护人员的营救。严禁盲目潜水逃生等冒险行为。

当现场人员被涌水围困时，应迅速进入预先筑好的避难硐室或合适的地点避灾。若老空透水，则须在避难硐室处建临时挡墙或吊挂风帘，防止被涌出的有害气体伤害。进入避难硐室前，应在硐室外留设明显标志。

在避灾期间，遇险矿工要有良好的精神心理状态，情绪安定、自信乐观、意志坚强。要坚信上级领导一定会组织人员快速营救；坚信在班组长和有经验老工人的带领下，一定能够克服各种困难，共渡难关，安全脱险。要做好长时间避灾的准备，除轮流担任岗哨观察水情的人员外，其余人员均应静卧，以减少体力和空气消耗。

避灾时，应用敲击的方法有规律地、间断地发出呼救信号，向营救人员指示躲避位置。被困期间断绝食物后，即使在饥饿难忍的情况下，也不应嚼食杂物充饥。需要饮用井下水时，应选择适宜的水源，并用纱布或衣服过滤。

救护人员到来营救时，长期被困的避灾人员不可过度兴奋和慌乱；得救后，不可吃硬质和过量的食物，要避开强烈的光线，以防发生意外。

14.2.3.3　应急措施的相关规定

《中华人民共和国突发事件应对法》（以下简称《突发事件应对法》）第二十六条规定，县级以上人民政府应当整合应急资源，建立或者确定综合性应急救援队伍。人民政府有关部门可以根据实际需要设立专业应急救援队伍。

县级以上人民政府及其有关部门可以建立由成年志愿者组成的应急救援队伍。单位应当建立由本单位职工组成的专职或者兼职应急救援队伍。

县级以上人民政府应当加强专业应急救援队伍与非专业应急救援队伍的合作，联合培训、联合演练，提高合成应急、协同应急的能力。

《突发事件应对法》第二十七条规定，国务院有关部门、县级以上地方各级人民政府及其有关部门、有关单位应当为专业应急救援人员购买人身意外伤害保险，配备必要的防护装备和器材，减少应急救援人员的人身风险。

《煤矿安全规程》第十七条规定，煤矿企业必须建立应急救援组织，健全规章制度，编制应急救援预案，储备应急救援物资、装备并定期检查补充。煤矿必须建立矿井安全避险系统，对井下人员进行安全避险和应急救援培训，每年至少组织1次应急演练。

《矿山救护规程》（AQ 1008—2007）第9.1.1条规定，矿山发生灾害事故后，现场人员必须立即汇报，在安全条件下积极组织抢救，否则立即撤离至安全地点或妥善避难。企业负责人接到事故报告后，应立即启动应急救援预案，组织抢救。

14.2.3.4 各类灾害条件下的应急措施

A 煤与瓦斯突出应急措施

现场人员要立即佩戴自救器，按照突出事故的避灾路线，迅速撤出灾区直至地面，并立即向调度室报告。

对于小型煤与瓦斯突出事故，现场人员应在保障安全的前提下，尽力抢救被埋人员。

在撤离途中受阻时应紧急避险，采取以下自救措施：（1）选择最近的避难硐室或临时避险设施待救；（2）选择最近的设有压风自救装置和供水施救装置的安全地点，进行自救、互救和等待救援；（3）迅速撤退到有压风管或铁风筒的巷道、硐室躲避，打开供风阀门或接头形成正压通风，可利用现场材料加固设置生存空间，等待救援。

被困后采用一切可用措施向外发出呼救信号，但不可用石块或铁质工具敲击金属，避免产生火花而引起瓦斯煤尘爆炸。

被困待救期间，班组长和有经验人员组织自救、互救，遇险人员要减少体能消耗，节约使用矿灯，保持镇定，互相鼓励，积极配合营救工作。

B 矿井火灾应急措施

发现火源时，现场人员应利用附近灭火器材积极扑灭初期火灾，并迅速向调度室报告。难以控制时，应立即佩戴自救器，按照火灾事故的避灾路线，迅速撤出灾区直至地面。

在撤离受阻时应戴好自救器，选择最近的避难硐室或临时避险设施待救。

带班领导和班组长负责组织灭火、自救互救和撤离工作。采取措施控制事故的危害和危险源，防止事故扩大。

C 矿井水灾应急措施

现场人员应立即避开出水口和泄水流，迅速撤离灾区，并向调度室报告。如果是老空水涌出，撤离时应佩戴好自救器。

来不及转移躲避时，要立即抓牢棚梁、棚腿或其他固定物体。在无法撤至地面时应紧急避险，迅速撤往安全地点等待救援，严禁盲目潜水等冒险行为。在避灾期间，要保持镇定、减少消耗，观察水情、监测气体，组织自救、互救。同时，按照《矿山（隧道）事故救援联络信号（试行)》规定的联络方式，向外界发出求救信号。

14.3 矿山应急救援体系与应急救援组织

矿井重大事故应急救援工作是矿井安全生产工作的重要组成部分，在减少矿井事故造成的人员伤亡和财产损失、服务矿井安全生产方面发挥着巨大作用。同时，也为重大事故的防范工作作出了积极贡献。建立和健全矿山应急救援体系。应根据我国国情和现有矿区救援力量的实际状况，组织和构建具有统一指挥、统一协调、统一调动，以及具有先进技术装备的全国矿山应急救援体系。因此，在体系建设过程中应坚持以下基本原则：

（1）不可替代原则。矿山应急救援工作的制约因素很多，情况复杂多变，与其他行业的应急救援工作相比，具备更强的时效性、技术性和更大的危险性，要求反应快速、判断准确、应变及时、措施有力。一旦发生重大事故，需要多支救护队协同作战、密切配合、集中指挥，以及强有力的技术支持。因此，必须形成独立的矿山救灾及应急救援体系。煤矿安全生产实践也充分证明，矿山应急救援体系在应急救援、预防检查、消除事故及为社会提供应急救援服务等方面都发挥了十分重要的作用，是其他任何应急救援组织和应急救援体系都无法替代的。

（2）煤矿企业自主救护原则。煤矿事故具有突发性，迅速、及时地对煤矿事故进行救护既是煤矿企业安全工作的重要组成部分，也是煤矿安全生产工作的客观要求。

（3）预防为主原则。矿山应急救援体系的建设要着眼于事故预防，着眼于矿山的系统安全和矿山的持续健康发展，要将预防检查、消除安全隐患、提高生产系统的抗灾能力、实现系统的本质安全作为体系的主要任务，在制度、管理和技术创新等方面下功夫。

（4）区域救护原则。我国煤矿生产具有区域特点，为保证应急救援的有效性和及时性，保证资源的合理利用和应急救援体系的健康发展，应根据煤矿企业的分布、灾害程度、地理位置等情况，合理划分成若干区域。在区域内，可不分管理体制和企业性质，可打破隶属关系，建立起区域应急救援网，以实现区域性应急救援。同时，还应将矿山应急救援体系作为国家应急救援网的重要组成要素来建设。

（5）集中指挥原则。矿山应急救援必须实行集中指挥，以确保应急救援工作顺利、有效进行。矿山救护队也要实行军事化管理，统一指挥、统一行动、统一着装，要佩戴帽徽、领章，实行队衔制度。为实现集中指挥，相关人员应组建国家矿山应急救援指挥中心；矿山较多的省份应组建省级矿山应急救援指挥分中心，以便及时、有效地协调、指挥矿山的应急救援工作。

（6）全面系统原则。矿山应急救援体系必须覆盖各级、各类矿山。所有矿区都必须配有一定规模的矿山救护队。同时，还应建立起各应急救援组织间的协同机制，密切彼此间的联系，以形成有机整体。另外，还应建立起相应的技术支持、装备保障、信息保障、法律法规和资金保障体系。这样，才能有力促进应急救援体系的有效运转。

14.3.1　矿山应急救援体系

14.3.1.1　国家应急管理部矿山救援中心

国家应急管理部成立矿山救援中心，作为国家矿山救护及其应急救援委员会的办事机构，负责组织、指导和协调全国矿山救护及应急救援的日常工作；组织研究制定有关矿山救护的工作条例、技术规程、方针政策；组织开展矿山救护技术的国际交流等；组织指导矿山救护的技术培训和救护队的质量审查认证，以及对安全产品的性能检测和生产厂家质量保证体系的检查。

矿山救援中心配备具有实战经验的指挥员，具备技术支持能力。当矿山发生重大（复杂）灾变事故，需要得到矿山救援中心技术支持时，矿山救援中心可协调全国救援力量，协助制定救灾方案，提出技术意见，并对复杂事故的调查、分析、取证，提供足够的技术支持。国家应急管理部矿山救援中心设主任1人、副主任1~2人、参谋长1人，并聘请若干名矿山救护专家作为顾问。

国家应急管理部矿山救援中心下设综合处、救援处、技术处、管理处。

14.3.1.2 省级矿山救援中心

省级煤矿安全监察机构或省级负责煤矿安全监察的部门应设立省级矿山救援中心，负责组织、指导和协调所辖区域的矿山救护及其应急救援工作。省级矿山救援中心，业务上接受国家局矿山救援中心的领导。省级矿山救援中心设主任1人、副主任1~2人、参谋长1人、参谋数人。

14.3.1.3 区域救护大队

区域救护大队是区域内矿山抢险救灾技术的支持中心，具有救护专家、救护设备和演习训练中心。为保证有较强的战斗力，区域救护大队必须拥有不少于2个救护中队，每个救护中队应不少于3个救护小队，每个救护小队至少由9名队员组成。区域救护大队的现有隶属关系不变、资金渠道不变，但要由国家应急管理部利用技术改造资金对其进行装备配置，提高技术水平和作战能力。在矿山重大（复杂）事故应急救援时，应接受国家应急管理部矿山救援中心的协调和指挥。

区域救护大队设大队长1人、副大队长2人、总工程师1人、副总工程师1人、工程技术人员数人；应设立相应的管理及办事机构，并配备必要的管理人员和医务人员。矿山救护大队指挥员的任免应报省级矿山救援机构备案。

区域救护大队的主要任务是制订区域内的各矿救灾方案，协调使用大型救灾设备和出动人员，实施区域力量协调抢救；培训矿山救护队指战员；参与矿山救护队技术装备的开发和试验；必要时执行跨区域的应急救援任务。

14.3.1.4 矿山救护中队、矿山救护小队和兼职矿山救护队

矿山救护中队距矿井一般不超过10 km，或行车时间一般不超过15 min。矿山救护中队是一个独立作战的基层单位，由3个以上的小队组成，直属中队由4个以上的小队组成。矿山救护中队设中队长1人、副中队长2人、工程技术人员1人。直属中队设中队长1人、副中队长2~3人、工程技术人员至少1人。救护中队应配备必要的管理人员及汽车司机、机电维修、氧气充填等人员。

矿山救护小队由9人以上组成，是执行作战任务的最小战斗集体。矿山救护小队设正、副小队长各1人。

兼职矿山救护队应根据矿山企业的生产规模、自然条件、灾害情况确定编制，原则上应由2个以上小队组成，每个小队由9人以上组成。兼职矿山救护队应设专职队长及仪器装备管理人员。兼职矿山救护队直属矿长领导，业务上受总工程师和矿山救护大队指导。兼职矿山救护人员由符合矿山救护队员条件，以及能够佩用氧气呼吸器的矿山生产、通风、机电、运输、安全等部门的骨干工人和管理人员兼职组成。

14.3.2 矿山应急救援组织

矿山应急救援组织主要包括应急指挥部、应急救援队、社会应急救援组织3部分。

应急指挥部一般应由煤矿企业最高领导人任总指挥，由生产矿长和安全矿长任副总指挥，指挥部成员应包括各部门矿长、副矿长及各科室主任和科长。总指挥应该根据相关危险类型、潜在后果、现有资源等情况，分析紧急状态和确定相应报警级别，作出决策并指挥实施控制紧急情况的行动类型；第一副总指挥原则上由煤矿总工程师担任，是总指挥的

第一助手，其职责是在总指挥的领导下，组织制定营救遇险遇难人员和处理事故的作战计划；机电副总指挥根据作战计划，在企业范围内及时调集救灾所必需的设备，提出需要外购或外单位支援的设备、物资清单，组织对主要提升机、主要通风机、变电所、主要排水等主要设备的运行状况进行有效监控，确保正常运转，保证运输系统完好、通信系统畅通；通风副总指挥根据作战计划，对矿井风流进行调度，对井下通风、瓦斯、火灾等情况进行监控；后勤副总指挥根据作战计划，组织为处理事故所必需的工人待命，调集救灾所必需的材料物资，安排好抢险救灾人员的生活等后勤保障工作。

应急指挥部成员包括救护队指挥员、煤炭管理部门工程技术人员、煤矿有关职能机构负责人和工程技术人员。全矿全体职工都负有事故应急救援的责任，成立的救援专业队伍是该矿应急救援的骨干力量。救护队队长对矿山救护队的行动具体负责，全面指挥、领导矿山救护队和辅助救护队，根据作战计划所规定的任务，完成对灾区遇难人员的救援和事故处理。如果有 2 支以上救护队联合作战时，要成立矿山救护队联合作战部，由事故所在煤炭企业的救护队或为事故煤矿服务的救护队队长担任指挥，协调各救护队的战斗行动。

应急救援队一般由 5 个救援专业小组组成，分别是人员救护组、物资供应组、通信联络组、抢险救灾组、交通运输组。人员救护组一般由矿部、各区队、工会相关人员组成，物资供应组一般由物料管理人员、后勤相关人员组成，通信联络组一般由矿部领导、各区队相关人员组成，抢险救灾组一般由矿部各科室、各区队技术员及相关人员组成，交通运输组一般由行政人事部、物料管理人员及相关人员组成。

社会应急组织主要包括本地的医院、消防队、派出所等。

14.3.3　矿山应急救援的基本程序

当矿山发生灾害时，以企业自救为主的企业救援队和医院在进行救助的同时，上报上一级矿山救援指挥中心（部门）及政府。救援能力不足以有效抢险救灾时，应立即向上级矿山救援指挥中心提出救援要求。

各级救援指挥中心得到事故报告要迅速向上一级汇报，并根据事故的大小、难易程度等决定调用重点矿山救护队或区域矿山救援基地及矿山医疗救护中心实施应急救援。

省内发生重特大矿山事故时，省内区域矿山救援基地和重点矿山救护队的调动应由省级矿山救援中心负责。

国家应急管理部矿山救援中心负责调动区域矿山救援队伍，进行跨省区应急救援。

14.3.4　应急预案的编制

矿山企业安全生产事故应急预案是国家安全生产应急预案体系的重要组成部分。制订矿山企业安全生产事故应急预案是贯彻落实"安全第一、预防为主、综合治理"方针，规范矿山企业应急管理工作，提高应对安全风险和防范事故的能力，保证职工安全健康和公众生命安全，最大限度地减少财产损失、环境损害和社会影响的重要措施。

14.3.4.1　应急预案编制要求

《生产安全事故应急救援预案管理办法》规定，矿山企业应当根据有关安全生产法律法规和《生产经营单位安全生产事故应急预案编制导则》（GB/T 29639—2020），结合本单位的危险源状况、危险性分析情况和可能发生的事故特点，编制相应的安全生产事故应急预案。

矿山企业的应急预案按照针对情况的不同，可分为综合应急预案、专项应急预案和现场处置方案。风险种类多、可能发生多种事故类型的矿山企业，应当组织编制本单位的综合应急预案。

综合应急预案应当包括本单位的应急组织机构及其职责、预案体系及响应程序、事故预防及应急保障、应急培训及预案演练等主要内容。

对于某一种类的风险，矿山企业应当根据存在的重大危险源和可能发生的事故类型，编制相应的专项应急预案。专项应急预案应当包括危险性分析、可能发生的事故特征、应急组织机构与职责、预防措施、应急处置程序和应急保障等内容。

对于危险性较大的重点岗位，矿山企业应当制定重点工作岗位的现场处置方案。现场处置方案应当包括危险性分析、可能发生的事故特征、应急处置程序、应急处置要点和注意事项等内容。矿山企业编制的综合应急预案、专项应急预案和现场处置方案之间应当相互衔接，并与所涉及的其他单位的应急预案相互衔接。

应急预案应当包括应急组织机构和人员的联系方式、应急物资储备清单等附件信息。附件信息应当经常更新，确保信息准确有效。

14.3.4.2 应急预案编制依据

A 危险源的潜在事故和事故后果分析

编制预案的主要依据是危险源的潜在事故和事故后果分析。首先应对生产过程中的重大危险源进行辨识，然后对重大危险源的潜在事故和事故后果进行分析，根据分析情况来编制事故应急预案。

B 矿山应急机制

根据矿井瓦斯事故、突水事故、火灾事故、顶板事故、机电事故等的灾难特点，进行事故灾难应急管理、应急响应、应急信息交换共享与集成、人员定位和搜救、应急抢险等应急救援技术与装备的综合考虑，建立"统一指挥、功能齐全、反应灵敏、运转高效"的煤矿重大事故应急机制，为编制事故应急预案提供支撑。

C 法律规范

结合《全国安全生产应急救援体系总体规划方案》《安全生产法》《矿山安全法》《煤矿安全规程》等法律、法规、规程和规定，为事故应急预案的制定提供依据。

14.3.4.3 编制应急预案的基本原则

A 政府统一领导原则

各级政府是本行政区域应急预案编制工作的直接领导，各有关部门在本级政府的统一领导下，参与和协助本行政区域内煤矿企业应急预案的编制工作。

B 法规、规定原则

在应急救援预案的编制依据和编制内容上，严格遵守《安全生产法》《矿山安全法》和《国务院关于特大安全事故行政责任追究的规定》等法律法规的有关规定。

C 实用原则

预案必须从实际出发，具有针对性、科学性和可操作性，这是编制预案的重点。因此，预案的内容要详尽、确切、细致、周密地说明安全撤退人员和处理事故等措施，满足事故应急救援的各项需要。

D　防范胜于救灾原则

以努力保护人身安全为第一目的，同时兼顾防护设备和环境，尽量减小灾害或事故的损失程度。

14.3.4.4　应急预案编制程序

应急预案的编制程序包括：

（1）成立应急预案编制工作组。结合本单位部门职能分工，成立以单位主要负责人为领导的应急预案编制工作组，明确编制任务、职责分工，制订工作计划。

（2）收集资料。收集应急预案编制所需的相关法律法规应急预案、技术标准国内外同行业事故案例分析、本单位技术资料等。

（3）分析危险源与风险。在危险因素分析及事故隐患排查治理的基础上，确定本单位可能发生事故的危险源、事故的类型和后果，进行事故风险分析，并排查出事故可能产生的次生、衍生事故，形成分析报告。分析结果作为应急预案的编制依据。

（4）评估应急能力。对本单位应急装备、应急队伍等应急能力进行评估，并结合本单位实际，加强应急能力建设。

（5）编制应急预案。针对可能发生的事故，应按照有关规定和要求编制应急预案。应急预案编制过程中，应注重全体人员的参与和培训，使所有与预案有关人员均充分认识危险源的危险性，掌握应急处置方案和技能。应急预案应充分利用社会应急资源，与地方政府预案、上级主管单位的预案相衔接。

（6）评审与发布应急预案。应急预案编制完成后应进行评审。内部评审由本单位主要负责人组织有关部门和人员进行。外部评审由上级主管部门或地方人民政府负责安全管理的部门组织审查。评审后，按规定报有关部门备案，并经矿山企业主要负责人签署发布。

14.3.4.5　应急预案的主要内容

应急预案应形成体系，针对各级各类可能发生的事故和所有危险源制定综合应急预案、专项应急预案和现场应急处置方案，并明确事前、事发、事中、事后的各个过程中相关部门和有关人员的职责。生产规模小、危险因素少的矿山企业，其综合应急预案和专项应急预案可以合并编写。

A　综合应急预案

综合应急预案是从总体上阐述事故的应急方针、政策，应急组织结构及相关应急职责，应急行动、措施和保障等基本要求和程序，是应对各类事故的综合性文件。

B　专项应急预案

专项应急预案是针对具体的事故类别、危险源和应急保障而制订的计划或方案，是综合应急预案的组成部分，应按照综合应急预案的程序和要求组织制订，并作为综合应急预案的附件。专项应急预案应制定明确的救援程序和具体的应急救援措施。

C　现场处置方案

现场处置方案是针对具体的装置场所或设施、岗位所制订的应急处置措施，主要包括事故风险分析、应急工作职责、应急处置和注意事项等。现场处置方案应根据风险评估及危险性控制措施逐一编制，尽可能做到具体简单、针对性强，使得相关人员应知应会、熟练掌握，并通过应急演练，做到迅速反应、正确处置。

14.3.4.6 编制应急预案的注意事项

编制应急预案的注意事项包括：

（1）应针对本单位的特点进行编制。煤矿行业、非煤矿山行业、建筑行业、民爆行业都有各自的特点，危险行业目标和危险源都不尽相同，并且在煤矿、非煤矿山，危险随生产进程变化，因此在编制预案时要有针对性。

（2）事故发生后采取处理措施的出发点不同，煤矿和非煤矿山行业在事故发生后更倾向于救人，民爆行业更倾向于防止二次事故的发生。

（3）人员紧急疏散和撤离应针对具体情况制定合理方案。地下作业人员的疏散和撤离比地面作业人员的疏散和撤离难度更大，更需周密的准备和安排。

（4）事故救援方面。国家现已组建了多个专业救援队伍，救援基地也正在建设之中。预案编制时，要认真考虑如何充分利用这些专业救援力量。

（5）医疗救援方面。矿山有矿山医疗救护队伍，国家煤矿安全监察局矿山医疗救护中心指导协调全国矿山伤员的急救工作；省级矿山医疗救护基地根据需要指导、协调省内矿山事故伤员的救治工作；省级矿山医疗救护机构负责企业矿山事故伤员的医疗急救，其他行业根据实际情况对医疗救护进行安排和服务。

14.3.5 应急演练

应急演练是指针对事故情境，依据应急预案而模拟开展的预警行动、事故报告、指挥协调及现场处置等活动。

14.3.5.1 应急演练目的

应急演练目的包括：

（1）在事故发生前暴露预案和程序的缺点。

（2）辨识出缺乏的资源（包括人力和设备）。

（3）改善各种反应人员、部门和机构之间的协调能力。

（4）在企业应急救援管理的能力方面获得大众认可和信心。

（5）增强应急反应人员的熟练性和信心。

（6）明确每个人的岗位和职责。

（7）努力增加企业应急预案与政府、社区应急预案之间的合作与协调。

（8）提高整体应急救援反应能力。

14.3.5.2 应急救援演练的类型

A 桌面演练

桌面演练是由应急救援组织的代表或关键岗位人员参加的，按照应急预案及其标准工作程序讨论紧急情况时应采取的演练活动。桌面演练的主要特点是对演练情景进行口头演练。一般在会议室内举行，主要目的是锻炼演练人员解决问题的能力，解决应急救援组织相互协作和职责划分的问题。桌面演练只需要展示有限的应急救援响应和内部协调活动，应急救援响应人员主要来自本地应急救援组织，事后一般采取口头评论形式收集演练人员的建议，并提交一份简短的书面报告，总结演练活动，提出有关改进应急救援响应工作的建议。桌面演练成本较低，主要是为功能演练和全面演练做准备。

B　功能演练

功能演练是针对某项应急救援响应功能或其中某些应急救援响应活动举行的演练活动，主要目的是针对应急救援响应功能，检验应急救援响应人员及应急救援管理体系的策划和响应能力。例如，指挥和控制功能的演练，目的是检测、评价部门在一定压力情况下的应急救援运行和及时响应能力。演练地点主要集中在若干个应急救援指挥中心或现场指挥所，通过开展有限的现场活动，调用有限的外部资源。功能演练比桌面演练规模大，需动员更多的应急救援响应人员和组织，因此协调工作的难度也随之增大。演练完成后，除采取口头评论外，还应向地方提交有关演练活动的书面汇报，提出改进建议。

C　全面演练

全面演练是针对应急救援预案中全部或大部分应急救援响应功能，检验、评价应急救援组织应急救援运行能力的演练活动。全面演练一般要求持续几个小时，采取交互方式进行，演练过程要求尽量真实，需调用更多的应急救援响应人员和资源，并开展人员、设备及其他资源的实战性演练，以展示相互协调的应急救援响应能力。与功能演练类似，全面演练少不了负责应急救援运行、协调和政策拟定人员的参与，以及国家级应急救援组织人员在演练方案设计、协调和评估工作中提供的技术支持，但全面演练过程中，这些人员或组织的演示范围要比功能演练更广。演练完成后，除采取口头评论、书面汇报外，还应提交正式的书面报告。

三种演练的差别主要表现在演练的复杂程度和规模方面。无论选择何种应急救援演练，应急救援演练方案必须适应辖区重大事故应急救援管理的需求和资源条件。应急救援演练的组织者或策划者在确定应急救援演练类型时，应考虑本项目事故应急救援预案和应急响应程序等工作的进展情况、本项目现有应急救援响应能力、应急救援演练成本及资金筹措状况等因素。

14.3.5.3　应急演练的评估总结与改进

A　应急演练评估

（1）现场点评。应急演练结束后，在演练现场，评估人员或评估组负责人对演练中发现的问题及取得的成效进行口头点评。

（2）书面评估。评估人员针对演练中观察记录以及收集的各种信息资料，依据评估标准对应急演练活动全过程进行科学分析和客观评价，并撰写书面评估报告。评估报告重点对演练活动的组织和实施演练目标的实现、参演人员的表现及演练中暴露的问题进行评估。

B　应急演练总结

应急演练结束后，演练组织单位根据演练记录、演练评估报告、应急预案现场总结等材料，对演练进行全面总结，并形成演练书面总结报告。报告可对应急演练准备、策划等工作进行简要总结分析。参与单位也可对本单位的演练情况进行总结。内容主要包括演练基本概要、演练发现的问题、取得的经验和教训、应急管理工作建议。

应急演练活动结束后，将应急演练工作方案及应急演练评估、总结报告等文字资料，以及记录演练实施过程的相关图片、视频、音频等资料归档保存。对主管部门要求备案的应急演练资料，演练组织部门应将相关资料报主管部门备案。

C 持续改进

根据演练评估报告中对应急预案的改进建议，应急预案编制部门应按程序对预案进行修订、完善。应急演练结束后，组织应急演练的部门应根据应急演练评估、总结报告中提出的问题和建议，对应急管理工作进行持续改进。组织应急演练的部门应督促相关部门和人员制订整改计划、明确整改目标、落实整改资金，并应跟踪督查整改情况。

14.4 矿井水灾事故应急救援

矿井突水会给企业带来不同程度的损失，轻者停工停产，造成经济损失；重者可造成局部或全矿井淹没及重大伤亡。所以，当矿井突水时，紧急组织抢险救灾是关键。及时组织和合理调度抢险救灾队伍，采取科学、合理的技术措施和安全措施，使灾害控制在最小范围，损失降到最低限度，使矿井早日恢复生产，是抢险救灾的重要目标。历史经验证明，抢险指挥得力，措施得当，可以使可能造成淹井的事故最终得到控制；也有由于指挥不力抢险混乱情况，尤其是突水条件和周围环境分析不清，基础工作不牢，从而造成多人死亡的事故，甚至造成二次人员伤亡事故。所以，矿井特大突水的抢险救灾效果，是对矿山企业领导水平、人员素质、科学管理、技术基础的综合考验。常见矿山水害类型见表14-1。

表 14-1 常见矿山水害类型

水害类别		水源	水源进入矿井的途径或方式
地表水水害		大气降水、地表水体（江、河流、湖泊、水库、沟渠、坑塘、池沼、泉水和泥石流）	井口、采后导水裂缝带、岩溶地面塌陷坑洞或断层带及煤层顶、底板或封孔不良的旧钻孔充水或导水
老空水水害		古井、老窑、废巷及采空区积水	采掘工作面接近或沟通时，老空水进入巷道或工作面
孔隙水水害		新生界松散含水层孔隙水、流沙水或泥沙等，有时为地表水补给	采后导水裂缝带、地面塌陷坑、断层带及煤层顶、底板含水层裂隙及封孔不良的旧钻孔导水
裂隙水水害		砂岩、砾岩等裂隙含水层的水，常常受到地表水或其他含水层水的补给	采后导水裂缝带、断层带、采掘巷道揭露顶板或底板砂岩水，或封孔不良的老钻孔导水
岩溶水水害	薄层灰岩	主要为华北石炭纪—二叠纪煤田的太原群薄层灰岩岩溶水，并往往得到中奥陶统灰岩水补给	采后导水裂缝带、断层带及陷落柱，封孔不良的老钻孔，或采掘工作面直接揭露薄层灰岩岩溶裂隙带突水
	厚层灰岩	煤层间接顶板厚层灰岩含水层，并往往受地表水补给	采后导水裂缝带、采掘工作面直接揭露或地面岩溶塌陷坑
		煤系或煤层的底板厚层灰岩水，对煤矿开采威胁最大，也最严重	采后底鼓裂隙、断层带、构造破碎带、陷落柱或封孔不佳的老钻孔和地面岩溶塌陷坑吸收地表水

14.4.1　矿井水灾防治原则及措施

14.4.1.1　防治原则

煤矿防治水工作应当坚持"预测预报、有疑必探、先探后掘、先治后采"的基本原则。其详细内容如下：

（1）预测预报是水害防治的基础，是指在查清矿井水文地质条件的基础上，运用先进的水害预测预报理论和方法，对矿井水害作出科学的分析判断和评价。

（2）有疑必探是根据水害预测预报评价结论，对可能构成水害威胁的区域，采用物探、化探和钻探等综合探测技术手段，查明或排除水害。

（3）先探后掘是指先综合探查，确定巷道掘进没有水害威胁后再掘进施工。

（4）先治后采是指根据查明的水害情况，采取有针对性的治理措施，排除水害威胁、隐患后，再安排采掘工程。

14.4.1.2　防治措施

井下防治水的措施可以概括为"防、排、探、放、疏、截、堵"7个字。其详细内容如下：

（1）防。井上、下防水设施及防水措施。在地面尽可能减少地表水流入矿井，在井下要隔绝含水区域或将水疏干。

（2）排。井下排水设施和排水能力。在矿山建设和生产过程中通过排水设施、设备排除进入矿山的地下水和地表水。

（3）探。井巷探水。在有水害威胁的矿井，采取钻探的方法进行探、放水，坚持"有疑必探，先探后掘"的探、放水原则，是防止发生井下水害事故的有效措施。

（4）放。对老空区积水、可疑水源采取放水，或超前放出顶板水。

（5）疏。通过钻孔疏水降压或疏干有害含水层，使地下水局部疏干，为煤层的开采创造安全条件。

（6）截。通过修筑水闸墙和水闸门等各种防水构筑物隔阻有害水源。

（7）堵。将水泥浆或化学料浆通过专门钻孔注入岩层空隙，浆液在裂隙中扩散时发生胶结、硬化，起到加固煤系地层和堵隔水源的作用。

14.4.2　水灾事故原因及其预兆

矿井在建设和生产过程中，地面水和地下水通过各种通道涌入矿井，当矿井涌水超过正常排水能力时，就会造成矿井水灾。造成矿井水灾事故的主要原因有：

（1）水文地质情况不清。在特殊地区，特别是构造复杂、断层密集、老窑分布面积较大的地区，水源的确切位置、赋存条件及外部补给关系不清，一旦掘透，就会造成重大灾害。

（2）没有坚持《煤矿防治水规定》的探、放水原则，有些领导和作业人员存在麻痹思想、怕麻烦、图省事，缺乏科学务实的态度，对受水威胁较严重的矿井，不按客观规律和规程办事，不探便盲目掘进（开采），从而造成突水事故。

（3）领导没有牢固树立安全第一思想，只把安全第一挂在嘴上，当安全和生产发生矛盾时重生产、轻安全、主观臆断、盲目指挥，从而造成突水事故。

（4）工程技术人员和职工素质低。不少煤矿没有专职的水文地质技术人员，现场干部和工人对突水征兆缺乏足够认识，不能及时采取有效措施，以致发生突水。

（5）防、排水工程质量低劣。矿井的防水闸门若长期不检修，就会在突水时关不上，或不起作用，形同虚设。

（6）小矿越界开采遇大矿采空区而突水。如果大矿采空区积水严重，或遇到特大洪水，小矿井就有可能被淹没而使大矿发生淹井特大事故。

采掘工作面发生透水事故是有规律的。采掘工作面或其他地点发生透水前，一般都有煤层变湿、挂红、挂汗、空气变冷、出现雾气、水叫、顶板来压、片帮、淋水加大、底板鼓起或出现裂隙、渗水、钻孔喷水、底板涌水、煤壁溃水、水色发浑、有臭味等预兆。当采掘工作面出现透水征兆时，应立即停止作业，报告矿调度室，并发出警报，撤出所有受水威胁地点的人员。在原因未查清、隐患未排除之前，不得进行任何采掘活动。

14.4.3 水灾现场应急处理

14.4.3.1 现场紧急处理抢险

矿井发生突水时，无论其水量大小，危害程度如何，现场管理人员都必须在保证自身安全的条件下迅速组织抢险工作。例如，停止工作面施工、组织抢救遇难者、有序撤离无关人员。有条件时，组织进行加固巷道等防止事故扩大的技术处理，组织水情观测，并报告矿调度室。灾情严重时，现场管理人员有权指挥或带领工人主动撤离现场。由于矿井突水是一个逐步恶化的演变过程，因此现场工作人员，特别是班组长、区队长和技术人员，在处理突水事故的初始阶段起着非常重要的作用。他们是直接指挥者，又是现场紧急处理的操作者。因此，应经常对他们进行防水、治水技术知识和安全技术操作规程培训教育，以提高他们现场紧急处理突水事故的技能。

在现场紧急处理、抢险中，根据水情发展和突水现场条件，可以采取构筑临时水闸墙控制水情、紧急投入强排水等措施，特别是当水势较猛、水压较大，有可能发生出水口破坏扩大或发生冲毁流水巷道的情况时，快速构筑临时挡水闸墙非常重要，一方面可以使涌水按照人为规定的路线流泄，另一方面又可以对出水口和巷道加固保护。

在矿井突水的紧急抢险中，抢排水是控制水势漫延、防止灾情恶化的另一有效措施，主要应突出一个"快"字，千方百计抢时间、争速度，减少淹矿的程度和损失。除充分利用突水水平和未被淹水平排水外，也可以使用非正常作业条件下的抢排水，如竖井卧泵排水、竖井潜水泵群强排水、斜井卧泵排水、斜井潜水泵群排水等，总的指导思想是调动一切可利用的排水设施，充分利用各种排水场地，形成综合强排水能力进行联合排水，以减缓或控制矿井淹没水位上涨。当联合排水能力超过突水水量时，还可以进行追水，减少矿井损失，恢复被淹井巷。

14.4.3.2 被围困人员的自救与互救

矿井水灾发生时，当现场作业人员撤退路线被涌水和冒顶阻挡去路或因水流凶猛而无法穿越时，应选择离安全出口井筒或大巷最近处、地势最高的上山独头巷道暂时避灾，情况危急时还可爬上巷道顶部高冒空间，等待矿上救援人员的到来，切忌采取盲目潜水逃生等冒险行动。在被水围困时应注意以下几点：

（1）进入避灾地点前，应在巷道外口留设文字衣物等明显标记，以便救援人员能及时发现，组织营救。

（2）对避灾地点要进行安全检查和必要的维护。要利用附近材料进行及时的维护，还应根据现场实际情况采取相应措施。

（3）在避灾地点等待救援时，应间断地、有规律地敲击铁管、铁轨、铁棚或顶、底板，必要时还要发出呼喊声，向外求救。

（4）若避灾地点没有新鲜空气，或者有害气体大量涌出，必须立即佩戴自救器。若附近安装有压风自救系统，应及时打开自救系统进行呼吸；若附近无压风自救系统但安装有风管或水管，应及时打开管路的阀门，放出新鲜空气，供被围困人员呼吸。

（5）在避灾时要注意人员身体保暖。若衣服被浸湿，应该将其拧干，同时将双脚淤埋在干煤堆中保暖；若多人同在一个地点避灾，可采取互相依偎紧靠着身体来取暖。打开压风管阀门吸氧时，应注意被围困地点的气温不能过低。

（6）注意节省使用矿灯。如果单人避灾，可以开一会矿灯，再关一会儿，以使矿灯能多照一段时间。如果多人在一起避灾，可只使用一盏矿灯照明，以保证灾区尽量长时间有照明。对于被围困在矿井黑暗深处的人员，照明就是希望，就是信心。

（7）被围困期间断绝食物来源后，遇险人员要少饮或不饮不洁净的矿井水，特别是不能饮用老窑（空）水，以免中毒。需要饮水时应选择适当的水源，并用干净衣巾、布料过滤。决不能吞食煤块、胶带、电缆、衣料、棉絮、纸团和木料等物品。

（8）在被水围困期间，遇险人员可以在积水边缘放置大块煤或其他物件作为水情标志。用以随时观察积水区水位的上升和下降变化情况，及时推测矿上抢险救灾的进展速度。

（9）在保证自身安全的前提下，被水围困人员应利用一切条件自行脱险或配合外部抢救人员的救援行动，为提前脱险做好准备。

（10）被水围困人员要做好较长时期不能脱险的思想准备。随身携带的食物要均匀地吃，同时要平卧在地，不急不躁，避免体力过度消耗。在避灾待救期间，遇险人员思想一定要平静，相信矿上领导和其他工友一定会千方百计地抢救自己，并一定能安全脱险，同时要团结互助、互相关心、互相劝慰、共渡难关。

14.4.4 矿井水灾事故救援

14.4.4.1 遇险人员生存条件分析

矿井发生水灾后，往往会有人员来不及撤退，被围困在井下。矿山救护队赶到事故现场后，要争分夺秒，积极抢救被围困在井下的遇险人员。当外部水位高于遇险人员所在地时，遇险人员并不一定就失去了生存条件。因此，为避免或减少遇险人员的伤亡，救护指挥员在抢救人员时要根据图纸资料进行调查研究，判断遇险人员所在的位置、高程、人员的生存条件，以便制定正确的救援方案。

A 空气质量分析

矿井发生水灾后，会出现两种情况：一是遇险人员所在地点比外部水位高，人员不会被水淹没；二是遇险人员所在地点比外部水位低。后者会出现两种可能：一种是井巷被淹没，人员遇难；另一种是人员所在地形成高压空气区，阻止了水淹，具备了生存条件。但无论什么情况，尤其是遇险人员所在地点高于外部水位时，必须对空气质量进行分析，确定排水需要的时间。空气质量分析内容包括：

（1）氧气减少量的计算。正常空气中的氧气含量（体积分数，下同）为 20.96%，低于 19.5% 时，人就会变得呼吸加速、感觉到疲劳和无力感；氧气低于 10% 时，会呕吐、无法行动、失去意识甚至死亡。人会感觉呼吸困难。因此，把 10% 的氧含量作为人员生存的下限值。由于灾区被水封，没有新鲜空气补给，在遇险人员呼吸耗氧的作用下，氧气越来越少。如果不考虑其他因素，氧气就只用于人的呼吸，遇险人员平卧不动，可以每人每分钟耗氧 0.237 L 来计算灾区的氧气减少量。

（2）二氧化碳增加量的计算。正常空气中的二氧化碳含量（体积分数，下同）为 0.03%，当空气中的二氧化碳含量增到 10% 时，人会感觉呼吸困难。因此，把 10% 的二氧化碳含量作为人员生存的上限值。如果不考虑其他因素，二氧化碳的增加只来源于人的呼吸，遇险人员平卧时，以每人每分钟呼出 0.25 L 的二氧化碳来计算灾区的二氧化碳增加量。

（3）其他有害气体的影响。根据平时的资料，预测灾区的其他有害气体（如一氧化碳、硫化氢、二氧化氮和二氧化硫等）的增加量和对遇险人员的影响。

B 生命能源分析

人需要不断吸入氧气，供给一定量的水和营养物质，以维持人体的新陈代谢，达到酸碱平衡。人体需要的营养物质主要来源于糖、脂肪和蛋白质。糖的作用是供给人体热量，每克糖可产生 4.1 kcal 热量，人体热能的 60%～70% 是糖供给的。脂肪的作用也是供给人体热量，每克脂肪可分解 9.3 kcal 热量，脂肪是人体能量储存的主要形式。蛋白质能促进身体发育生长，是补充体能的主要物质，也能供给人体热量，每克蛋白质可产生 4.1 kcal 热量。

水是人体的主要成分，人体中有 78% 是水。如果长期缺水，身体内的废物不能排出，人体就会中毒。矿井发生水灾，虽然食物中断，但只要有空气和水，消耗体内储存的营养物质，遇险人员就能维持一段时间的生命。根据临床经验和科学研究，正常情况下，一个成年人只喝水而不摄取任何食物通常可以存活数周到数月。然而，这个时间范围是相差较大的，因为个体之间的差异非常大。

14.4.4.2 援救遇险人员的措施

当矿井或某一区域被水淹后，矿上要立即核查上、下井的人数，如发现人员被困在井下，要先制定抢救人员的措施。具体措施如下：

（1）被堵遇险人员所处巷道不能接近时，要利用一切条件向遇险人员输送食物、饮料和新鲜空气，如打钻孔、使用压风管路等。当遇险人员所在地点低于外部水位时，禁止使用此方法，以免造成局部泄压，引起水位上升，淹没遇险人员。

（2）如果被困人员的巷道不具备打钻孔条件，可考虑派潜水人员（距离不太远时）携带氧气瓶、食物、药品等送往被困地点。

（3）抢救长时间围困在井下的遇险人员时，禁止用矿灯照射他们的眼睛，以免在强光的刺激下瞳孔急剧收缩，导致失明。

（4）救护指导员进入被困地点后，可打开氧气瓶，提高空气中的氧气含量。

（5）发现遇险人员时，要注意保护其体温，先将其抬到安全地点，由医生检查并给予必要的治疗，等适应环境和情绪稳定后，分阶段救出矿井并进行治疗。

（6）在运送遇险人员时，要稳抬轻放、保持平衡，以免震动，要注意受伤人员的伤情变化。

（7）供给遇险人员高营养的物品和高蛋白的稀软食品，采用少食多餐的方法，逐步恢复肠胃功能，然后恢复正常饮食。

（8）遇险人员在治疗期间谢绝亲友探视，以免情绪过度兴奋，影响健康或造成死亡。

当矿井发生透水事故时，矿山救护队在抢救受淹矿井和被困的遇险人员时，要设专人观测水位的下降情况和有害气体的含量。了解灾区情况、水源、事故前的人员分布、矿井有生存条件的地点及进入该地点的通道，计算被困人员地点的容积、氧气减少量、瓦斯浓度、一氧化碳减少量和被困人员的救出时间等。要利用一切条件，向被困地点输送氧气，当井下水位降到人员可以通过时，救护队要采取措施，防止二次透水。组织人员携带必要的装备，对灾区进行侦察，检查巷道内的有害气体情况。如果条件许可，尽快接近遇险人员，将其搬运到安全地点。及时向指挥部汇报水的流量、有害气体含量、巷道堵塞情况及泵房被水淹的程度，在有淤泥的上、下山巷道工作时，密切注意淤泥的溃决情况。另外，矿上在组织人员强力排水时，救护队要做好下井的准备工作，派出人员检查有害气体，注意水位变化等。总之，矿山救护队在处理突水事故时，侦察、搬运遇险人员、制定救灾方案等一切行动应符合《矿山救护规程》（AQ 1008—2007）中的相关规定。

14.4.5　人员获救后的注意事项

煤矿发生突水事故后，被水困时间很长的人员一旦获救，必须慎之又慎地进行搬运、休养和医治，否则后果不堪设想。因此必须注意以下几点：

（1）遇险人员被水围困时间较长，而灾区环境与地面或井下其他正常地点截然不同，加之饮食不足，往往体温低、脉搏和血压不正常。所以获救后首先必须对遇险人员身体进行保暖；其次，因为遇险人员身体较虚弱，稍受震动就可能造成休克，甚至死亡，所以搬动他们时要格外小心，行进速度要缓慢。

（2）长期在漆黑一片的灾区中识别物体，瞳孔已扩散，如果用较强光线直射，瞳孔会立即缩小，可能造成双目失明。所以禁止用矿灯直接照射遇险人员的眼睛，也不得将他们的眼睛直接暴露在阳光之下。这时，应使用红布包住矿灯，使光线减弱；从井下搬运到地面前，应用床单、衣服等物把遇险人员的眼睛蒙上，使瞳孔逐渐收缩，待恢复正常后，才可以见强光。

（3）在抢救长期被水围困人员时，矿山救护队最好同医生一起实施急救护理。他们获救后，不可以立即搬运到井上，应先搬运到井口附近的安全地点，逐步适应外界生活环境。首先，在矿山救护队的保护下，由医生对遇险人员进行体检，并给予必要的治疗、休养。必要时，还需对脱水的遇险人员进行输血、输液和输氧等，保证心肌功能。

14.5　矿井火灾事故应急救援

火灾事故在煤矿发生较为频繁，已成为矿山救护队最主要的救援任务，也是投入救援力量最多的一类事故。同时矿山救护队在处理火灾事故中发生的问题也很多，在救援工作中易发生灾害扩大、救援人员伤亡。因此，认真学习处理火灾事故的技术和方法，研究处理火灾事故中出现的一些问题，是矿井火灾事故应急救援的重中之重。

14.5.1 矿井火灾及其分类

14.5.1.1 矿井火灾

矿井火灾是指发生在矿井井下或地面井口附近、威胁矿井安全生产形成灾害的一切非控制性燃烧。矿井火灾能够烧毁生产设备、设施，损失资源，产生大量高温烟雾及一氧化碳等有害气体，致使人员大量伤亡。同时，火灾烟气顺风蔓延，当热烟气流经过倾斜或垂直井巷时，可产生局部火风压，使相关井巷中风量发生变化，甚至发生风流停滞或反向，常导致火灾影响范围扩大，有时还能引起瓦斯或煤尘爆炸。

14.5.1.2 矿井火灾的分类

矿井火灾据热源的不同，可分为：

（1）外因火灾。外因火灾也称外源火灾，是指由于外来热源（如瓦斯煤尘爆炸、爆破作业、机械摩擦电气设备运转不良电源短路及其他明火吸烟烧焊等）引起的火灾。其特点是突然发生、来势迅猛，若不能及时发现和控制，往往酿成重大事故。据统计，国内外重大恶性火灾事故中的90%以上为外因火灾。它多发生在井口楼、井筒、机电硐室、火药库及安装有机电设备的巷道或工作面内。

（2）内因火灾。内因火灾指煤炭及其他易燃物在一定条件下，自身发生物理化学变化、吸氧、氧化、发热热量聚集导致燃烧而形成的火灾。内因火灾的发生，往往伴有一个孕育的过程，根据预兆应能够在早期发现。但内因火灾火源隐蔽，经常发生在人们难以进入的采空区或煤柱内，要想准确地找到火源比较困难；同时，燃烧范围逐渐蔓延、扩大，烧毁大量煤炭，损坏大量资源。

矿井火灾受井下特殊环境的限制，据其燃烧和蔓延形式可分为富氧燃烧和富燃料燃烧两种。

（1）富氧燃烧。富氧燃烧也称为非受限燃烧，是指供氧充分的燃烧。它的特点是耗氧量少、火源范围小、火势强度小和蔓延速度低。

（2）富燃料燃烧。富燃料燃烧也称受限燃烧或通风控制型燃烧，是指供氧不充分的燃烧。它的特点是耗氧量多、火源范围大、火势强度大、蔓延速度快，可产生近1000℃的高温，分解出大量挥发性气体，生成可燃性高温烟流，并预热相邻地区可燃物，使其温度超过燃点，生成大量炽热挥发性气体。炽热含挥发性气体的烟流与相接巷道新鲜风流交汇后燃烧，使其火源下风侧可能出现若干再生火源，也就是燃烧蔓延的"跳蛙"现象。遇到新鲜空气供给，会产生爆炸事故。

14.5.2 灭火方法

井下火灾灭火方法可分为直接灭火法、隔绝灭火法和综合灭火法。

14.5.2.1 直接灭火法

对火势不大或刚发生的火灾，可采用水、砂子（岩粉）、挖除火源及化学灭火器等，在火源附近直接将火扑灭。

A 用水灭火

用水灭火简单易行，经济有效，这是因为水能浸湿燃烧物表面，吸热降温；水与火接触后能产生大量水蒸气，稀释空气中氧气的浓度，使燃烧物与空气隔绝，阻止其继续燃烧；强力水流射向火源能压灭燃烧物的火焰。所以对于火势不大、范围较小的火灾，用水灭火是很有效的。

用水灭火时，要注意以下情况：

（1）要有足够的水，防止水在高温作用下分解成氢气和一氧化碳（水煤气），形成爆炸性混合气体。

（2）应保持正常通风，以便火灾气体和水蒸气直接导入回风流中。

（3）电气设备着火时，必须先切断电源。

（4）灭火人员必须在火源的进风侧灭火，灭火时应先从火源外围逐渐向火源中心喷射水流。

（5）高温岩石遇冷水极易炸裂，应防止岩石炸裂造成的冒顶事故。冒顶不仅威胁救灾人员的安全，还会堵塞风路和退路。

（6）用水灭火时，必须经常检查井下火区附近的可燃可爆气体。

用水灭火时，应具备下列条件：

（1）井下火源明确，能够接近。

（2）火势不大，范围较小。

（3）井下有充足的水源和灭火器材。

（4）火源地点的 CH_4 浓度（体积分数）低于2%，风流畅通，能将水蒸气顺利排出。

（5）灭火地点顶板坚固，有支架掩护。

（6）有充足的人力，可以连续扑救火灾。

用水灌注或淹没采区和矿井的灭火方法只有在万不得已时才使用，因为恢复工作困难，在火区不能全部淹没的情况下还有复燃的可能。但是该用水淹没而不及时淹没，增加资源损失和人力、物力浪费，最后还得用水淹没，损失更大。

B　用砂子（岩粉）灭火

砂子（岩粉）能覆盖火源，将燃烧物与空气隔绝，从而使火熄灭，砂子和岩粉不导电，并能吸收液体物质，因此可用来扑灭油类或电气火灾。这种方法成本低廉、操作简单。按规定，在井下机电硐室、材料仓库、炸药库等地方，均应设置防火沙箱，储备一定量的砂子。

C　挖除火源

在火势不大、范围小、人员能够接近火区的情况下，可用工具或配合使用水降温后，将燃烧物挖除并运往地面，挖出的空洞用阻燃材料充填。由煤层挖出正在燃烧的煤，应装入平巷的矿车中，并及时用水浇注，禁止把燃烧的煤直接堆在平巷里，以免引燃支架和堵塞巷道。挖除火源时，在火源附近的平巷中，应大量撒布岩粉，并用水喷洒。在瓦斯矿井中挖除火源是比较危险的，必须经常检测瓦斯浓度、CO 浓度和温度，有可靠的安全技术措施才可采用此灭火方法。

D　化学灭火

化学灭火方法很多，化学灭火器的种类也很多，常见的灭火器有手提式泡沫灭火器。此外，我国还生产了适合井下使用的喷粉灭火器、灭火手雷或灭火弹等，灭火效果都很好。矿井常用的化学灭火方法如下：

（1）泡沫灭火器灭火。使用泡沫灭火器时应将其倒置，内外瓶中的酸性溶液和碱性溶液互相混合，发生化学反应，大量充满 CO_2 的气泡喷射出来，覆盖在燃烧物体上，以隔绝空气。气泡中放出的 CO_2 有助于灭火，对扑灭井下初起火灾和易燃的油火最有效。

（2）喷粉灭火器灭火。喷粉灭火器利用磷酸铵盐遇热易热分解，遇火后发生吸热分解反应的特性给燃烧物降温，反应分解出的氨气、水蒸气使空气中的氧含量（体积分数）相对降低，窒息火源，产生的糊状物和水能够覆盖燃烧物，并使其熄灭。喷粉灭火器可装药粉 6 kg，以灭火器的液体 CO_2 汽化作动力，通过喷嘴将药粉喷出形成粉雾。喷粉灭火器的有效射程约为 5 m，每个灭火器喷射时间为 16～20 s。这种灭火器扑灭初起的小型火灾（如木材、煤炭着火等）较为有效，也可用于扑灭电器火灾。

（3）干粉灭火。干粉灭火剂是一种固体物质，以它为原料制造的灭火装备具有轻便、易于携带、操作简便、能迅速灭火等优点，可用来扑灭矿井初期明火和中、小型火灾，对煤、木材、油类、电气设备等火灾均有良好的效果。尤其是在无水或缺水的矿井中，这种灭火方法具有特殊的意义。

（4）惰性气体灭火（惰化火区）。利用惰气扑灭矿井火灾，一般是在不能接近火源及用其他方法直接灭火具有很大危险或不能获得应有效果时采用。惰性灭火的优点有：惰化火区空气既能灭火又能抑制瓦斯爆炸；能使火区形成正压，减少向火区漏风；惰性气体容易进入冒落区的小孔、裂缝，起到灭火作用；灭火后的恢复工作较安全、迅速、经济，设备损坏率小。惰性气体灭火方法很多，矿山普遍采用的是用燃油除氧制取惰性气体的装置灭火。

14.5.2.2　隔绝灭火法

当火灾面积大、火势猛、不能用直接灭火法灭火时，可用密闭墙将火源密闭或把发火区域严密地封闭起来，即封闭所有与火区连通的巷道和裂缝，以防新鲜空气进入火区，然后采用均压技术或灌注泥浆、河沙、粉煤灰等，并利用火区产生的惰性气体（二氧化碳）使火加速熄灭，这就是隔绝灭火法。使用隔绝灭火法时，在能达到灭火目的的情况下，封闭的区域越小越好。

密闭墙可以把火区内的空气与矿井其他部分的空气分隔开，阻止空气流入火区，减少火区氧气的供给，使火区火势减弱甚至熄灭，同时使燃烧产生的气体不能从火区流出，促使火区惰化。因此，密闭墙除必须严密不漏风外，还必须坚固，要能抵抗顶板压力及火区里的小型瓦斯爆炸力。

14.5.2.3　综合灭火法

实践证明，单独使用密闭墙封闭火区，熄灭火灾所需时间长，影响生产。如果密闭质量不高，漏风较大，将达不到灭火的目的。通常在火区封闭后，还要采取一些积极措施，这种灭火法称为综合灭火法，也称为联合灭火法。

我国煤矿常用的综合灭火法有向封闭的火区灌注泥浆或惰性气体及均压灭火、水砂充填等。因此，隔绝灭火方法和综合灭火方法在火区范围大、缺乏灭火器材和人员、难以接近火源、用直接灭火法无效或对人员有危险时采用。综合灭火法的详细介绍如下：

（1）水砂充填灭火。其是把河砂或破碎的不燃矸石用注砂系统管道注入采空区，此法不仅可支撑采空区顶板岩石，而且可防止空气进入，防止煤炭自燃和熄灭自燃火灾。当巷道冒顶处自燃时也可注入水砂进行充填灭火。在建筑完的密闭空间内用水砂充填可以起到加固密闭、提高封闭效果和防爆的作用。在双层木板墙中间充填水砂构成密闭墙，构筑密闭速度较快且密闭质量好，不易漏风。

（2）灌注浆灭火。其与水砂充填方法相同，只是所用的材料不同，制浆材料可根据实际用途选用黄土、大灰、水泥等。

（3）均压灭火。其实质是调节封闭火区进、回风两侧密闭墙的风压差，减少火区的漏风，促使火区惰化，使火灾尽快熄灭。根据漏风方向和漏风形式，均压灭火又可分为升压法灭火和降压法灭火。

14.5.3　事故救援

14.5.3.1　扑灭矿井火灾的行动原则

扑灭矿井火灾的行动原则如下：

（1）采取通风措施限制火风压，通常采取控制风速、调节风量、减少回风道风阻或设水幕洒水等措施。注意防止因风速过大造成煤尘飞扬而引起的爆炸。

（2）处理火灾事故过程中要十分注意顶板的变化，防止因燃烧造成支架损坏、顶板冒落伤人，或顶板垮落后造成风流方向、风量变化，从而引起灾区一系列不利于安全抢救的连锁反应。

（3）在矿井火灾的初起阶段，应根据现场的实际情况，积极组织人力、物力控制火势，用水、砂子、黄土、干粉、灭火手雷、灭火泡沫等直接灭火。

（4）挖除火源时，应先将火源附近的巷道加强支护，以免燃烧的煤和矸石下落，截断回路。

（5）扑灭瓦斯燃烧火灾时，可使用岩粉、砂子、灭火泡沫、干粉、惰性气体，禁止采用震动性的灭火手段。灭火时，多台灭火机要沿燃烧线一起喷射。

（6）火灾范围较大、火势发展很快、人员难以接近火源时，应采用高倍数泡沫灭火机和惰性气体发生装置等大型灭火设备灭火。

（7）在人力、物力不足或直接灭火法无效时，为防止火势发展，应采取隔绝灭火法和综合灭火法。

14.5.3.2　矿井巷道灭火的一般措施

矿井巷道灭火的一般措施如下：

（1）利用现场条件积极进行直接灭火。为防止火势扩大，在火源的上风侧常用悬挂风障和安设风门等方法，减少巷道中的风量，减少氧气供给，以减弱火势。

（2）在火源下风侧利用水量充足的水幕防止火灾蔓延。

（3）如果巷道顶板岩石完整，可拆除木支架阻断燃烧，防止火灾蔓延。

（4）在倾斜巷道上行风流中发生火灾时，主干风流不会逆转，但旁侧风流可能逆转；在倾斜巷道下行风流中发生火灾时，主干风流可能逆转。因此，在扑灭倾斜巷道中的火灾时，要根据火风压与风流逆转的规律，防止风流紊乱，导致火灾蔓延，增大伤亡，使火灾应急救援复杂化。

14.5.3.3　上、下山和其他倾斜巷道的火灾救援

倾斜进风巷道发生火灾时，必须采取措施防止火灾气体进入工作场所，尤其是采煤工作面。必要时可采取缩短风流或局部反风、区域性反风等措施。

当在倾斜巷道上行风流中发生火灾时，应保持正常风流方向，在不引起瓦斯积聚的前

提下应减少供风量，不应停止通风机运转，以防发生局部或全矿井的风流逆转或烟气蔓延；应利用中间巷道、联络巷和行人巷接近火源，不能接近火源时可发射高倍数泡沫、注入惰性气体进行远距离灭火。在倾斜巷道中，需要从下方向上方灭火时，应采取措施防止垮落岩石和燃烧物掉落伤人。

当在倾斜巷道下行风流中发生火灾时，需根据火灾发生位置的不同，采取不同措施。必须采取措施防止风流逆转，增加出、入风量，减少回风风阻，决不允许停通风机，同时要注意并联和角联风路的作用。入风斜井的中、下部发生火灾时，必须慎重，救护人员不允许从井口沿新风流进入，防止因火风压作用而使风流突然逆转。防止由于火风压作用使风流突然逆转，不允许从进风斜井接近火源，为防止火灾气体侵入井下巷道和工作区，必须采取反风或停通风机，也可采用局部反风和缩短风流等措施。

14.5.3.4　井底车场及硐室中的火灾

当火灾发生在矿井总进风的井底车场和硐室时，可采用反风或缩短风流，不使火灾烟气进入井下工作地点；硐室位于一翼或采区总进风时，可采用短路风流或局部反风。火灾时应关闭硐室防火门，无防火门时要挂风障或打临时密闭控制入风，进行直接灭火。当火灾危及火药库、变电所、水泵房时，应采取措施保证这些关键地点不被燃烧。

扑灭井底车场火灾时采取的措施有：

（1）采取主风机反风或风流短路措施，使火灾烟雾直接排入总回风巷，抢救井下人员。

（2）用打临时密闭和挂风障等方法，减少流向井底车场火源处的空气。

（3）利用通往火源的一切道路，集中可利用的人力、物力，尤其要利用井底车场水源充足的条件，直接扑灭火灾。

（4）井底车场的火灾扑灭后，要加强对硐顶和巷道两帮（常有木垛或留有浮煤等）的检查，发现温度异常，立即采取打钻（或打开混凝土硐）、掘探火道等措施，扑灭硐顶和两帮的高温或阴燃火源。

14.5.3.5　掘进巷道火灾的救援

近年来掘进巷道发生火灾事故时，因处理不当造成扩大事故的例子有很多。掘进巷道的火灾受通风条件限制，进出只有一条路线，处理难度较大。尤其是发生火灾后，存在巷道中的局部通风机已停止运转、风筒被火烧断、瓦斯爆炸与燃烧破坏了巷道通风、瓦斯有可能达到爆炸下限、巷中充满浓烟烈火、火区温度增高、木支架燃烧失去支撑力、炽热的顶板垮落等情况，因此不管采用哪种战术和先进设备，都会给灭火工作带来危险。

掘进巷发生火灾的地点不同，处理方法也不同，处理火灾的基本原则如下：

（1）在维持局部通风机正常通风的情况下积极灭火；但到达火灾现场后，一定要注意保持原来的通风状态，即不要随便开启停运的风机，运转中的风机不能盲目停止，侦察后再确定措施。

（2）有爆炸危险的已着火巷道，在不需要救人时，不要冒险进入。在处理火灾过程中，如果巷道中的瓦斯浓度（体积分数）达到2%以上，并有继续爆炸危险时，必须立即将全部人员撤到安全地点，然后采取措施，排除爆炸危险。

（3）瓦斯浓度（体积分数）没超过2%时，要在通风的情况下直接进行灭火。

14.5.3.6 采煤工作面火灾的救援

处理采煤工作面火灾的原则是，必须先妥善撤出人员，再采取措施进行灭火。一般要在正常通风情况下进行灭火，当火源上风侧有瓦斯涌出时，为避免瓦斯积聚引起爆炸，应尽量保持正常通风状态；工作面发生瓦斯燃烧时要增大工作面的风量，但应注意，由于风量增大，负压降低，要防止采空区瓦斯涌出；处理瓦斯燃烧时，不要随意开闭回风侧的风门，以防压力波动引起爆炸；为控制或减弱火势，接近火源灭火而必须采用短路风流或封闭火区等方法时，应尽量把瓦斯引向旁侧风路或隔绝在火区通道之外。

撤出人员后，先从进风侧用直接灭火法，如使用灭火器和防尘、注浆、充填用的水管进行灭火，无法接近火源时可用高泡或惰性气体灭火。进风侧灭火难以奏效时，可采用局部反风灭火，进风侧应先设水幕再反风。急倾斜煤层工作面发生火灾时，不准在火源上方灭火，防止水蒸气伤人；更不准在火源下方灭火，防止火区塌落伤人。用隔绝灭火法和综合灭火法封闭火区时，应分析封闭过程中风量减少与瓦斯量增加之间的时间差，保证安全工作。着火区范围较大时不具备直接灭火的条件，可先将火区进行封闭，待火势减弱，再采用综合手段进行处理。

14.5.3.7 其他地点火灾的救援

扑灭井口房和井口建筑物火灾时，通常采取的措施有：（1）关闭进风井口防火铁门，盖住井口，设临时密闭，主通风机反风或风流短路，或停止主通风机运转等，以防燃烧烟雾进入井下；（2）引导井下人员出井；（3）扑灭井口地面火灾需要佩戴氧气呼吸器时，救护队应协助消防队灭火。

进风井口建筑物发生火灾时，应采取防止火灾气体及火焰进入井下的措施包括：（1）应立即反转风流或关闭井口防火门，必要时停止通风机；（2）按"矿山灾害预防和处理计划"的规定引导人员出井；（3）迅速扑灭火源。扑灭井口建筑物火灾时，应及时请消防队参加。

井筒发生火灾时，应采取的措施包括：（1）进风井筒发生火灾时，应立即撤出上风侧人员，使主通风机反风；（2）出风井筒发生火灾时，在不改变风流方向的前提下，为防止火势增大，应打开风机的风道闸门，减少风量，然后用直接灭火法灭火。

采空区火灾应采用隔绝灭火法或综合灭火法，如向封闭的火区注惰性气体、泥浆或进行水砂充填，也可采用均压灭火法。当条件允许时，还可绕道接近火源直接灭火。

14.6 其他矿山重大事故应急救援

14.6.1 瓦斯爆炸

瓦斯爆炸是一定浓度的甲烷（CH_4）和空气中的氧气（O_2）在高温热源的作用下发生激烈氧化反应的过程。科学研究表明，矿井瓦斯爆炸是一种热-链式连锁反应的过程。瓦斯爆炸是煤矿中最严重的灾害，具有较强的破坏性、突发性，往往造成大量的人员伤亡和财产损失。

14.6.1.1 瓦斯的含义及特点

瓦斯，又名沼气、天然气，其主要成分为甲烷，是一种无色、无臭、无味、易燃、易爆的气体。瓦斯的概念有广义和狭义之分：广义的矿井瓦斯是煤矿在生产和建设过程中从煤（岩）层、采空区释放的各种有害气体的总称。煤矿瓦斯各组分在数量上差异很大，大部分瓦斯来自煤层，而煤层中的瓦斯一般又以甲烷（CH_4）为主，其次是二氧化碳（CO_2）和氮气（N_2），甲烷（CH_4）是煤炭生产中的重大危险源，因此，狭义上的矿井瓦斯即指甲烷（CH_4）。通常所说的矿井瓦斯及煤矿术语中的瓦斯习惯上均是指甲烷（CH_4）。

甲烷是无色、无味、无毒的气体；微溶于水，在 20℃ 和 0.1013 MPa（1 atm）时，100 L 水可以溶解 3.31 L 甲烷，0 ℃时可以溶解 5.56 L 甲烷。标准状态时，甲烷的密度为 0.716 kg/m³，与空气的相对密度为 0.554。甲烷扩散速度是空气的 1.34 倍，当巷道风速低、风流中含有瓦斯时，容易在顶板附近形成瓦斯积聚层。

瓦斯具有"三害一用"：

（1）窒息。甲烷虽然无毒，但其浓度（体积分数）如果超过 57%，能使空气中的氧浓度（体积分数）降低至 10% 以下。瓦斯矿井通风不良或不通风的煤巷，往往积存大量瓦斯，如果未经检查就贸然进入，会因缺氧而很快地昏迷、窒息，直至死亡，此类事故在煤矿中常见。

（2）燃烧爆炸。瓦斯在适当的浓度条件下能引起燃烧和爆炸。

（3）突出。在煤矿的采掘生产过程中，当条件合适时，会发生瓦斯喷出或煤与瓦斯突出，产生严重的破坏作用，甚至造成巨大的财产损失和人员伤亡。

（4）利用。为减少和解除矿井瓦斯对煤矿安全生产的威胁，可以进行瓦斯抽放，即利用机械设备和专用管道造成的负压，将煤层中存在或释放出的瓦斯抽出来，输送到地面或其他安全地点。抽出储存的瓦斯可作为燃料和化工原料（如炭黑和甲醛）。

14.6.1.2 瓦斯爆炸的危害

瓦斯爆炸的危害有：

（1）爆炸产生高温。瓦斯爆炸时产生的热量使周围气体温度迅速升高，从正常的燃烧速度（1~2.5 m/s）到爆轰式传播速度（2500 m/s），焰面温度可高达 2150~2650 ℃。焰面经过之处，人被烧死或大面积烧伤，可燃物被点燃而发生火灾，烧毁设备、设施，损坏巷道。

（2）爆炸产生高压气体与巨大冲击波。爆炸时气体温度骤然升高，会引起爆源附近气体体积急速膨胀，气体压力突然增大，形成强大的高压冲击波。冲击波锋面压力有数个大气压至 20 atm（1 atm＝101325 Pa），前向冲击波叠加和反射时可达 100 atm，其传播速度总是大于声速。强大的冲击波严重威胁井下人员的生命安全，摧毁井下的设施和设备，造成巷道顶板冒落、垮塌。此外，爆炸冲击波还会致使其余积存的瓦斯冲出，同时扬起大量煤尘，造成瓦斯或煤尘的连续爆炸，进一步扩大灾害的影响。

（3）爆炸产生大量的有毒有害气体。瓦斯爆炸需要消耗大量的氧气，同时伴生大量的有毒有害气体，其中主要是一氧化碳和二氧化碳。若有煤尘参与爆炸，产生的一氧化碳气体会更多，造成的人员伤亡更严重。

矿井有害气体最高允许浓度见表 14-2。

表 14-2　矿井有害气体最高允许浓度

名　　称	最高允许浓度（体积分数）/%
一氧化碳	0.0024

名　称	最高允许浓度（体积分数）/%
氧化氮（换算成二氧化氮）	0.00025
二氧化硫	0.0005
硫化氢	0.00066
氨	0.004

14.6.1.3　瓦斯爆炸的条件

瓦斯爆炸的条件是：一定浓度的瓦斯、高温火源和充足的氧气。

（1）一定浓度的瓦斯。瓦斯只在一定浓度范围内发生爆炸，这个浓度（体积分数）范围称为瓦斯的爆炸界限，一般为 5%～16%。当瓦斯浓度低于 5% 时，遇火不爆炸，但能在火焰外围形成燃烧层，当瓦斯浓度为 9.5% 时，其爆炸威力最大（氧和瓦斯完全反应）；瓦斯浓度在 16% 以上时，瓦斯失去其爆炸性，但在空气中遇火仍会燃烧。值得注意的是，瓦斯爆炸界限并不是固定不变的，它还受温度、压力及煤尘、其他可燃性气体、惰性气体的混入等因素的影响。例如，空气中其他可燃可爆气体的混入，可以降低瓦斯爆炸浓度的下限。

（2）一定温度的引火源。一般认为，瓦斯的引火温度为 650～750 ℃，最小点燃能量为 0.28 J，但也受瓦斯浓度（见表 14-3）、火源性质及混合气体的压力等因素影响而变化。井下的明火、煤炭自燃、电弧、电火花，炽热的金属表面和撞击或摩擦火花都能点燃瓦斯。

表 14-3　瓦斯浓度（体积分数）与引火温度的关系

瓦斯浓度/%	2.0	3.4	6.5	7.6	8.1	9.5	11.0	14.5
引火温度/℃	810	665	512	510	514	525	539	565

（3）充足的氧气。瓦斯爆炸作为一种猛烈的氧化反应，没有足够的氧含量就不会发生。空气中的氧气浓度降低时，瓦斯爆炸界限值也随之降低，当氧气浓度（体积分数）减少到 12% 以下时，瓦斯混合气体即失去爆炸性。

14.6.1.4　瓦斯爆炸的预防措施

瓦斯爆炸的预防措施有：

（1）防止瓦斯积聚。瓦斯积聚是指局部空间的瓦斯浓度（体积分数）达到 2%、其体积超过 0.5 m³ 的现象。当发生瓦斯积聚时，必须及时处理，防止局部区域达到瓦斯爆炸浓度的下限。矿井通风是防止瓦斯积聚的基本措施，必须做到有效、稳定和连续，确保井下瓦斯及时稀释和排除。另外，还可采取抽采瓦斯、及时处理积聚的瓦斯、加强检查和瓦斯监测等措施防止瓦斯的积聚。《煤矿安全规程》第一百七十五条规定，矿井必须从设计和采掘生产管理上采取措施，防止瓦斯积聚；当发生瓦斯积聚时，必须及时处理。当瓦斯超限达到断电浓度时，班组长、瓦斯检查工、矿调度员有权责令现场作业人员停止作业，停电撤人。恢复已封闭的停工区或采掘工作接近这些地点时，必须事先排除其中积聚的瓦斯。排除瓦斯工作必须制定安全技术措施。严禁在停风或瓦斯超限的区域内作业。

（2）防止出现引爆火源。引爆瓦斯的火源主要有明火、爆破火焰、电火花及摩擦火花 4 种。《煤矿安全规程》第二百五十三条规定，井下严禁使用灯泡取暖和使用电炉。第二百五十四条规定，井下和井口房内不得进行电焊、气焊和喷灯焊接等作业。因此必须在井下主要硐室、主要进风井巷和井口房内进行电焊、气焊和喷灯焊接等工作。每次必须制定安全措施，由矿长批准并遵守相关规定。

（3）防止瓦斯爆炸灾害扩大。主要措施包括：

1）矿井实行分区通风，通风巷道维护良好，风流稳定、可靠，采用并联通风；

2）生产前要编制周密的灾害预防与处理事故计划，安设隔爆措施，并设置井下避难硐室；

3）设置紧急避险系统、压风自救系统，保证事故避难需要，减小伤亡损失。

14.6.1.5　瓦斯爆炸事故救援

A　处理要点

（1）了解现场情况，调集救援资源。

（2）组织灾区侦察，抢救遇险人员。

（3）分析恢复通风的安全性，采取相应措施。

（4）恢复灾区通风，抢救遇险人员。

（5）采取其他措施，抢救遇险人员。

（6）加强巷道支护，清理堵塞物。

（7）扑灭因爆炸产生的火灾，防止再次发生爆炸。

B　安全注意事项

（1）进入灾区时，必须加强灾区气体浓度检测，避免发生二次爆炸。

（2）在灾区现场缺氧的情况下，检测气体浓度可能会产生误差。

（3）在恢复通风前，必须组织查明有无火源存在。

（4）专人看守风门，不得随便开关风门，防止再次引发爆炸。

（5）井下基地附近有毒有害气体浓度超限时，应撤离该基地，重新选择安全地点。

（6）严禁盲目入井施救。

（7）严禁冒险进入灾区施救。

（8）发生连续爆炸时，严禁利用爆炸间隙进入灾区侦察或搜救。

（9）发现已封闭火区爆炸造成密闭墙破坏时，严禁派救护队侦察或在原地恢复密闭墙，应采取安全措施，实施远距离封闭。

C　现场应急救援措施

爆炸产生火灾，应同时进行灭火和救人，并应采取防止再次发生爆炸的措施。

现场人员在突然感觉到风流停滞、震荡，耳鼓膜有压力或含尘气流冲击等爆炸冲击波传播迹象时，应迅速自救：立即屏住呼吸就地卧倒，用湿毛巾快速捂住口鼻，并戴好自救器；用衣物盖住身体裸露部分，防止高温灼伤身体；在爆炸冲击波过后，按照避灾路线迅速撤离现场，并向调度室报告。

现场人员在发现爆炸事故发生迹象时，如听到爆炸声响、看到含尘烟流等，要立即屏住呼吸佩戴自救器，迅速撤至安全地点直至地面，并向调度室报告。

带班领导和班组长负责组织撤离和自救、互救工作，在撤离受阻时应紧急避险。在安全情况下，采取断电等措施。

处理爆炸事故，小队进入灾区必须遵守下列规定：

（1）进入前，应切断灾区电源，并派专人看守。

（2）保持灾区通风现状，检查灾区内各种有害气体的浓度、温度及通风设施的破坏情况。

（3）穿过支架破坏的巷道时，应架好临时支架。

（4）通过支架松动的地点时，队员应保持一定距离按顺序通过，不得推拉支架。

（5）进入灾区行动时，应防止碰撞、摩擦等产生火花。

（6）在灾区巷道较长、有害气体浓度大、支架损坏严重的情况下，若无火源、人员已经牺牲时，必须在恢复通风、维护支架后方可进入，确保救护人员的安全。

14.6.2　煤尘爆炸

14.6.2.1　煤尘及其危害

煤尘是采掘过程中产生的以煤炭为主要成分的微细颗粒，是矿尘的一种。煤尘的危害极大，不仅污染作业环境，导致尘肺病，影响矿山从业人员的身体健康，而且煤尘的爆炸还会造成重大人身伤亡事故。《煤矿安全规程》规定的作业场所空气中粉尘浓度要求见表14-4。

表14-4　《煤矿安全规程》规定的作业场所空气中粉尘浓度要求

粉尘种类	游离 SiO_2 含量（体积分数）/%	时间加权平均容许浓度（质量浓度）/mg·m^{-3}	
		总尘	呼尘
煤尘	<10	4	2.5
矽尘	10~50	1	0.7
	50~80	0.7	0.3
	≥80	0.5	0.2
水泥尘	<10	4	1.5

14.6.2.2　煤尘爆炸

煤是可燃物，其粉尘浮游在空气中且达到一定浓度、有足够点燃煤尘的热源就可产生煤尘爆炸，煤尘爆炸是煤矿井下重大灾害之一。煤尘爆炸时，爆温可达2300~2500 ℃，火焰传播速度可达1120 m/s以上，冲击波速度可达2340 m/s，破坏力极强。同时，煤尘爆炸还会产生大量的一氧化碳（CO），其浓度（体积分数）可达2%~3%，能使人中毒身亡。

14.6.2.3　煤尘爆炸的条件

煤尘爆炸必须同时具备以下4个条件：

（1）煤尘本身具有爆炸性。煤尘具有爆炸性是煤尘爆炸的必要条件。煤尘爆炸的危险性必须经过试验确定。

（2）煤尘必须悬浮于空气中并达到一定的浓度（质量浓度）。井下空气中只有悬浮的煤尘达到一定浓度时，才可能引起爆炸，单位体积中能够发生煤尘爆炸的最低和最高煤尘量称为下限和上限浓度，低于下限浓度或高于上限浓度的煤尘都不会发生爆炸。一般情况下，煤尘爆炸的下限浓度（质量浓度）为30~50 g/m^3，上限浓度（质量浓度）为1000~2000 g/m^3。其中爆炸力最强的浓度（质量浓度）范围为300~500 g/m^3。

（3）存在引燃煤尘爆炸的高温热源。煤尘的引燃温度变化范围较大，它与煤尘中挥发分的含量有关。煤尘爆炸的引燃温度一般为650~1050 ℃，煤尘爆炸的最小点火能为4.5~

40 mJ。爆破火焰、电气火花、机械摩擦火花、瓦斯燃烧或爆炸、井下火灾等都有可能引起煤尘爆炸。

（4）一定浓度的氧气。氧气浓度（体积分数）不低于18%才能引起煤尘爆炸。

14.6.2.4 预防煤尘爆炸的措施

预防煤尘爆炸可以从防尘、防止煤尘引燃、隔绝煤尘爆炸三方面着手。详细内容如下：

（1）防尘。防尘（减、降尘）是指煤矿井下生产过程中，通过减少煤尘产生量或降低空气中的悬浮煤尘含量，最终达到从根本上杜绝煤尘爆炸的可能性。主要方法有煤层注水、采空区灌水、喷雾降尘、湿式打眼和水炮泥等。

（2）防止煤尘引燃。防止煤尘引燃的措施主要有防止明火、防止电火花的产生、防止放炮火花等。

（3）隔绝煤尘爆炸。限制煤尘爆炸事故的波及范围，不使其扩大蔓延的措施，称为隔爆措施。主要方法有撒布岩粉、设置隔爆水棚等。

14.6.2.5 煤尘爆炸事故救援

A 处理要点

（1）了解现场情况，调集救援资源。

（2）组织灾区侦察，抢救遇险人员。

（3）分析恢复通风的安全性，采取相应措施。

（4）恢复灾区通风，抢救遇险人员。

（5）采取其他措施，抢救遇险人员。

（6）加强巷道支护，清理堵塞物。

（7）扑灭因爆炸产生的火灾，防止再次发生爆炸。

B 安全注意事项

（1）进入灾区时，必须加强灾区气体浓度检测，避免发生二次爆炸。

（2）在灾区现场缺氧的情况下，检测气体浓度可能会产生误差。

（3）在恢复通风前，必须组织查明有无火源存在。

（4）专人看守风门，不得随便开关风门，防止再次引发爆炸。

（5）井下基地附近有毒有害气体浓度超限时，应撤离该基地，重新选择安全地点。

（6）严禁盲目入井施救。

（7）严禁冒险进入灾区施救。

（8）发生连续爆炸时，严禁利用爆炸间隙进入灾区侦察或搜救。

（9）发现已封闭火区爆炸造成密闭墙破坏时，严禁派救护队侦察或在原地恢复密闭墙，应采取安全措施，实施远距离封闭。

C 现场应急救援措施

（1）立即切断灾区电源，注意停电操作应由灾区以外的配电点进行，以防断电火花引爆煤尘或瓦斯。

（2）对灾区进行全面侦察，发现火源应立即扑灭，防止二次爆炸。

（3）恢复通风，清除堵塞物，迅速排除有害气体。

（4）若巷道中的避灾路线指示牌破坏或遗失，迷失行进方向时，撤离人员应朝着有风流通过的巷道方向撤退。

（5）井筒、井底车场或石门发生爆炸时，在侦察确定没有火源、无爆炸危险的情况下，应派一个小队救人，另一个小队恢复通风。若通风设施损坏不能恢复，应全部去救人。

（6）爆炸事故发生在采煤工作面时，应派一个小队沿回风侧进入救人，另一个小队沿进风侧进入救人，在此期间必须维持通风系统原状。

（7）井筒、井底车场或石门发生爆炸时，为排除爆炸产生的有毒有害气体，抢救人员，应在查清确无火源的基础上，尽快恢复通风。如果有害气体严重威胁回风流方向人员的安全，为紧急救人，应在进风方向的人员已安全撤退的情况下采取区域反风。之后，矿山救护队应进入原回风侧引导人员撤离灾区。

D   爆炸事故救援规定

（1）进入前，应切断灾区电源，并派专人看守。

（2）保持灾区通风现状，检查灾区内各种有害气体的浓度、温度及通风设施的破坏情况。

（3）穿过支架破坏的巷道时，应架好临时支架。

（4）通过支架松动的地点时，队员应保持一定距离按顺序通过，不得推拉支架。

（5）进入灾区行动时应防止碰撞、摩擦等产生火花。

（6）在灾区巷道较长、有害气体浓度大、支架损坏严重的情况下，若无火源、人员已经牺牲时，必须在恢复通风、维护支架后方可进入，确保救护人员的安全。

14.6.3　煤与瓦斯突出

14.6.3.1　瓦斯喷出及预防

A   瓦斯喷出

大量处于承压或泄压状态的瓦斯从煤岩裂缝或孔洞中快速喷出的动力现象称为瓦斯喷出。瓦斯喷出一般发生于能贮存瓦斯的地质构造破坏带，如断层、断裂、褶曲和石灰岩溶洞附近。

B   瓦斯喷出的预防

预防瓦斯喷出的措施可概括为"探、排、引、堵、风"。详细内容如下：

（1）探。探明地质情况。预防瓦斯喷出，首先要加强地质工作，查明采掘工作面附近地质构造（如断层、裂隙、溶洞等）的位置、走向，以及瓦斯储量、范围和压力等情况，采取相应预防和处理措施。

（2）排。排（抽）放瓦斯。当探明断层、裂隙、溶洞不大或瓦斯量不大时，可通过自然排放的方式排放；当溶洞体积较大、范围广、瓦斯量较大、瓦斯喷出强度较大和持续时间较长时，可通过钻孔抽采的方式进行；当掘进工作面及巷道存在较多细小裂隙，且分布较广时，可暂时停止掘进、封闭巷道，通过接管抽采的方式抽放瓦斯。

（3）引。引导瓦斯。若喷出瓦斯的裂隙范围较小且喷出瓦斯量不大，可用金属罩或帆布罩将喷瓦斯的裂隙盖住，然后在罩上接风筒或管路，将瓦斯引到回风巷道或引到距离工作面20 m以外的巷道中，以保证工作面安全生产。

（4）堵。封堵裂隙。若喷出瓦斯的裂隙范围较广、喷出瓦斯量很小，可用黄泥或水泥封堵裂隙，阻止瓦斯喷出，以保证掘进工作面安全。

（5）风。加强通风。对于有瓦斯喷出危险的工作面，无论采用什么方式，都要有独立的通风系统，实行独立通风，并应加大供风量，以保证工作面瓦斯不超限，不影响其他区域。

14.6.3.2　煤与瓦斯突出及分类

A　煤与瓦斯突出

在极短的时间内，从煤（岩）壁内部向采掘空间突然喷出煤（岩）和瓦斯（二氧化碳）的动力现象，即煤（岩）与瓦斯（二氧化碳）突出。煤（岩）与瓦斯（二氧化碳）突出是指煤与瓦斯突出、煤的突然倾出、煤的突然压出、岩石与瓦斯突出的总称。

B　煤与瓦斯突出的分类

按照突出强度可将煤与瓦斯突出分为：

（1）小型突出。突出煤（岩）量小于 50 t。

（2）中型突出。突出煤（岩）量在 50（含 50）~100 t 之间。

（3）次大型突出。突出煤（岩）量在 100（含 100）~500 t 之间。

（4）大型突出。突出煤（岩）量在 500（含 500）~1000 t 之间。

（5）特大型突出。突出煤（岩）量不小于 1000 t。

14.6.3.3　煤与瓦斯突出的预兆

煤与瓦斯突出的预兆包括：

（1）有声预兆。煤层在变形过程中发出劈裂声、爆竹声、闷雷声，间隔时间不一，在突出瞬间常伴有巨雷般的响声，支架受力发出嘎嘎声音甚至折裂声音。

（2）无声预兆。煤结构变化、层理紊乱、煤体松软、强度降低、暗淡无光泽、厚度变化、倾角变陡、出现挤压褶曲、煤体断裂等；瓦斯涌出异常、忽大忽小、煤尘增大、气温异常、气味异常、打钻喷瓦斯、喷煤粉并伴有哨声、蜂鸣声等；地压显现，煤（岩）开裂掉渣、底鼓、煤（岩）自行剥落、煤壁颤动、钻孔变形等。

14.6.3.4　煤与瓦斯突出的规律

煤与瓦斯突出的规律有：

（1）突出发生在一定的采掘深度之后。

（2）突出受地质构造影响，呈明显的分区分带性。

（3）突出受巷道布置、开采集中应力影响。

（4）突出主要发生在各类巷道掘进过程中。

（5）突出煤层大都具有较高的瓦斯压力和瓦斯含量。

（6）突出煤层原生结构破坏、强度低、软硬相间、瓦斯放散速度高。

（7）大多数突出发生在爆破和破煤工序。

（8）突出前常有预兆发生，包括有声预兆和无声预兆。

（9）清理瓦斯突出孔洞及回拆支架，会导致再次发生煤与瓦斯突出。

14.6.3.5　防突措施

突出矿井的防突工作必须坚持区域综合防突措施先行、局部综合防突措施补充的原则。煤与瓦斯突出防治总体工作程序如图 14-2 所示。

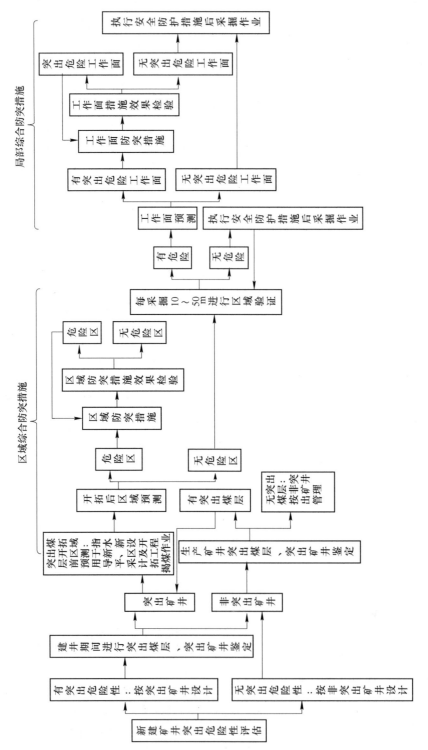

图14-2 煤与瓦斯突出防治总体工作程序

A 区域综合防突

区域综合防突措施包括区域突出危险性预测、区域防突措施、区域防突措施效果检验和区域验证等内容。

新水平、新采区开拓前，当预测区域的煤层缺少或没有井下实测瓦斯参数时，区域预测可以主要依据地质勘探资料、上水平及邻近区域的实测和生产资料等。开拓前区域预测结果仅用于指导新水平、新采区的设计和开拓工程的揭煤作业。

开拓后区域预测应当主要依据预测区域煤层瓦斯的井下实测资料，并结合地质勘探资料、上水平及邻近区域的实测和生产资料等进行。开拓后区域预测结果用于指导工作面的设计和采掘生产作业。

对已确切掌握煤层突出危险区域的分布规律，并有可靠的预测资料的区域，区域预测工作可由矿技术负责人组织实施；否则，应当委托有煤与瓦斯突出危险性鉴定资质的单位进行区域预测。区域预测结果应当由煤矿企业技术负责人批准确认。

常见的区域防突措施有开采保护层、预抽煤层瓦斯。

B 局部综合防突

局部综合防突措施包括工作面突出危险性预测、工作面防突措施、工作面防突措施效果检验和安全防护措施等内容。

采掘（包括石门、立井、斜井）工作面经工作面预测后划分为突出危险工作面和无突出危险工作面，未进行工作面预测的采掘工作面，应当视为突出危险工作面。突出危险工作面必须采取工作面防突措施，并进行措施效果检验（与工作面预测方法相同）。经检验证实措施有效后，即判定为无突出危险工作面；当措施无效时，仍为突出危险工作面，必须采取补充工作面防突措施并再次进行措施效果检验，直至措施有效。无突出危险工作面必须在采取安全防护措施并保留足够的突出预测超前距或防突措施超前距的条件下进行采掘作业。

当石门或立井、斜井揭穿厚度小于 0.3 m 的突出煤层时，可直接采用远距离爆破的方式。

常见的工作面防突措施有超前排放钻孔、预抽瓦斯、松动爆破、注水湿润煤体。

14.6.3.6 煤与瓦斯突出事故救援

煤与瓦斯突出事故救援措施如下：

（1）发生煤与瓦斯突出事故时，救护队的主要任务是抢救人员和对充满有害气体的巷道进行通风。

（2）救护队进入灾区侦察时，应查清遇险、遇难人员数量及分布情况，通风系统和通风设施破坏情况，突出的位置，突出物堆积状态，巷道堵塞情况，瓦斯浓度和涉及范围，发现火源立即扑灭。

（3）采掘工作面发生煤与瓦斯突出事故后，一个小队从回风侧进入事故地点救人，另一个小队从进风侧进入事故地点救人。

（4）侦察中发现遇险人员应及时抢救，为其配用隔绝式自救器或全面罩氧气呼吸器，使其脱离灾区，或组织进入避灾硐室等待救护。若人员被突出煤矸阻困，救援队应及时打开压风管路，利用压风系统呼吸，并组织力量清除阻塞物。若需在突出煤层中掘进绕道救人时，必须采取防突措施。

（5）发生突出事故时，应立即对灾区采取停电、撤人措施。在逐级排出瓦斯后，方可恢复送电。

(6) 灾区排放瓦斯时，必须撤出回风侧的人员，选择最短路线将瓦斯引入回风道，距排风井口 50 m 范围内不得有火源，并应设专人监视。

(7) 发生突出事故时，不得停风和反风，防止风流紊乱和扩大灾情。如果通风系统和通风设施被破坏，应设置临时风障、风门及安装局部通风机，逐级恢复通风。

(8) 因突出造成风流逆转时，应在进风侧设置风障，并及时清理回风侧的堵塞物，使风流尽快恢复正常。

(9) 瓦斯突出引起火灾时，应采用综合灭火或惰性气体灭火。如果瓦斯突出引起回风井口瓦斯燃烧，应采取控制风量的措施。

(10) 进入灾区前，确保矿灯完好；进入灾区内，不准随意启闭电气开关和扭动矿灯开关或灯盖。

(11) 在突出区应设专人定时定点检查瓦斯浓度，并及时向指挥部报告。

(12) 设立安全岗哨，非救护队人员不得进入灾区；救护人员必须配用氧气呼吸器，不得单独行动。

(13) 当发现有异常情况时，应立即撤出全部人员。

(14) 处理岩石与二氧化碳突出事故时，除执行煤与瓦斯突出的各项规定外，还应对灾区加大风量，迅速抢救遇险人员。佩用负压氧气呼吸器进入灾区时，应戴好防烟眼镜。

14.6.4 顶板事故

14.6.4.1 顶板事故及其分类

A 顶板事故

顶板事故即通常所说的冒顶，是指在井下开采过程中，因顶板意外冒落而造成的人员伤亡、设备损坏、生产终止等事故。

B 顶板事故的分类

(1) 顶板事故按其发生的力学原理分为压垮型冒顶、漏垮型冒顶和推垮型冒顶。因支护强度不足，顶板来压时压垮支架而造成的冒顶事故称为压垮型冒顶；由于顶板破碎、支护不严引起破碎的顶板岩石冒落而引发的冒顶事故称为漏垮型冒顶；因复合型顶板重力的分力推动作用使支架大量倾斜失稳而造成的冒顶事故称为推垮型冒顶。

(2) 顶板事故按其发生的规模分为局部冒顶和大面积冒顶。局部冒顶是指冒顶范围不大，伤亡人数不多的冒顶，常发生在煤壁附近、采煤工作面两端、放顶线附近、掘进工作面及年久失修的巷道等；大面积冒顶是指冒顶范围大、伤亡人数多的冒顶，常发生在采煤工作面、采空区、掘进工作面等。

14.6.4.2 顶板事故的预兆

顶板事故的预兆包括：

(1) 顶板预兆。顶板连续发出断裂声，这是由于直接顶和老顶离层或顶板断裂而发出的声响。

(2) 两帮预兆。由于压力增加，煤壁受压后，煤质变软，片帮增多。

(3) 支架预兆。使用木支架时大量折断，使用金属支柱时活柱快速下沉，连续发出

"咯咯"声。

（4）瓦斯涌出量增多，淋水加大。大型冒顶一般易发生在开切眼附近、地质破碎带附近、老巷附近，倾角大的地段、顶板岩层含水地段及局部冒顶附近。

（5）破碎的伪顶或直接顶有时会因背顶不严或支架不牢出现漏顶现象。

14.6.4.3 顶板事故的预防

顶板事故的预防措施包括：

（1）根据采掘工作面的技术参数及用途，正确选择先进、合理的支护形式。

（2）及时支护悬露顶板，加强敲帮问顶。

（3）根据岩石性质及有关规定，严格控制控顶距，严禁空顶作业。

（4）出现冒顶预兆时，现场操作人员、班组长和跟班队员，必须按照作业规程和安全技术措施的具体规定，加强支护强度，缩小控顶距离，采取控顶措施，提高支护的稳定性和安全性。

（5）进行顶板动态监测，发现顶板离层，应采取相应的措施。

14.6.4.4 顶板事故救援

顶板事故救援措施包括：

（1）发生冒顶事故后，救护队应配合现场人员一起救助遇险人员。如果通风系统遭到破坏，应迅速恢复通风。当瓦斯和其他有害气体威胁到抢救人员的安全时，救护队应抢救人员和恢复通风。

（2）在处理冒顶事故前，救护队应向冒顶区域的有关人员了解事故发生原因、冒顶区域顶板特性、事故前人员分布位置，检查瓦斯浓度等，并实地查看周围支架和顶板情况，在危及救护人员安全时，首先应加固附近支架，保证退路安全畅通。

（3）抢救被埋、被堵人员时，用呼喊、敲击等方法，或采用探测仪器判断遇险人员位置，与遇险人员联系，可采用掘小巷、绕道或使用临时支护通过冒落区接近遇险者；一时无法接近时，应设法利用钻孔、压风管路等提供新鲜空气、饮料和食物。

（4）处理冒顶事故时，应指定专人检查瓦斯和观察顶板情况，发现异常，应立即撤出人员。

（5）清理大块矸石等压入冒落物时，可使用千斤顶、液压起重器具、液压剪、起重气垫等工具进行处理。

14.6.5 排土场事故

14.6.5.1 排土场事故

排土场又称废石场，是指矿山剥离和掘进排弃物集中排放的场所。排弃物包括腐殖表土、风化岩土、坚硬岩石以及混合岩土，有时也包括可能回收的表外矿、贫矿等。

14.6.5.2 排土场事故的分类

排土场事故可分为：

（1）排土场滑坡。排土场滑坡指排土场松散土岩体自身的或随基底的变形或滑动。排土场与基底滑坡类型可分为三种：排土场内部的滑坡；沿排土场与基底接触面的滑坡；沿基底软弱层的滑坡。

（2）排土场泥石流。泥石流是山区特有的一种自然灾害，它是由于降水（包括暴雨、冰川、积雪融化水等）产生在沟谷或山坡上的一种夹带大量泥沙、石块等固体物质的特殊洪流，是高浓度的固体和液体的混合颗粒流。大气降水和地表水对排土场土体的浸润和冲蚀作用会使排土场边坡初始稳定状态发生变化。排土场泥石流危害极大，它不同于自然泥石流，它的特点是隐蔽性大、易启动、频率高、冲击力强、涉及面广、冲淤变幅大、淤埋能力强、主流摆动速度快。

14.6.5.3　排土场事故的预防

排土场事故的预防措施包括对选择的排土场场址要做水文地质、工程地质调查，建设与完善排土场的排水设施，修建护墙挡坡，开展排土场环境污染治理，加强对排土场滑坡、排土场泥石流等事故的监测。

14.6.5.4　排土场事故救援

排土场滑坡事故救护处理时，救护队应快速进入灾区，侦察灾区情况，救助遇险人员；对可能坍塌的边坡进行支护，并要加强现场观察，保证救护人员安全；配合事故救护工程人员挖掘被埋遇险人员，在挖掘过程中应避免伤害被困人员；发现有泥石流迹象，应立即观察地形，向沟谷两侧山坡或高地快速撤离；逃生时，要抛弃一切影响奔跑速度的物品；不要躲在有滚石和大量堆积物的陡峭山坡下；不要攀爬到树上躲避。

—————— 本 章 小 结 ——————

本章详细介绍了矿山常见的各类灾害事故，如火灾、瓦斯突出、水灾、尾矿库事故等，明晰了这些事故可能带来的广泛而严重的后果，从人员伤亡、财产损失到环境污染。事故应急救援需要一套科学、合理的预案，并确保足够的救援设备和人员经过专业培训。定期的演练与总结是提高应急救援效能的关键。通过对矿山事故及其应急救援的深度了解，我们可以更好地规避潜在风险、降低事故的损失，保障人员安全，确保矿山的可持续安全生产。在这个过程中，科学的管理、创新的技术和紧密的团队协作都将起到至关重要的作用。

复习思考题

14-1　非煤矿山常见事故类型有哪些？

14-2　矿山事故的特性有哪些？

14-3　常见的矿山从业人员个体防护装备有哪些？

14-4　永久避难硐室是什么，其设置要求有哪些？

14-5　什么是井下避灾自救 5 字基本原则？

14-6　应急救援组织由哪些部分组成？

14-7　矿山防治水工作应坚持什么原则？

14-8　请简要阐述人员获救后的注意事项。

14-9　什么是内因火灾？

14-10　请简要介绍隔绝灭火法的工作原理。

14-11　顶板事故的预兆有哪些，该如何进行预防？

15 矿山职业卫生

本章提要

维护矿山综合安全不仅要预防灾害事故，还要改善矿山工作环境，保障矿山工人的职业安全与健康。影响矿山安全健康的灾害包括粉尘、噪声、热、火等。加强矿山安全卫生防护、确保矿工的职业安全与健康、预防职业病的发展、防止各种事故的发生，对促进矿山安全生产、建设和谐矿山有重要意义。本章将详细介绍矿山职业病防护及相关法律法规。

15.1 矿山职业危害因素分析

15.1.1 职业危害因素的分类

在生产劳动过程中存在的对职工的健康和劳动能力产生有害作用并导致疾病的因素称为职业危害因素。按其来源可分为以下类型：

（1）与生产过程有关的职业危害因素。来源于原料、中间产物、产品、生产设备与工艺的工业毒物、粉尘、噪声、振动、高温、电离辐射及非电离辐射、污染性因素等职业性危害因素。

（2）劳动组织中的职业危害因素。主要是指因为劳动组织不合理而产生的职业危害因素，如劳动时间过长、劳动强度过大、劳动制度不合理、长时间强迫体位劳动、作业安排与劳动者生理条件不相适应等造成长期过度疲劳、过度紧张等，均会损害劳动者的健康。

（3）与作业环境有关的职业危害因素。主要有作业场所不符合卫生标准和要求；缺乏必要的卫生技术设施，如缺少通风、采暖、防尘防毒、防噪声设施，照明不良，阴暗潮湿，温度过高或过低等。

生产过程中的职业危害因素按其性质可分为化学性因素、物理性因素和生物性因素等。详细内容如下：

（1）化学性因素。包括生产性毒物，如铅、苯、汞、一氧化碳、硫化氢等；生产性粉尘，如矿尘、煤尘、金属粉尘、有机尘等。

（2）物理性因素。不良气候条件，如高温、高湿、高气压、低温、低气压；生产性噪声、振动；电离辐射，如 X 射线、伽马射线；非电离辐射，如紫外线、红外线、高频电磁场、微波、激光。

（3）生物性因素。主要指病原微生物和致病寄生虫，如炭疽杆菌、森林脑炎等。

此外，还有与劳动过程有关的生理、心理因素，以及环境因素等。

15.1.2 常见的职业病危害因素

矿山开采中产生的职业病危害因素主要有：生产性粉尘、有毒有害气体、生产性噪声与振动，以及某些深井煤矿的气温高、湿度大等不良的环境条件，还有劳动强度大、作业姿势不正确等。以下对一些矿山常见职业危害因素进行详细分析。

15.1.2.1 矿尘

矿尘是指在矿山生产和建设过程中所产生的各种煤、岩微粒的总称。

在矿山生产过程中的各个环节，如钻眼作业、炸药爆破、掘进机及采煤机作业、顶板管理、矿物的装载及运输等，都会产生大量的矿尘。而不同矿井由于煤、岩地质条件和物理性质，以及采掘方法、作业方式、通风状况和机械化程度的不同，矿尘的生成量有很大的差异。即使在同一矿井里，产尘的多少也因地因时发生着变化。一般来说，在现有防尘技术措施的条件下，各个生产环节产生的浮游矿尘在总矿尘中的占比大致为：采煤工作面产尘量的占比为 45% ~ 80%，掘进工作面产尘量的占比为 20% ~ 38%，锚喷作业点产尘量的占比为 10% ~ 15%，运输通风巷道产尘量的占比为 5% ~ 10%，其他作业点的占比为 2% ~ 5%。各作业点随机械化程度的提高，矿尘的生成量也将增加，因此防尘工作也就更加重要。

A　矿尘的分类

矿尘除按其成分可分为岩尘、煤尘等多种无机粉尘外，尚有多种不同的分类方法，下面介绍几种常用的分类方法：

（1）矿尘按粒径可划分为：

1）粗尘。粒径大于 40 μm，相当于一般筛分的最小颗粒，在空气中极易沉降。

2）细尘。粒径为 10 ~ 40 μm，肉眼可见，在静止空气中做加速沉降。

3）微尘。粒径为 0.25 ~ 10 μm，用光学显微镜可以观察到，在静止空气中做等速沉降。

4）超微尘。粒径小于 0.25 μm，要用电子显微镜才能观察到，在空气中做扩散运动。

（2）矿尘按存在状态可划分为：

1）浮游矿尘。悬浮于矿内空气中的矿尘，简称浮尘。

2）沉积矿尘。从矿内空气中沉降下来的矿尘，简称落尘。

浮尘和落尘在不同环境下可以相互转化。浮尘在空气中飞扬的时间不仅与尘粒的大小、重量、形式等有关，还与空气的湿度、风速等大气参数有关。矿山除尘研究的直接对象是悬浮于空气中的矿尘，因此一般所说的矿尘就是指这种状态下的矿尘。

（3）矿尘按粒径组成范围可划分为：

1）全尘（总粉尘）。各种粒径的矿尘之和。煤尘常指粒径为 1 mm 以下的尘粒。

2）呼吸性粉尘。主要指粒径在 5 μm 以下的微细尘粒，它能通过人体上呼吸道进入肺区，是导致尘肺病的病因，对人体危害甚大。

B　矿尘的危害性

矿尘具有很大的危害性，表现在以下几个方面：

（1）污染工作场所，危害人体健康，引起职业病。工人长期吸入矿尘后，轻者会患呼吸道炎症、皮肤病；重者会患尘肺病，尘肺病引发的矿工致残和死亡人数在国内外都十分惊人。据国内某矿务局统计，尘肺病的死亡人数为工伤事故死亡人数的 6 倍；德国煤矿死于尘肺病的人数曾比工伤事故死亡人数高 10 倍。因此，世界各国都在积极开展预防和治疗尘肺病的工作，并已取得较大进展。

（2）某些矿尘（如煤尘、硫化尘）在一定条件下可以爆炸。煤尘能够在完全没有瓦斯存在的情况下爆炸，对于瓦斯矿井，煤尘则有可能与瓦斯同时爆炸。煤尘或瓦斯煤尘爆炸，都将给矿山以突然性的袭击，酿成严重灾害。例如，1906 年 3 月 10 日法国柯利尔煤矿发生的煤尘爆炸事故，死亡 1099 人，造成了重大的灾难。

（3）加速机械磨损，缩短精密仪器使用寿命。随着矿山机械化、电气化、自动化程度的提高，矿尘对设备性能及其使用寿命的影响将会越来越突出，应引起高度的重视。

（4）降低工作场所能见度，增加工伤事故的发生。在某些综采工作面割煤时，工作面煤尘浓度高达 4000~8000 mg/m³，有的甚至更高，这种情况下，工作面能见度极低，往往会导致误操作，造成人员意外伤亡。

15.1.2.2 生产性毒物

在生产过程中产生或使用的各种有毒物质称为生产性毒物，又称为工业毒物。生产性毒物包括生产原料、成品、辅剂、中间体、副产品、杂质等生产过程中出现的化学物质。矿山大量产生的生产性毒物主要有爆破产生的氮氧化物、一氧化碳，硫铁矿氧化自燃产生的二氧化硫，某些硫铁矿会产生硫化氢、甲烷等，人员呼吸和木料腐烂产生的二氧化碳，铅、锰等重金属及其化合物，汞、砷等有毒矿石，大量使用柴油设备产生的废气等。

（1）生产性毒物进入人体的途径包括：

1）通过呼吸道进入人体。多数工业毒物会通过人体的呼吸系统，即鼻、咽、喉、气管、支气管和肺进入人体，进而引起中毒。从鼻腔到肺泡整个呼吸系统的各部分结构不一样，对化学毒物的吸收情况也不一样。多数工业毒物都会以气体、蒸汽或颗粒物质的形式进入呼吸道。经过呼吸道的毒物，主要是由肺泡来吸收的。

2）通过皮肤进入人体。人体的皮肤由两部分构成，即表皮和真皮。工业毒物主要通过两个途径被皮肤吸收。一是通过表皮到达真皮，从而进入人体的血液循环系统，再通过血液循环将毒物带到全身而引起中毒。皮肤吸收毒物的主要影响因素包括皮肤的完整性、皮肤的部位与接触面积、毒物的浓度、使用的溶剂、外界的气温与湿度等。二是通过人体的汗腺、毛囊和皮脂腺到达真皮，这个途径实际意义不大。在生产条件下，主要被完整的皮肤吸收而引起中毒的毒物有有机磷农药、苯胺、三硝基甲苯、有机金属等。

3）通过消化道进入人体。工业毒物经过消化道进入人体内而引起职业中毒的事件较少见。个别情况下，如个人卫生习惯不好和发生意外时，毒物会经过消化道进入人体内，也就是毒物通过吃饭或喝水的途径进入人体后再引起中毒。进入消化道的毒物主要在小肠被吸收，再进入大循环。有的毒物较特殊，如氰化物，在口腔内就可以被黏膜吸收而引起中毒。

（2）人体接触生产性毒物而引起的中毒称为职业中毒。职业中毒按其发病程度可分为：

1）急性职业中毒。毒物一次或短期大量进入人体所致的中毒。例如，作业人员在生产过程中，短时间接触高浓度的氰化氢、硫化氢、一氧化碳等毒物时，很容易发生中毒事故，引起急性中毒。

2）亚急性职业中毒。其是指介于急性职业中毒与慢性职业中毒之间的一种职业中毒。通常作业人员接触毒物的浓度较高，在1~3个月内发病，如亚急性铅中毒等。

3）慢性职业中毒。毒物少量、长期进入人体所致的中毒，绝大多数是由于毒物的积蓄引起的。

（3）生产性毒物对人体不同系统或部位产生不同的危害，主要有：

1）神经系统。中毒性神经衰弱、多发性神经炎、脑病变、精神症状等。

2）血液系统。血液系统损害，可以出现细胞减少、贫血、出血等。

3）呼吸系统。中毒性肺水肿、支气管炎、哮喘、肺炎等。

4）消化系统。口腔炎、胃肠炎。

5）泌尿系统。肾脏损害、尿频尿痛等。

6）皮肤。皮炎、湿疹等。

（4）目前我国生产性毒物中毒职业中毒表现为以下5个特点：

1）传统的职业危害尚未控制，新危害不断产生。

2）急性职业中毒明显多发，恶性事件有增无减，且危害具有群体性，致死、致残率高，侵害劳动者健康权益问题突出。

3）农民工大量涌入城市，职业防护权益难以得到保障，健康影响难以估计和控制。

4）一些具有风险性的产品由境外向境内转移。

5）职业病疾病谱发生变化，出现一些严重的化学品危害事故，如正己烷中毒、三氯乙烯中毒等新发职业病。

15.1.2.3 噪声与振动

噪声是声波的一种，具有声波的一切特性。从广义来讲，凡是人们不需要的声音都属于噪声。按照声源的不同，噪声主要可分为空气动力性噪声、机械性噪声和电磁性噪声。空气动力性噪声是气体中有了涡流或发生了压力突变，引起气体的扰动而产生的，如凿岩机、鼓风机、空压机等产生的噪声；机械性噪声是由于撞击、摩擦，交变的机械应力作用下，机械的金属板、轴承、齿轮等发生振动而产生的，如球磨机、破碎机、电锯等产生的噪声；电磁性噪声是由磁场脉动、磁场伸缩引起电气部件振动产生的，如电动机、变压器等产生的噪声。此外，矿山在爆破过程还会产生脉冲噪声。

噪声对作业者的影响较复杂，不仅与噪声的性质有关，而且还与每个人的心理、生理状态及社会生活等多方面的因素有关。具体的影响如下：

（1）影响正常生活。使人们不能有一个安静的工作和休息的环境，烦躁不安，妨碍睡眠，干扰谈话等。

（2）对听觉的损伤。矿工长期在强噪声中工作，将导致听阈偏移，在500 Hz、1000 Hz、2000 Hz下听阈平均偏移25 dB，称为噪声性耳聋。

（3）对神经系统的损害。噪声会影响矿工的中枢神经系统，使矿工生理失调，引起神经衰弱；噪声也会影响心血管系统，可引起血管痉挛或血管紧张度降低、血压改变、心律不齐等。

（4）对工作状态的影响。噪声会使矿工的消化机能衰退、胃功能紊乱、消化不良、食欲不振、体质减弱。矿工在嘈杂环境里工作会心情烦躁，容易疲乏、反应迟钝、注意力不集中，影响工作进度和质量，也容易引起工伤事故。噪声的掩蔽效应使矿工听不到事故的前兆和各种警戒信号，更容易发生事故。

生产设备、工具产生的振动称为生产性振动，如矿山手持式凿岩机等作业时产生的振动。人员的手长期接触振动物体，会产生振动病。按振动对人体作用的方式，可分为全身振动和局部振动两种。全身振动可引起前庭器官刺激和自主神经功能紊乱，如眩晕、恶心、血压升高、心跳加快、疲倦、睡眠障碍等。脱离接触和休息后，全身振动引起的功能性改变，多能自行恢复。局部振动则引起以末梢循环障碍为主的病变，还可影响肢体神经及运动功能。发病部位多在上肢，典型表现为发作性手指发白（白指症）。患者多有神经衰弱症和手部症状。手部症状以手指发麻、疼痛、发胀、发凉、手心多汗和遇冷后手指发白为主，其次为手僵、手无力、手颤和关节肌肉疼痛等不适。

15.2 常见矿山职业病

我国金属非金属矿山常见的职业病有：氮氧化物中毒、一氧化碳中毒、铅锰及其化合物中毒、硅肺、石棉肺、滑石尘肺、噪声聋及由放射性物质导致的肿瘤等。另外，噪声与振动危害也较严重。随着井下机械化水平的提高，柴油设备大量应用，柴油设备产生的废气没有得到有效治理，就会造成井下空气严重污染。为防止上述职业危害因素对生产劳动过程中的职工的安全健康造成危害，预防职业病发生，企业应采取以下预防措施：

(1) 有效地控制或尽量消除粉尘、有毒有害物质的发生，即消除或减少职业危害源。

(2) 降低生产过程中粉尘、有毒有害物质的浓度。

(3) 采用低毒或无毒物质代替有毒物质。

(4) 建立健全符合卫生标准的生产卫生设施。

(5) 做好卫生健康检查统计和作业环境监测工作。

(6) 开展经常性安全卫生教育，提高职工职业安全卫生意识和自我保护能力。

(7) 严格执行安全操作规程和职业卫生制度。

(8) 加强个体防护。

15.2.1 粉尘造成的常见疾病

所有粉尘对身体都是有害的，不同特性，尤其是不同化学性质的生产性粉尘，可能引起机体的不同损害。若可溶性有毒粉尘进入呼吸道后，能很快被吸收入血流，引起中毒作用；具有放射性的粉尘，则可造成放射性损伤；某些硬质粉尘可机械性损伤角膜及结膜，引起角膜浑浊和结膜炎等；粉尘堵塞皮脂腺和机械性刺激皮肤时，可引起粉刺、毛囊炎、脓皮病及皮肤皲裂等；粉尘进入外耳道混在皮脂中，可形成耳垢等。粉尘对机体的损害是多方面的，尤其以呼吸系统损害最为主要。

15.2.1.1 尘肺

尘肺是由于在生产环境中长期吸入生产性粉尘而引起的以肺组织纤维化为主的疾病。游离二氧化硅具有极强的细胞毒性和致纤维化作用，硅尘的致纤维化作用和二氧化硅含量成正相关。目前，尘肺病是粉尘导致的最大危害。图15-1（a）所示为无尘肺胸片，图15-1（b）~（d）分别为Ⅰ期尘肺、Ⅱ期尘肺、Ⅲ期尘肺胸片。

尘肺病的发病机理至今尚未完全研究清楚。关于尘肺病形成的论点和学说有多种。进

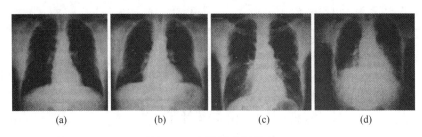

(a)　　　　　　(b)　　　　　　(c)　　　　　　(d)

图 15-1　各阶段尘肺胸片

入人体呼吸系统的粉尘大体上经历以下 4 个过程：

（1）在上呼吸道的咽喉、气管内，含尘气流由于沿程的惯性碰撞作用，使粒径大于 10 μm 的尘粒首先沉降在其内。经过鼻腔和气管黏膜分泌物黏结后形成痰排出体外。

（2）在上呼吸道的较大支气管内，通过惯性碰撞及少量的重力沉降作用，使粒径为 5~10 μm 的尘粒沉积下来，经气管、支气管上皮的纤毛运动，咳嗽并随痰排出体外。因此，真正进入下呼吸道的粉尘，其粒径均小于 5 μm，一般来说，空气中粒径为 5 μm 以下的矿尘是引起尘肺病的主要原因。

（3）在下呼吸道的细小支气管内，由于支气管分支增多，气流速度减慢，使部分粒径为 2~5 μm 的尘粒依靠重力沉降作用沉积下来，通过纤毛运动逐级排出体外。

（4）粒径约为 2 μm 的粉尘进入呼吸性支气管和肺内后，部分可随呼气排出体外；另一部分沉积在肺泡壁上或进入肺内，残留在肺内的粉尘仅占总吸入量的 1%~2% 以下。残留在肺内的尘粒可杀死肺泡，使肺泡组织形成纤维病变，出现网眼，逐步失去弹性而硬化，无法担负呼吸作用，使肺功能受到损害，降低人体抵抗能力，并容易诱发其他疾病，如肺结核、肺心病等。

15.2.1.2　中毒

含有可溶性有毒物质的粉尘，如含铅、砷、锰等可被呼吸道黏膜很快溶解、吸收，导致中毒，呈现出相应毒物的急性中毒症状。

15.2.1.3　过敏

许多有机粉尘可引起支气管哮喘，是典型的变态反应性疾病，如木尘、谷物粉尘、化学洗涤剂酶、动物蛋白粉尘等。患者常在接触粉尘 4~8 h 后出现畏寒、发热、气促、干咳，第二天后症状自行消失，急性症状反复发作会发展为慢性症状。

有机粉尘有着不同于无机粉尘的生物学作用，而且不同类型的有机粉尘作用也不相同。有机性粉尘也会引起肺部改变，如吸入棉、亚麻或大麻尘引起的棉尘病，常表现为休息后第一天上班未出现胸闷、气急和（或）咳嗽症状，会发生急性肺通气功能改变，吸烟时吸入棉尘会引起非特异性慢性阻塞性肺病，并产生不可逆的肺组织纤维增生和非特异性慢性阻塞性肺病。吸入很多种粉尘（如铬酸盐、硫酸镍、氯铂酸铵等）后会发生职业性哮喘。这些均已纳入我国法定职业病范围。高分子化合物（如聚氯乙烯、人造纤维粉尘）可引起非特异性慢性阻塞性肺病。

15.2.1.4　致癌

某些粉尘本身是或含有人类肯定致癌物，如石棉、游离二氧化硅、镍、铬、砷等，都是国际癌症研究中心提出的人类肯定致癌物，含有这些物质的粉尘就可能引发呼吸和其他系统肿瘤。此外，放射性粉尘也可能引起呼吸系统肿瘤。

15.2.1.5　皮肤、黏膜、上呼吸道的刺激作用

粉尘作用于呼吸道黏膜，早期会引起其功能亢进，黏膜下毛细血管扩张、充血，黏液腺分泌增加，以阻留更多的粉尘，长期则形成黏膜肥大性病变，黏膜上皮细胞营养不足，会造成萎缩性病变，呼吸道抵御功能下降。皮肤长期接触粉尘可导致阻塞性皮脂炎、粉刺、毛囊炎、脓皮病。金属粉尘还可引起角膜损伤、浑浊。沥青粉尘可引起光感性皮炎。

15.2.1.6　炎症

粉尘对人体来说是一种外来异物，因此机体具有本能地排除异物反应，在粉尘进入的部位积聚大量的巨噬细胞，导致炎性反应，引起粉尘性气管炎、支气管炎、肺炎、哮喘性鼻炎和支气管哮喘等疾病。

长期接触粉尘，除引起局部损伤外，还常引起机体抵抗功能下降，容易发生肺部非特异性感染。肺结核也是粉尘接触人员易患疾病。因此，接尘工人（即工作时会与粉尘接触的工人）的慢性支气管炎是常见的与职业有关的疾病，也称为"尘原性慢性支气管炎"。吸烟会增加粉尘导致的慢性支气管炎的发病概率，因此，提倡接尘工人戒烟。有机粉尘中含有的细菌内毒素、蛋白酶及鞣酸类物质，也会导致呼吸道的非特异性炎症反应。由于粉尘诱发的纤维化、肺沉积和炎症作用，还常引起肺通气功能的改变，表现为阻塞性肺病。慢性阻塞性肺病也是在粉尘接触作业人员中常见的疾病。在尘肺病人中还常见并发肺气肿、肺心病等疾病。

特异性炎症主要是有机粉尘中带有的细菌或真菌引起的肺部细菌性或真菌性感染，皮毛粉尘带有的炭疽杆菌会引起肺部炭疽病。

15.2.1.7　粉尘沉着症

有些生产性金属粉尘（如锡、铁、锑等）被吸入后，主要沉积于肺组织中，并呈现异物反应，以网状纤维增生的间质纤维化为主，在 X 射线胸片上可以看到圆形阴影（主要是这些金属的沉着），这类病变又称为粉尘沉着症。粉尘沉着症不损伤肺泡结构，因此肺功能一般不受影响，机体也没有明显的症状和体征，对健康危害不明显。脱离粉尘作业，病变可以不再继续发展，甚至肺部阴影也会逐渐消退。

15.2.2　生产性毒物造成的常见疾病

15.2.2.1　常见中毒危害

常见中毒危害的种类有：

（1）一氧化碳中毒。一氧化碳是无色、无味、无刺激性的气体，易燃易爆，是一种最常见的窒息性气体。矿山爆破会产生一氧化碳，内燃机也会产生一氧化碳，井下发生火灾时往往也会因为不能完全燃烧而产生大量的一氧化碳。轻度中毒者会出现剧烈头痛、眩晕、心悸、胸闷、耳鸣、恶心、呕吐、乏力等症状，长期接触低浓度的一氧化碳，可引起神经衰弱综合征及自主神经功能紊乱、心律失常、心电图异常等。

（2）二氧化碳中毒。二氧化碳是无色、无味的弱酸性气体，密度比空气大，容易在不通风的井巷中聚集。二氧化碳常为急性中毒，接触后会在短时间内昏迷、倒下，若不能及时抢救可导致死亡。

（3）硫化氢中毒。硫化氢是一种无色，具有腐蚀性、臭鸡蛋气味的气体。有机物腐烂、硫化矿物水解、爆破及导火线燃烧都可能产生硫化氢。硫化氢轻度中毒症状主要为眼及上呼吸道刺激、头晕直至神志不清、窒息等症状，接触高浓度的硫化氢可立即昏迷、死亡。

（4）二氧化氮中毒。二氧化氮是棕红色、有刺激性气味的气体，爆破后会产生大量的二氧化氮。二氧化氮对眼睛、呼吸道及肺等组织有强烈的腐蚀作用，遇水能生成硝酸，能破坏肺及全部呼吸系统，使血液中毒，经 6~24 h 后，肺水肿发展，严重咳嗽，并吐黄色的痰，还会出现剧烈的头痛、呕吐，以致很快死亡。二氧化氮的浓度（体积分数）达 0.004% 时，即会出现喉咙受刺激、咳嗽、胸部发疼现象；二氧化氮的浓度（体积分数）达 0.01% 时，短时间内会出现严重咳嗽，声带痉挛、恶心、呕吐、腹痛、腹泻等症状；二氧化氮的浓度（体积分数）达 0.025% 时，短时间内会致人死亡。

（5）二氧化硫中毒。二氧化硫是无色、有强烈硫黄味及酸味的气体。二氧化硫溶于水，当其同呼吸道的潮湿表皮接触时会产生硫酸。硫酸能刺激并麻痹上呼吸道的细胞组织，使肺及支气管发炎。当空气中二氧化硫的浓度（体积分数）为 0.02% 时，能引起眼睛红肿、流泪、咳嗽、头痛；二氧化硫的浓度（体积分数）达 0.05% 时，能引起急性支气管炎、肺水肿，短时间内有致命的危险。

15.2.2.2 生产性毒物预防及治理措施

生产性毒物预防及治理措施有：

（1）矿山生产过程中，每天都要接触到上述有毒物质，排除上述有毒物质的最好办法是通风排毒，尤其是爆破以后要加强通风，一般情况下 15 min 以后才能进入爆破现场（具体详见《爆破安全规程》（GB 6722—2014））。进入长期无人进入的井巷时，一定要检查巷道中氧气及有毒气体的浓度，采取安全措施后才能进入。受生产条件及工艺特点的限制，工业生产中虽然采用了一系列的化学毒物预防技术措施，但仍然会有毒物散逸。此时，一般需采取通风排毒等治理措施。通风排毒可分为全面通风和局部通风。

全面通风可利用自然通风实现，也可借助于机械通风实现。全面通风适用于低毒物质、有毒气体散发源过于分散且散发量不大的情况，或虽有局部排风装置但仍有毒物散逸的情况，全面通风也可作为局部排风的辅助措施。局部通风可以是局部排风，也可以是局部送风。局部排风是将生产中存在的有毒有害气体在其发生源处就地收集，进行控制，不让其扩散到作业场所；局部送风主要用于作业空间有限的作业场所，直接将新鲜空气送到作业人员呼吸带，以防作业人员发生中毒事故。

（2）当发现有人员中毒时，一定要先报告矿领导，派救护队员进矿抢救，或报告领导后，采取通风排毒措施、戴防毒面具后才能进入抢救。

（3）建立健全合适的卫生设施。

（4）做好健康检查与环境监测。

（5）要教育职工严格遵守安全操作规程和卫生制度。

15.2.3 其他职业病

15.2.3.1 高温中暑

高温作业是指在生产车间及露天作业工地等作业场所，遇到高气温或存在生产性热源，工作地点平均 WBGT 指数不小于 25 ℃的作业（WBGT 指数是用来评价高温工作环境气象条件的，它综合考虑空气温度、风速、空气湿度和辐射热 4 个因素）。夏季矿山地面作业和有地热的井下工作面，都属高温作业场所。

高温作业很容易使人体内热量积聚，出现中暑。由于出汗而大量丧失水分和无机盐等，若不及时补充水分，就会造成体内严重脱水和水盐平衡失调，引起神经肌肉兴奋性下降，导致工作效率降低，事故率升高。此外可能引起消化不良，胃肠疾病，有时发生肾功能不全等。中暑是指在高温作业中发生的体温调节障碍为主的急性疾病。其原因是通风散热不良，使人体的热量得不到适当的散发或人体损失大量的钠盐和水分。

A　中暑急救治疗措施

中暑一般分为先兆中暑、轻症中暑和重症中暑 3 种。其急救治疗措施包括：

（1）先兆中暑治疗。首先应将患者移到通风良好的阴凉处，安静休息，擦去汗液，给予适量的清凉饮料、淡盐水或浓茶、人丹、十滴水饮服。一般不需进行特殊处理，一定时间内症状可消失。

（2）轻症中暑治疗。除按先兆中暑处理外，如有循环衰竭的预兆时，可静脉滴注 5% 葡萄糖生理盐水，补充水和盐的损失，并及时给予对症治疗。

（3）重症中暑治疗。采取紧急措施，进行抢救。对高热昏迷者的治疗，应以迅速进行降温为主；对循环衰竭者和热痉挛者的治疗，应以纠正水、电解质平衡紊乱，防治休克为主。

B　防暑降温措施

防暑降温措施包括：

（1）加强作业现场通风换气，疏散热源。

（2）隔热降温。

（3）加强个体防护。

（4）对从事高温作业人员，应定期进行身体检查。

（5）及时供给补充人体必需的清凉饮料。

15.2.3.2　冻伤

极度的寒冷会引起冻伤，即人在极度寒冷的条件下皮肤和皮下大组织的损伤。冻伤是在冰点以下的严寒中，持续较长的时间引起的，一般在南方较为少见，在北方严寒季节里，长时间的室外、野外作业及在无取暖设施的室内，极度低温和潮湿会引起局部冻伤。

预防寒冷的措施包括：

（1）加强耐寒锻炼，提高对寒冷和低温的适应性。

（2）备好御寒装备，穿防寒服装、鞋，并佩戴帽、面罩和手套等。

（3）在室内作业场所要设置取暖设施。

（4）食用高热能食物，增加体内代谢放热能力。

15.3　劳动卫生防护保障措施

15.3.1　防尘

矿山综合防尘是指采用各种技术手段减少矿山粉尘的产生量、降低空气中的粉尘浓度，以防止粉尘对人体、矿山等产生危害的措施。

根据我国矿山几十年来积累的丰富的防尘经验，大体上将综合防尘技术措施分为通风除尘、湿式作业、密闭抽尘、净化风流、个体防护及一些特殊的除尘、降尘措施。

15.3.1.1　通风除尘

通风除尘是指通过风流的流动将井下作业点的悬浮矿尘带出，降低作业场所的矿尘浓度，因此搞好矿井通风工作能有效地稀释和及时地排出矿尘。

决定通风除尘效果的主要因素是风速及矿尘密度、粒度、形状、湿润程度等。风速过低，粗粒矿尘将与空气分离下沉，不易排出；风速过高，能将落尘扬起，增大矿内空气中的粉尘浓度。因此，通风除尘效果是随风速增加而逐渐增加的，达到最佳效果后，如果再增大风速，效果又开始下降。排除井巷中的浮尘要有一定的风速。我们把能使呼吸性粉尘保持悬浮并随风流运动而排出的最低风速称为最低排尘风速。同时，我们把能最大限度排除浮尘而又不致使落尘二次飞扬的风速称为最优排尘风速。一般来说，掘进工作面的最优风速为 0.4~0.7 m/s，机械化采煤工作面的最优风速为 1.5~2.5 m/s。

《煤矿安全规程》规定采掘工作面的最高容许风速为 4 m/s，不仅考虑了工作面供风量的要求，同时也充分考虑到煤、岩尘的二次飞扬问题。

15.3.1.2　湿式作业

湿式作业是利用水或其他液体，使之与尘粒相接触而捕集粉尘的方法，它是矿井综合防尘的主要技术措施之一，具有所需设备简单、使用方便、费用较低和除尘效果较好等优点。缺点是增加了工作场所的湿度，恶化了工作环境，影响煤矿产品的质量。除缺水和严寒地区外，一般煤矿应用较为广泛，我国煤矿较成熟的经验是采取以湿式凿岩、钻眼为主，配合洒水及喷雾洒水、水炮泥和水封爆破等防尘技术措施。

A　湿式凿岩、钻眼

方法的实质是指在凿岩和打钻过程中，将压力水通过凿岩机、钻杆送入并充满孔底，以湿润、冲洗和排出产生的矿尘。

在煤矿生产环节中，井巷掘进产生的粉尘不仅量大，而且分散度高。据统计，煤矿尘肺患者中，95%以上发生于岩巷掘进工作面，煤巷和半煤岩巷的煤尘瓦斯燃烧、爆炸事故发生率也占较大的比重。而掘进过程中的矿尘又主要来源于凿岩和钻眼作业。据实测：干式钻眼产尘量占掘进总产尘量的 80%~85%；而湿式凿岩的除尘率可约达 90%，并能将凿岩速度提高 15%~25%。因此，湿式凿岩、钻眼能有效降低掘进工作面的产尘量。

B　洒水及喷雾洒水

洒水降尘是用水湿润沉积于煤堆、岩堆、巷道周壁、支架等处的矿尘。当矿尘被水湿润后，尘粒间会互相附着，凝集成较大的颗粒，附着性增强，矿尘就不易飞起。在炮采、炮掘工作面爆破前、后洒水，不仅有降尘作用，还能消除炮烟、缩短通风时间。煤矿井下洒水，可采用人工洒水或喷雾器洒水。对生产强度高、产尘量大的设备和地点，还可设自动洒水装置。

喷雾洒水是将压力水通过喷雾器（又称喷嘴），在旋转或（及）冲击的作用下，使水流雾化成细微的水滴喷射于空气中，如图 15-2 所示。它的捕尘作用有：（1）在雾体作用范围内，高速流动的水滴与浮尘碰撞接触后，尘粒被湿润，在重力作用下下沉；（2）高速流动的雾体将其周围的含尘空气吸引到雾体内，尘粒被湿润并下沉；（3）已沉落的尘粒黏结，不易飞扬。苏联的研究表明，在掘进机上采用低压洒水，降尘率为 43%～78%，而采用高压喷雾时达到 75%～95%；炮掘工作面采用低压洒水，降尘率为 51%，高压喷雾达 72%，且对微细粉尘的抑制效果明显。

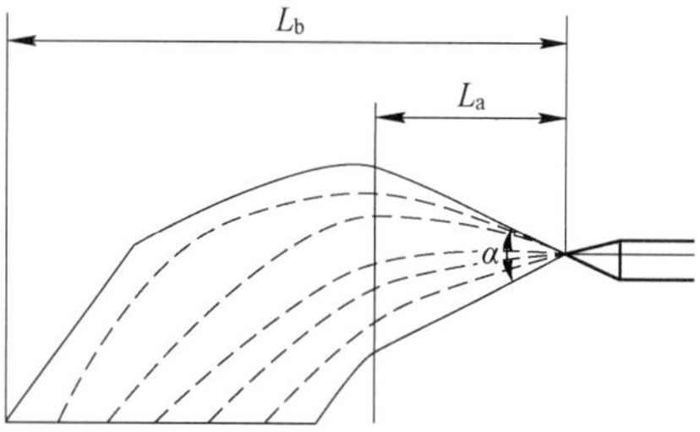

图 15-2　喷雾洒水示意图

L_a—射程；L_b—作用长度；α—扩张角

喷雾可分为以下几种：

（1）掘进机喷雾。分外喷雾和内喷雾两种。外喷雾多用于捕集空气中悬浮的矿尘，内喷雾则通过掘进机切割机构上的喷嘴向割落的煤岩处直接喷雾，在矿尘生成的瞬间将其抑制。较好的喷雾系统可使空气中含尘量减少 85%～95%。

（2）采煤机喷雾。也可分为内喷雾和外喷雾两种方式。采用内喷雾时，水由安装在截割滚筒上的喷嘴直接向截齿的切割点喷射，形成"湿式截割"；采用外喷雾时，水由安装在截割部的固定箱上、摇臂上或挡煤板上的喷嘴喷出，形成水雾覆盖尘源，从而使粉尘湿润并沉降。喷嘴是决定降尘效果好坏的主要部件，喷嘴的形式有锥形、伞形、扇形、束形，一般来说内喷雾多采用扇形喷嘴，也可采用其他形式；外喷雾多采用扇形和伞形喷嘴，也可采用锥形喷嘴。国产采煤机配套喷嘴主要技术特征见表 15-1。

表 15-1　国产采煤机配套喷嘴主要技术特征

系列型号	喷嘴形状	喷嘴型号	喷口直径/mm	扩散角	耗水量/L·min⁻¹		连接尺寸及类型
					水压 1.0 MPa	水压 1.5 MPa	
PZ	锥形	PZA-1.2/45	1.2	(45±8)°	2.0	2.4	m14×1.5
		PZA-1.5/45	1.5	(45±5)°	3.1	3.8	m16×1.5
		PZA-2/55	2.0	(55±5)°	6.0	7.4	g1/4-11
		PZA-2.5/55	2.5	(55±8)°	8.9	11.2	g3/8-11
		PZA-2.5/70	2.5	(70±10)°	8.8	10.3	m20×1.5
		PZB-3.2/70	3.2	(70±5)°	13.7	16.2	g1/2-11
		PZB-4/70	4.0	(70±8)°	19.9	24.5	
		PZC-2/55	2.0	(55±5)°	6.0	7.4	R1/4-11
		PZC-2.5/55	2.5	(55±8)°	8.9	11.2	R3/8-11
PA	伞形	PAA-1.2/60	1.2	(60±8)°	1.6	2.0	m14×1.5
		PAA-1.6/60	1.6	(60±8)°	2.6	3.2	m16×1.5
		PAA-2/60	2.0	(60±8)°	3.6	4.4	g1/4-11
		PAA-2.5/60	2.5	(60±8)°	5.3	6.6	g3/8-11
		PAB-3.2/75	3.2	(75±10)°	7.9	9.7	m20×1.5
		PAB-4/75	4.0	(75±10)°	11.9	15.0	g1/2-11
		PAS-1.2/45	1.2	(45±8)°	2.6	3.1	
PS	扇形	PSA-1.6/60	1.6	(60±10)°	4.9	6.2	扣压式

续表 15-1

系列型号	喷嘴形状	喷嘴型号	喷口直径 /mm	扩散角	耗水量/L·min⁻¹ 水压 1.0 MPa	水压 1.5 MPa	连接尺寸及 类型
Pg	束形	PgA-1.6	1.6	5.5~6.0 m	4.6	5.8	m14×1.5
		PgA-2.0	2.0	5.1~6.5 m	6.4	8.0	m16×1.5
		PgA-2.5	2.5	5.1~6.5 m	10.6	13.7	g3/8-11
PU	锥形	PU-1	4.5	55°	30.7	37.3	板式
		PU-2					座式

注：g 为管螺纹，m 为普通螺纹，连接尺寸的数据单位为 mm；束形喷嘴中的扩散角代表喷射距离。

（3）综放工作面喷雾。综放工作面具有尘源多，产尘强度高、持续时间长等特点。因此，为有效降低产尘量，除实施煤层注水和采用低位放顶煤支架外，还要对各产尘点进行广泛的喷雾洒水。根据产尘点将喷雾分为：

1）放煤口喷雾。放顶煤支架一般在放煤口都装备有控制放煤产尘的喷雾器，但由于喷嘴布置和喷雾形式不当，降尘效果不佳。为此，可改进放煤口喷雾器结构，布置为双向多喷头喷嘴，扩大降尘范围；选用新型喷嘴，改善雾化参数；有条件时，可在水中添加湿润剂，或在放煤口处设置半遮蔽式软质密封罩，控制煤尘扩散飞扬，提高水雾捕尘效果。

2）支架间喷雾。支架在降柱、前移和升柱过程中产生大量的粉尘，同时由于通风断面小、风速大，来自采空区的矿尘量大增。因此，采用喷雾降尘时，必须根据支架的架型和支架产尘的特点，合理确定喷嘴的布置方式和喷嘴型号。

如图 15-3 所示为某综放工作面支掩式支架喷嘴布置图。前喷雾点设有 2 个喷嘴，移架时可对支架前半部空间的粉尘加以控制，同时还可作为随机水幕；后喷雾点设有 2 个喷嘴，分别设于支架两前连杆上，位于前连杆中部，控制支架后侧空间的粉尘。

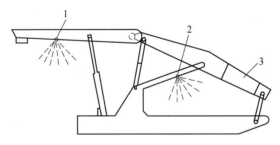

图 15-3 支掩式支架喷嘴布置图

1—前喷雾点；2—后侧喷雾点；3—放煤口

3）转载点喷雾。转载点降尘的有效方法是封闭+喷雾。通常在转载点（即采煤工作面输送机与平巷输送机连接处）加设半密封罩（见图 15-4），罩内安装喷嘴，以消除飞扬的浮尘，降低进入采煤工作面的风流含尘量。为保证密封效果，密封罩进、出煤口安装半遮式软风帘，软风帘可用风筒布制作。

4）其他地点喷雾。综放工作面放下的顶煤块度大、数量多，因此，破碎量增大，必须在破碎机的出口处进行喷雾降尘。

除此，尚需对煤仓、溜煤眼及运输过程等处产生的粉尘实施喷雾洒水。

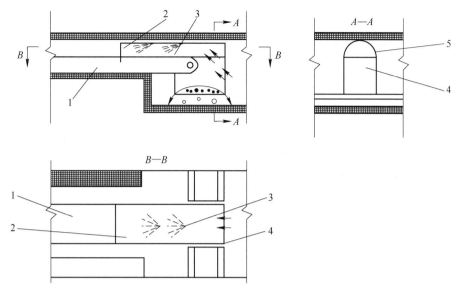

图 15-4　输送机转载处防尘罩

1—工作面输送机；2—转载点煤尘罩；3—喷嘴；4—下罩；5—托架

C　水炮泥和水封爆破

水炮泥就是将装水的塑料袋代替一部分炮泥，填于炮眼内，如图 15-5 所示。爆破时水袋破裂，水在高温高压下气化，与尘粒凝结，达到降尘的目的。采用水炮泥比单纯用土炮泥时的矿尘浓度（体积分数）低 20%~50%，尤其是呼吸性粉尘的含量降低较多。除此之外，水炮泥还能降低爆破产生的有害气体、缩短通风时间，并能防止爆破引燃瓦斯。

水炮泥的塑料袋应难燃、无毒，有一定的强度。水袋封口是关键，目前使用的自动封口水袋示意图如图 15-6 所示。装满水后，能将袋口自行封闭。

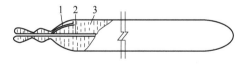

图 15-5　自动封口炮泥示意图

1—逆止阀注水后位置；2—逆止阀注水前位置；3—水

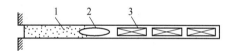

图 15-6　自动封口水袋示意图

1—黄泥；2—水袋；3—炸药包

水封爆破是将炮眼的爆药先用一小段炮泥填好，然后再给炮眼口填一小段炮泥，两段炮泥之间的空间，插入细注水管注水，注满水后抽出注水管，并将炮泥上的小孔堵塞。

15.3.1.3　净化风流

净化风流是使井巷中含尘的空气通过一定的设施或设备，将矿尘捕获的技术措施。目前使用较多的是水幕和湿式除尘装置。

A　水幕

水幕是净化入风流和降低污风流矿尘浓度的有效方法。其是在敷设于巷道顶部或两帮的水管上间隔地安上数个喷雾器喷雾形成的，如图 15-7 所示。喷雾器的布置应以水幕布满巷道断面和尽可能靠近尘源为原则。净化水幕应安设在支护完好、壁面平整、无断裂破碎的巷道段内。

水幕的控制方式可根据巷道条件，选用光电式、触控式或各种机械传动的控制方式。选用的原则是既经济、合理，又安全、可靠。

B 湿式除尘装置

除尘装置（或除尘器）是指把气流或空气中含有的固体粒子分离并捕集起来的装置，又称集尘器或捕尘器。根据是否利用水或其他液体，可将除尘装置分为干式和湿式两大类。煤矿一般采用湿式除尘装置。

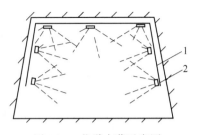

图 15-7　巷道水幕示意图
1—水管；2—喷雾器

目前我国常用的除尘器有 SCF 系列除尘风机、KGC 系列掘进机除尘器、TC 系列掘进机除尘器、MAD 系列风流净化器及奥地利 AM-50 型掘进机除尘设备，国外有德国 SRM-330 掘进除尘设备等。

15.3.1.4　个体防护

个体防护是指通过佩戴各种防护面具以减少吸入人体粉尘的最后一道措施。虽然井下各生产环节虽然采取了一系列防尘措施，但仍会有少量微细矿尘悬浮于空气中，甚至个别地点不能达到卫生标准，因此个体防护是防止矿尘对人体伤害的最后一道关卡。

个体防护的用具主要有防尘口罩、防尘风罩、防尘帽、防尘呼吸器等，其目的是使佩戴者能呼吸净化后的清洁空气。

A 防尘口罩

矿井要求所有接触粉尘作业人员必须佩戴防尘口罩，对防尘口罩的基本要求是：阻尘率高、呼吸阻力和有害空间小、佩戴舒适、不妨碍视野。普通纱布口罩阻尘率低、呼吸阻力大，潮湿后有不舒适的感觉，应避免使用。目前主要防尘口罩的技术特征见表 15-2。

表 15-2　主要防尘口罩的技术特征

类型	滤料	阻尘率 /%	呼气阻力 /Pa	吸气阻力 /Pa	质量 /g	有害空间 /cm³	妨碍视野 /(°)
武安-3 型	聚氯乙烯布	96～98	11.8	11.8	34	195	1
上劳-3 型	羊毛毡	95.2	27.4	25.9	128	157	8
武安-1 型	超细纤维桑皮棉纸	99	25.5	22.5～29.4	142	108	5
武安-2 型	超细纤维	99	29.4	16.7～22.5	126	131	1

B 防尘安全帽（头盔）

煤炭科学研究总院重庆分院研制出 AFM-1 型防尘安全帽（头盔）或称送风头盔（见图 15-8）与 LKS-7.5 型两用矿灯匹配。在该头盔间隔中，安装有微型轴流风机 1、主过滤器 2、预过滤器 5，面罩可自由开启，由透明有机玻璃制成，送风头盔进入工作状态时，环境含尘空气被微型风机吸入，预过滤器可截留 80%～90% 的粉尘，主过滤器可截留 99% 以上的粉尘。经主过滤器排出的清洁空气，一部分供呼吸，另一部分带走使用者头部散发的部分热量，由出口排出。其优点是与安全帽一体化，避免佩戴口罩的憋气感。

C AYH 系列压风呼吸器

AYH 系列压风呼吸器是一种隔绝式的新型个人和集体呼吸防尘装置。它利用的矿井压缩空气在经离心脱去油雾、活性炭吸附等净化过程中，经减压阀同时向多人均衡配气供呼吸。目前生产的型号有 AYH-1 型、AYH-2 型和 AYH-3 型。

个体防护不可以也不能完全代替其他防尘技术措施。防尘是首位的，鉴于目前绝大部分矿井尚未达到国家规定的卫生标准的情况，采取一定的个体防护措施是必要的。

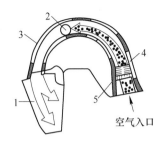

图 15-8　AFM-1 型防尘安全帽（头盔）

1—轴流风机；2—主过滤器；
3—头盔；4—面罩；5—预过滤器

15.3.2　防火

15.3.2.1　外因火灾的预防

《中华人民共和国消防条例》规定，消防工作实行"预防为主、消防结合"的方针。预防为主，即是在消防工作中坚持重在预防的指导思想，在设计、生产和日常管理工作中应严格遵守有关防火规定，把防火放在首位。消防结合，即是在预防的同时积极做好灭火的思想、物质和技术准备。

火灾的防治可以采取下列 3 种对策：

（1）技术对策。技术对策是防止火灾发生的关键对策。它要求从工程设计开始，在生产和管理的各个环节中，针对火灾产生的条件，制定切实可行的技术措施。技术对策可分为：

1）灾前对策。主要目标是破坏燃烧的充要条件，防止起火；其次是防止已发生的火灾扩大。灾前对策有：

①防止起火。主要对策有：确定发火危险区（潜在火源）和可燃物共同存在的地方，加强明火与潜在高温热源的控制与管理，防止火源产生；消除燃烧的物质基础，井下尽量不用或少用可燃材料，采用不燃或阻燃材料和设备，如使用阻燃风筒、阻燃胶带、非木质支架；防止火源与可燃物接触和作用，可以在潜在高温热源与可燃物间留有一定的安全距离；安装可靠的保护设施，防止潜在热源转化为显热源。

②防止火灾扩大。主要对策有：有潜在高温热源的前、后 10 m 范围内应使用不燃支架；划分火源危险区，在危险区的两端设防火门，矿井有反风装置，采区有局部反风系统；在有发火危险的地方，设置报警、消防装置和设施，在发火危险区内设避难硐室。

2）灾后对策。主要有：报警，采集处于萌芽状态的火灾信息，发出报警；控制，利用已有设施控制火势发展，使非灾区与灾区隔离；灭火，迅速采取有效措施灭火；避难，使灾区受威胁的人员尽快选择安全路线逃离灾区，或撤至灾区内预设的避难硐室等待救援。

（2）教育对策。教育对策包括知识、技术和态度教育 3 个方面。

（3）管理法制对策。制定各种规程、规范和标准，且强制性执行。这 3 种对策简称"3E"对策。前两者是防火的基础，后者是防火的保证。如果片面地强调某一对策，都不能收到满意的效果。

15.3.2.2　预防外因火灾的技术措施

如前所述，预防火灾发生有两个方面：一是防止火灾产生；二是防止火灾蔓延，以尽量减少火灾损失。

（1）防止火灾产生的技术措施包括：

1）防止失控的高温热源产生和存在。按《煤矿安全规程》及其执行说明要求严格对高温热源、明火和潜在的火源进行管理。

2）尽量不用或少用可燃材料，不得不用时应与潜在热源保持一定的安全距离。

3）防止产生机电火灾。

4）防止摩擦引燃。一是防止胶带摩擦起火。胶带输送机应具有可靠的防打滑、防跑偏、超负荷保护和轴承温升控制等综合保护系统。二是防止摩擦引燃瓦斯。

5）防止高温热源和火花与可燃物相互作用。

（2）防止火灾蔓延的技术措施。限制已发生火灾的扩大和蔓延，是整个防火措施的重要组成部分。火灾发生后利用已有的防火安全设施，把火灾局限在最小的范围内，然后采取灭火措施将其熄灭，对减少火灾的危害和损失是极为重要的。其措施有：

1）在适当的位置建造防火门，防止火灾事故扩大。

2）每个矿井地面和井下都必须设立消防材料库。

3）每一个矿井必须在地面设置消防水池，在井下设置消防管路系统。

4）主要通风机必须具有反风系统或设备、反风设施，并保持其状态良好。

15.3.2.3 内因火灾的预防

A 井下易于自燃的区域

井下易于自燃的区域有：

（1）采空区。50%以上的自燃火灾为采空区火灾。自燃火区主要分布在有碎煤堆积和漏风同时存在、时间大于自燃发火期的地方。

（2）煤柱。尺寸偏小、服务期较长、受采动压力影响的煤柱，容易压缩碎裂，其内部容易发生自燃火灾。

（3）巷道顶煤。采区石门、综采放顶煤工作面沿底掘进的进、回风巷等，巷道顶煤受压时间长，容易压缩破碎，风流扩散和渗透至内部深处，煤炭便会发生氧化反应，进而发热自燃。

（4）地质构造附近。煤矿井下经常遇到断层、褶曲、破碎带等地质构造，这些构造带处煤层受到挤压、张拉等作用，产生大量裂隙，就会严重漏风，导致煤炭容易自燃。

（5）通风设施附近。风门、风窗及密闭墙等通风设施附近的煤体也容易发生自燃。

B 开拓开采技术措施

"预防为主、综合治理"是矿井火灾防治工作的指导方针。目前防治矿井内因火灾的技术主要包括均压防灭火、注浆防灭火、阻化剂防灭火、注胶防灭火等。但是通过矿井的优化设计，采用合理的开拓开采技术对于防治煤炭自燃有重要的作用。

开拓开采技术防止自燃发火总的要求是：

（1）提高回采率、减少丢煤，即减少或消除自燃的物质基础，尽量消除燃烧三要素中的可燃物这一要素。

（2）阻止或限制新鲜空气流入和渗透至松散的煤体，消除燃烧三要素中的氧气这一要素。消除这一要素可从下面两方面着手：一是消除漏风通道；二是减少漏风压差。

（3）使流向可燃物质的漏风量小于不燃风量，漏风时间限制在自然发火期以内。

C 防火主要的技术措施

（1）合理进行巷道布置：

1) 对运输大巷、回风大巷等服务时间较长的巷道应尽量采用岩石巷道，将其布置在煤层中时，必须锚喷或砌碹，而且应采用宽煤柱护巷。同时采区巷道的布置应有利于采用均压防灭火技术。

2) 区段巷道分采分掘。有不少矿井为解决独头巷道掘进通风问题，而采用上区段的运输顺槽与下区段的回风顺槽同时掘进，中间再掘进一些联络眼（横川）的布置方式。

3) 推广无煤柱开采技术，减少煤柱发火。

（2）坚持正规的开采方法和合理的开采顺序，提高回采率，减少丢煤。详细内容包括：

1) 长壁式采煤方法的巷道布置简单、回采率高，有利于防止自然发火。

2) 选用合理的顶板管理方式。

3) 选择合理的回采工艺及参数，提高回采率，加快回采进度。

4) 近距离相邻煤层和厚煤层分层同采时，合理确定两工作面之间的错距，防止上、下采空区之间产生角联漏风。

5) 选择合理的开采顺序。煤层间采用下行式，即先采上煤层，后采下煤层；上山采区先采上区段，后采下区段，下山采区与此相反。

（3）控制矿山压力，减少煤体破碎。包括如下措施：

1) 加强巷道顶板支护。

2) 分层开采下分层顶板管理。开采下分层时，若顶板不够严密，将会造成向上分层采空区的漏风，容易引起煤炭自燃。

（4）合理的通风系统。合理的通风系统具有风网简单、结构合理，通风设施布置合理、工作面通风方式合理等特点，这样风流稳定、可靠，通风阻力小，采空区的漏风压差小。

15.3.3 高温下的个体防护

矿工的个体保护，是矿工在矿内恶劣环境工作所采取的个体防护。例如，在高温矿井中穿冷却服，可避免人身受高温危害。

冷却服有两种系统类型：自动系统和他动系统。自动系统是自带能源和冷源，他动系统需外接能源和冷源，使用不方便。

冷却服的作用：当矿工在高温地点作业时，可防止对流传热伤害身体，还可吸收人体在进行体力劳动时由新陈代谢产生的热量。

对冷却服的要求主要包括：

（1）冷却服的质量要轻，穿上后不能影响正常工作。

（2）冷却服应拥有自动制冷系统。

（3）供冷持续时间应达 5~6 h。

（4）制冷剂应采用无毒无害、不燃不爆物质。

（5）防止因穿冷却服导致皮肤冻伤或感冒等症状发生。

下面介绍几种冷却服：

（1）压气冷却。在 20 世纪 70 年代后期，德国矿业研究院根据各国经验，研制出以压缩空气为冷却源的冷却服。

（2）冰水冷却坎肩。南非和德国莱格尔公司生产的冷却坎肩，具有较好的安全性和冷却性。它是利用质量为 5 kg 的水的冷却能力冷却，没有冷媒循环系统及运动部件，质量轻，在冷却功率为 220 W 的条件下，持续时间最少可达 2.5 h。

（3）CO_2 干冰冷却坎肩。南非加尔特里特公司研制的充填干冰的冷却坎肩，将质量为 4 kg 的干冰分别装在 4 个袋中，升华成 CO_2 气体，直接流过身体的表面进行冷却。冷却持续时间为 6~8 h。

我国也已研制出适用于冶金、消防、化学、煤炭领域用的冷却服，可供矿工使用。

15.4 矿山职业卫生管理

15.4.1 矿山健康监护

健康监护是通过各种检查和分析，评价职业病危害因素对接触者健康的影响及其程度，掌握职工健康情况，及时发现健康损害征象，以便采取相应的预防措施，防止有害因素引起疾患的发生和发展。职业健康监护是近 20 年在职业卫生领域中开展起来的，属于第二级预防范畴。

健康监护是指以预防为目的，对接触职业病危害因素人员的健康状况进行系统的检查和分析，从而发现早期健康损害的重要措施。结合生产环境监测和职业流行病学资料的分析，可以监视职业病及有关疾病在人群中的发生、发展规律，疾病的发病率在不同工业及不同地区之间随时间发生变化；掌握对健康危害的程度；鉴定新的职业危害、职业病危害因素和可能受危害的人群，并进行目标干预；评价防护和干预措施效果，为制订、修订卫生标准及采取进一步控制措施提供科学依据，达到一级预防的目的。传统的健康监护是指医学监护，它是以健康检查为主要手段，包括检出新病例、鉴定疾病等。

健康监护的内容包括健康检查、健康档案、健康状况分析等几个方面。矿山企业应按照国家法律、法规及卫生行政主管部门的规定，定期对接触粉尘、毒物及有害物理因素等的作业人员进行职业健康检查，并建立健康档案。

15.4.1.1 健康监护档案

应用现代信息技术，建立健全健康监护档案是项重要的基础工作。职业健康档案包括生产环境监测和健康检查两方面。每一职工设立健康监护卡，卡中记录项包括职业史和病史，接触职业病危害因素名称及水平，家族史，基础健康资料，监护项目及生活方式、生活水平和日常嗜好等信息。

15.4.1.2 健康状况分析

对职工健康监护的资料应及时加以整理、分析、评价并反馈，使之成为开展和搞好职业卫生工作的科学依据。评价方法分为个体评价和群体评价。个体评价主要反映个体接触量及其对健康的影响，群体评价包括作业环境中有害因素的强度作用、接触水平与机体的效应等。在分析和评价时，涉及的常用于反映职业危害情况的指标有发病率、患病率等。

15.4.1.3 职业健康监护档案管理

健康监护档案管理是一项非常重要的工作，管理得好可以起到事半功倍的效果。但我国目前整个职业健康监护的制度尚不够完善，远落后于我国经济的发展速度，卫生监督体制和运行机构不尽合理,再加之有些企业领导职业卫生意识淡薄,对职业性健康监护工作不重视,管理工作亟待加强。职业健康监护工作过程中,要求有一支具有一定经验、精通本专业知识、熟悉相关学科知识的相对高学历人员组成的专业技术人员队伍。同时,应由指定机构依照法规进行专门监督、指导,并制定一套完整切实可行的管理模式。将职业健康监护工作归于一个机构,统一管理,避免各自为政、一盘散沙的局面,由统一机构依照法律、法规的要求确定监督对象、管理范围和监督职责。

15.4.2 职业卫生监督和检查

《职业病防治法》第八条明确规定:"国家实行职业卫生监督制度。国务院卫生行政部门统一负责全国职业病防治的监督管理工作。国务院有关部门在各自的职责范围内负责职业病防治的有关监督管理工作。县级以上地方人民政府卫生行政部门负责本行政区域内职业病防治的监督管理工作。县级以上地方人民政府有关部门在各自的职责范围内负责职业病防治的有关监督管理工作。"政府行政部门实施的职业卫生监督的主要目的是检查、监督用人单位在预防、控制、消除职业病危害和保护劳动者健康相关权益等方面履行法律义务的情况。

职业卫生监督是指政府行政部门依据职业病防治有关法律、法规和卫生规章,对辖区内用人单位在预防、控制和消除职业病危害,保护劳动者健康权益等方面进行的行政执法行为,也包括对职业卫生技术服务单位的监督管理。我国职业卫生监督工作主要内容包括预防性职业卫生监督(建设项目职业卫生监督)、经常性职业卫生监督、职业病危害事故调查处理、职业卫生行政处罚等。卫生部和国家安全生产监督管理局于2005年1月17日联合下发卫监发〔2005〕31号文件,对职业卫生监督工作进行分工,卫生行政部门的主要职责为:(1)拟定职业卫生法律、法规和标准;(2)负责对用人单位职业健康监护进行监督检查,规范职业病的预防、保健,并查处违法行为;(3)负责职业卫生技术服务机构资质认定和监督管理,审批职业健康检查和职业病诊断机构,并对其进行监督管理,规范职业病的检查和救治,负责化学品毒物鉴定管理工作;(4)负责对建设项目职业病危害预评价审核,职业病防护设施设计卫生审查和竣工验收。

安全生产监管部门的职业卫生监督管理职责:(1)负责制定作业场所职业卫生监督检查、职业危害事故调查和有关违法、违规行为处罚的法规、标准,并监督实施;(2)负责作业场所职业卫生的监督检查,发放职业卫生安全许可证;(3)负责职业病危害申报,依法监督用人单位执行有关职业卫生法律、法规、规定和标准的情况;(4)组织查处职业危害和有关违法、违规行为;(5)组织指导、监督检查用人单位职业安全培训工作。

15.4.2.1 预防性职业卫生监督

预防性职业卫生监督是依据职业卫生法律、法规,卫生规章及相关卫生标准,对用人单位新建、扩建、改建建设项目和技术改造、技术引进项目(统称建设项目)中可能产生的职业病危害因素,在项目设计、施工和投产前进行卫生监督,从而预防职业病危害因素在项目正式投产后,造成生产作业场所的污染和劳动者健康损害。《职业病防治法》规定,建设项目可能产生职业病危害的建设单位在可行性论证阶段应当向卫生行政部门提交职业病危害预评价报告。未提交预评价报告或者预评价报告未经卫生行政部门审核同意的,有关部门不得批准该建设项目。

15.4.2.2 经常性职业卫生监督

经常性职业卫生监督是政府行政部门依据职业卫生法律、法规，卫生规章及相关卫生标准，运用现代预防医学和其他相关学科的技术，对用人单位预防控制职业危害因素和对劳动者进行监控监护等情况所实施的监督检查行为。按照卫生部、国家安全生产监督管理局卫监督发〔2005〕31号文件《关于职业卫生监督管理职责分工意见》规定，作业场所职业病危害因素的经常性卫生监督主要由政府安全生产监督部门负责；卫生行政部门经常性卫生监督的主要内容侧重于劳动者的职业健康监护等。

依照《职业病防治法》和有关法规及卫生规章，对用人单位开展的经常性职业卫生监督主要包括以下几方面：

（1）对职业病防治组织管理的监督各级用人单位的主管部门应设立专门机构或指定机构和专兼职人员，负责本系统企业的职业卫生管理工作。有职业病危害作业的用人单位应该按规定做好自身的职业卫生监测与健康监护工作。用人单位必须执行职业病报告制度，建立健全各项职业卫生档案，以便掌握职业卫生基本情况和职业危害现状，并努力改善作业条件。职业卫生监督部门有权监督上述内容的执行情况。

（2）对职业病危害因素防护措施的监督用人单位有努力改善劳动者工作条件的义务。

（3）应按有关规定每年在固定资产更新和技术改造资金中提取专项经费，用于加强职业病防护措施。

（4）有职业病危害因素，并可能造成人体危害的作业场所，必须采取个人防护、应急救助及其他辅助保健措施，如有毒作业场所要配备解毒剂、氧气等急救药品。

（5）切实保护妇女和儿童的身心健康，严禁不满18岁的未成年人参加有职业危害的作业，严格执行国家关于女工保健的有关规定。

（6）按照我国职业卫生标准中的职业接触限值，采取措施控制或消除职业病危害因素，并提供检测数据。

对用人单位的职业健康监护监督是卫生行政部门经常性卫生监督的重要内容，其主要包括对职业健康检查和职业健康监护档案管理的监督。职业健康检查包括上岗前、在岗期间、离岗时和应急健康检查及离岗后医学随访等。卫生行政部门依法实施监督的内容包括：用人单位执行接触职业病危害因素劳动者上岗前需要进行健康检查的情况；落实职业禁忌者不许上岗的规定情况；在岗健康检查发现劳动者受到与职业病危害因素相关健康损害后调离原工作岗位情况；不得安排未成年人或孕妇、哺乳期妇女接触有关职业病危害因素情况；受职业病危害因素急性损害后的医学救治、健康检查及医学观察情况。劳动者健康检查应由省级卫生行政部门认证的医疗卫生机构承担。

15.4.2.3 职业病诊断与鉴定的监督与管理

《职业病防治法》对职业病诊断和鉴定的机构、人员、程序都作出了明确的规定，职业卫生监督机关应按照《职业病防治法》和《职业病诊断与鉴定管理办法》进行相关监督和管理。省级卫生监督部门应对辖区内职业病诊断和鉴定工作进行全面的监督管理，包括职业病诊断、鉴定机构审批，职业病诊断和鉴定人员的考核审查，职业病诊断鉴定工作程序合法性等。

15.4.2.4　职业病危害事故处理与监督

出现职业病危害事故，职业卫生监督管理部门应按《职业病危害事故调查处理办法》及时调查处理，并及时有效地控制职业病危害事故，减轻职业病危害事故造成的损失。职业病危害事故报告的内容应包括事故发生地点、时间、发病情况、死亡人数、可能发生原因、已采取措施和发展趋势等。

政府有关行政部门接到职业病危害事故报告时，应及时派出职业卫生监督人员和医务人员赶赴事故现场调查处理，按照调查取证、救治病人与防止事态扩大同步进行的原则开展工作。

15.4.3　职业卫生检查

《金属非金属矿山安全规程》（GB 16423—2020）中对矿山职业危害的管理检测有明确的规定。矿山在达到规定的过程中自身要定期、不定期地进行职业卫生检查。矿山企业应加强职业危害的防治与管理，做好作业场所的职业卫生和劳动保护工作，采取有效措施控制职业危害，保证作业场所符合国家职业卫生标准。此外，矿山企业应经常检查防尘设施，发现问题及时处理，保证防尘设施正常运转。职业健康检查的结果应客观、真实，体检机构对健康检查结果承担责任。职业健康检查包括就业前健康检查、定期健康检查、离岗或转岗时的体格检查。

15.4.3.1　就业前健康检查

就业前健康检查是指用人单位对准备从事某种作业的人员在参加工作以前进行的健康检查。目的在于掌握其就业前的健康状况及有关健康基础资料和发现职业禁忌症。例如，对拟从事铅、苯作业的工人着重进行神经系统和血象的检查，对拟从事粉尘作业的工人进行胸部 X 射线检查，以确定该工人的健康状况是否适合从事该项作业，其健康资料还可作为今后定期健康检查的对照基础。

15.4.3.2　定期健康检查

定期健康检查是指用人单位按照一定时间间隔对已从事某种作业的工人的健康状况进行检查，属于第二级预防，是健康监护的重要内容。其目的是及时发现职业病危害因素对工人健康的早期损害或可疑征象，为生产环境的防护措施效果评价提供资料。

15.4.3.3　离岗或转岗时的体格检查

离岗或转岗时的体格检查是指职工调离当前工作岗位时或改换为当前工作岗位前进行的检查，属于第二级预防，也是健康监护的一个重要内容。

15.4.3.4　职业病筛检

职业病筛检是在接触职业病危害因素的人群中进行的健康检查，可以是全面普查，也可以在一定范围内进行。

—— 本 章 小 结 ——

矿山职业卫生是矿山综合安全体系中至关重要的一环，这关系到矿山从业者的身体健康。本章介绍了矿山职业病防护的各个方面，涵盖了粉尘、噪声、高温、火灾等多种危害因素。强调了在生产中要采取切实、可行的措施，如佩戴防护用具、设立防护设施、进行职业健康检查等，以最大程度地降低危害对矿山从业者身体的影响。同时，通过详细解读相关法律、法规，强调了依法履行矿山职业卫生防护责任的重要性。

复习思考题

15-1 我国金属非金属矿山常见的职业病有哪些，企业该采取哪些措施进行预防？

15-2 如何采用"3E"对策防治外因火灾？

15-3 矿山健康监护是什么，包括哪些内容？

参 考 文 献

[1] 张景林，林柏泉. 安全学原理 [M]. 北京：中国劳动社会保障出版社，2009.

[2] 徐志胜，姜学鹏. 安全系统工程 [M]. 3 版. 北京：机械工业出版社，2016.

[3] 胡绍祥. 矿山地质学 [M]. 3 版. 徐州：中国矿业大学出版社，2015.

[4] 陈宝智. 矿山安全工程 [M]. 2 版. 北京：冶金工业出版社，2018.

[5] 陈国芳，刘艳，李海港. 矿山安全工程 [M]. 北京：化学工业出版社，2014.

[6] 陈国山，刘洪学. 金属矿地下开采 [M]. 3 版. 北京：冶金工业出版社，2022.

[7] 黄玉诚. 矿山充填理论与技术 [M]. 北京：冶金工业出版社，2014.

[8] 杨剑，邱昌辉. 矿山安全管理必读 [M]. 北京：化学工业出版社，2018.

[9] 吴超. 矿井通风与空气调节 [M]. 长沙：中南大学出版社，2008.

[10] 张锦瑞. 金属矿山尾矿综合利用与资源化 [M]. 北京：冶金工业出版社，2002.

[11] 王玉杰. 爆破工程 [M]. 武汉：武汉理工大学出版社，2018.

[12] 李建林. 边坡工程 [M]. 重庆：重庆大学出版社，2022.

[13] 刘景良. 安全管理 [M]. 北京：化学工业出版社，2021.

[14] 陈雄. 矿山事故应急救援 [M]. 重庆：重庆大学出版社，2016.

[15] 刘景良. 职业卫生 [M]. 北京：化学工业出版社，2023.

[16] 中华人民共和国应急管理部. GB 16423—2020 金属非金属矿山安全规程 [S]. 北京：中国标准出版社，2020.

[17] 国家安全生产监督管理总局. GB 6722—2014 爆破安全规程 [S]. 北京：中国标准出版社，2014.

[18] 中华人民共和国国家卫生健康委员会. GBZ 2.2—2007 工作场所有害因素职业接触限值第 2 部分：物理因素 [S]. 北京：中国标准出版社，2007.

[19] 中华人民共和国国家卫生健康委员会. GBZ 1—2010 工业企业设计卫生标准 [S]. 北京：中国标准出版社，2010.

[20] 中华人民共和国住房和城乡建设部. GB/T 51450—2022 金属非金属矿山充填工程技术标准 [S]. 北京：中国计划出版社，2022.

[21] 中华人民共和国应急管理部. GB 39496—2020 尾矿库安全规程 [S]. 北京：中国标准出版社，2020.

[22] 中华人民共和国劳动人事部. GB/T 6441—1986 企业职工伤亡事故分类 [S]. 北京：中国标准出版社，1986.

[23] 国家市场监督管理总局. GB/T 29639—2020 生产经营单位生产安全事故应急预案编制导则 [S]. 北京：中国标准出版社，2020.

[24] 中华人民共和国生态环境部科技标准司. GB 18599—2020 一般工业固体废物贮存和填埋污染控制标准 [S]. 北京：中国标准出版社，2020.

[25] 中国建筑材料联合会. GB/T 17671—2021 水泥胶砂强度检验方法（ISO 法） [S]. 北京：中国标准出版社，2021.

[26] 中华人民共和国应急管理部. AQ/T 2034—2023 金属非金属地下矿山压风自救系统建设规范 [S]. 北京：中国标准出版社，2023.

[27] 中国冶金建设协会. GB 51016—2014 非煤露天矿边坡工程技术规范 [S]. 北京：中国计划出版社，2014.

[28] 中华人民共和国应急管理部. AQ/T 2035—2023 金属非金属地下矿山供水施救系统建设规范 [S]. 北京：中国标准出版社，2023.

［29］中华人民共和国应急管理部 . AQ 2029—2010 金属非金属矿山主排水系统安全检验规范 ［S］. 北京：
中国标准出版社，2023.

［30］中华人民共和国应急管理部 . AQ 1008—2007 矿山救护规程 ［S］. 北京：中国标准出版社，2007.

［31］国家矿山安全监察局 . 防治煤与瓦斯突出规定 （第 28 号令）. 2019.

［32］国家安全生产监督管理总局 . 煤矿安全规程 （第 87 号令）. 2016.

［33］国家安全生产监督管理总局 . 尾矿库安全监督管理规定 （第 38 号令）. 2011.